Probabilistic Approach To Information Theory

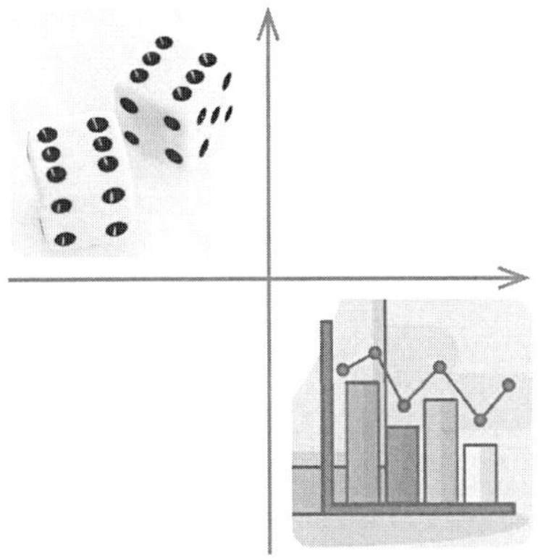

확률정보론

강정흥 지음

KYOWOO

P·R·E·F·A·C·E 서문

인공지능(AI)에 기반을 둔 4차 산업혁명 시대를 살고 있는 현대인들은 스마트폰으로 초고속 인터넷과 5G 상용정보통신망과 연결하여 실시간 변화되는 뉴스와 정보를 쉽게 접할 수 있게 되었다. 개개인으로부터 공공에 이르기까지 정보의 가치가 중요시되면서 신속한 정보의 전달 수단과 첨단 정보통신기기가 하루가 다르게 발전하고 있다.

수학적 접근방법에 의한 학문적 영역의 한 축으로 정보이론을 구체적으로 체계화한 사람은 Claude Shannon이다. 그는 1948년 논문 〈통신의 수학적 이론 : The Mathematical Theory of Communication〉을 벨 전화연구소의 기관지에 발표하여 수학적 이론 체계의 정확성과 중요성에 의해 엄청난 주목을 받게 되었다.

이 책을 저술하게 된 배경은 이미 출판된 다양한 원서 및 교재들이 있었으나, 어느 한 교재를 선택하면 학부에서 다루기 어렵거나 또는 입문서의 내용으로 다루기에 제한되는 경우가 많았다. 따라서 정보론과 통신이론을 대학교 3학년 수준에서 이해할 수 있는 정도에서 다룰 수 있는 교재가 필요했다. 특히 선수과목으로 기초 확률론을 이수하지 않은 학생에게도 수학적 확률론적 배경지식을 이해하고 정보론과 통신이론을 이해할 수 있을 정도까지 내용을 구성할 필요성을 느꼈다. 또한 배운 내용을 잘 이해했는지 연습문제를 통해 확인할 수 있게 구성하였다.

통신시스템이 전기적 신호가 0과 1로 되어 있기 때문에 보내고자하는 모든 정보는 디지털 이산형(discrete)으로 접근이 가능하지만 7장에서 일반화하여 미분형 엔트로피를 포함하여 연속형(continuous)인 경우도 예외적으로 다루었다. 그러나 제7장은 처음 접하는 경우는 생략하여도 무방할 것으로 생각된다.

주요 내용은 확률론의 정의, 이산형 확률변수, 조건부 확률변수, 특히 제4장에 기초 확률론을 이해하면 Markov 체인까지 이해하는데 충분할 정도로 상세하게 소개하였다. 제5장에서는 정보론과 엔트로피를 중심으로 결합 조건부 엔트로피, 상호 정보량, 마르코프 체인에서 엔트로피에 이르기까지 다루었다. 제6장에서는 통신이론에 근간이 되는 통신로 용량, 코드의 종류, 무잡음 코드 등을 소개하였다. 마지막으로 연속형 확률변수와 미분엔트로피, 연속형 조건부 엔트로피와 상호정보량을 소개하고 마무리하였다.

비록 기초 확률론에 바탕을 둔 정보론에 대한 입문서로 그 취지를 살리며 다루고자 했지만 어느 측면에서는 어려운 내용이 포함되어 있을 수 있다. 그러나 독자 스스로 학습하거나 강의에 사용할 수 있도록 구성했으며, 처음 접하는 독자는 수학적 증명과정에서 요구되는 어려운 부분은 생략하고 넘어 가도 영향을 덜 받도록 예시하였다.

이 책을 통하여 확률론과 정보론의 전공분야에 대한 기초 소양을 함양하고 응용하고자 하는 독자들에게 많은 도움이 되길 바랍니다. 끝으로 이 책을 출판할 수 있도록 도움을 준 화랑대 연구소와 동료교수 및 편집과 출판을 담당해 주신 교우사 및 편집부 여러분들께 진심으로 감사의 뜻을 전합니다.

저자 씀

C·O·N·T·E·N·T·S **차례**

CHAPTER 01

PROBABILISTIC APPROACH TO INFORMATION THEORY

정보이론의 개념

인공지능(AI)에 기반을 둔 4차 산업혁명 시대를 살고 있는 현대인들은 시시각각으로 변화되는 뉴스와 정보의 홍수 속에서 모든 정보가 스마트 폰으로 검색이 가능한 5G 기반의 상용정보통신망과 다양한 정보통신 매체에 의존하고 있다. 아침에 일어나면서부터 스마트 폰의 뉴스 앱과 아침 TV 뉴스를 통해 지난밤에 일어났던 국내외 정보들을 접하게 된다. 이렇듯 개개인에서부터 공공에 이르기까지 정보의 가치가 존중되는 사회로 발전하면서 보다 신속한 정보전달을 위한 수단과 첨단기기의 발전으로 새로운 분야와 업종이 생겨나고 그 중요성 또한 더욱 높아지고 있다. 일상용어로 정보는『단순히 어떤 사항에 관한 알림』을 뜻하지만 정보 이론에서 다루는 정보는 수학적 이론을 근간으로 통신과 제어 시스템에서 송수신되는 과학이나 공학의 학문적 영역에 속한다. 즉 정보량이나 정보원에 대해 수학적 정의를 부여하고 통신로의 정보전송용량, 정보원을 가장 효율적으로 전송할 수 있는 부호화, 에러의 수정 등 수학적인 측면에서 연구하는 분야로 발전하게 되었다.

정보이론에 대한 연구를 처음 제창한 사람은 Norbert Wiener이다. 그는 제2차 세계대전 중 고사포의 제어에 관한 문제를 다루면서, 레이더와 고사포로 구성되는 제어시스템 안에서 정보의 흐름이 중요한 역할을 한다는 것을 발견하고 정보가 향후 과학의 중요한 연구 대상이 될 것이라 예언하였다. 그러나 수학을 이용하여 구체적으로 정보이론을 체계화한 사람은 Claude Shannon이다. 그는 1948년 논문 〈통신의 수학적 이론 : The Mathematical Theory of Communication〉을 벨 전화연구소의 기관지에 발표하여 수학적 이론 체계의 정확성과 중요성에 의해 엄청난 주목을 받게 되었다. 그는 전기통신을 추상화하여 정보이론으로 체계화하였지만 그의 모델은 인간과 인간, 인간과 기계, 기계와 기계 등 모든 의사소통과정에서 적용될 수 있는 것이었다.

1.1 정보란 무엇인가?

과연 정보란 무엇인가? 이 절에서 정보의 개념을 알아보자. 정보는 일상생활에서 사용되는 의미보다는 수학의 확률론적 측면에서 특별한 의미가 있음을 알 필요가 있다. 다음에서 두 가지 예를 들어 생각해보자.

(1) 사람들은 매일 아침에 뭔가를 먹을 것이다.

(2) 우리 국방부장관과 북한 인민무력부장이 내일 서울의 한 호텔에서 조찬을 하며 남북관계에 대해 대화를 할 것이다.

이 두 메시지 중에 어느 것이 더 중요한 정보가 되는가라고 묻는다면 여러분들은 (2)라고 대답할 것이다. 왜냐하면, (1)은 너무나도 분명하고 일상적으로 일어나는 것인 반면 (2)는 지극히 일어나기 힘든 상황이기 때문이다. 즉 요약하여 설명하면 :

(1)은 확률적으로 너무 높아 정보로서 그 가치 전달이 적으며,

(2)는 확률적으로 극히 작아 그 가치가 높아 많은 정보를 전해준다.

분명히 정보량은 놀람(surprise)의 요소와 밀접한 관계가 있다.

다음 메시지를 생각해 보자 :

(3) QXHWQP KXWDQF DSKGFHJ

(3)에 대한 우리의 즉각적인 반응은 아무런 의미가 없어 보이기 때문에 아무런 정보를 전해주지 못한다는 반응을 보일 것이다. 그러나 영어의 문장구조 측면에서 본다면 Q는 매우 드물게 나타나는 문자로서 대부분 다음에 U자가 따르며, 모음도 갖고 있지 않음을 알 수 있다. 즉 (3)은 상당히 낮은 확률을 보이며 높은 놀람의 요소를 갖고 있다.

위에서 설명한 것처럼 정보라는 단어는 일상생활에서 일어나는 것처럼 놀람(surprise)과 의미(meaning)의 두 가지로 구성되어 있다. 위 세 가지 예들을 정리해 보면 (1)은 의미는 가지지만 놀람이 없고, (3)은 의미는 없지만 놀람을 내포하고 있으며, (2)는 놀람과 의미 둘 다 갖고 있다고 해석할 수 있다.

정보에 대한 이해와 더불어 어떻게 정보가 전달되는지도 궁금하다. 일반적으로 정보를 인간이 해석가능한 문장의 형태로 표시된 것을 **메시지(message)**라고 부른다. 메시지는 또한 기호의 열들로 표시된다. 이런 의미에서 **기호(symbol)**도 정보와 밀접한 관계가 있다고 볼 수 있다. 이런 기호에 대한 구체적인 예로 영어 알파벳, 한글 자모음, 특수문자, 공백 등을 들 수 있다. 특히 통신공학 분야에서 전기적인 신호로 이런 기호들을 0과 1에 대응시키는 것을 **부호화(coding)**라

고 한다. 또 이런 대응관계를 **부호(code)**라 하며 기호들을 전부 부호화하여 나타낸 표를 **부호표(coding table)**라고 부른다. 또한 사람의 음성과 같은 연속적인 신호도 적당한 방법으로 전기적인 신호인 0과 1의 형태로 변환할 수 있다.

A	→	001
B	→	010
C	→	100
D	→	110

〈그림 1.1〉 부호의 예

1.2 Shannon의 통신 모델

1948년에 Shannon이 발표한 논문에서 아래의 〈그림 1.2〉와 같이 묘사되는 통신체계 모델을 제안하면서 그 속에 정보의 흐름이 존재한다는 것을 규명하면서 체계화하는데 기여하였다.

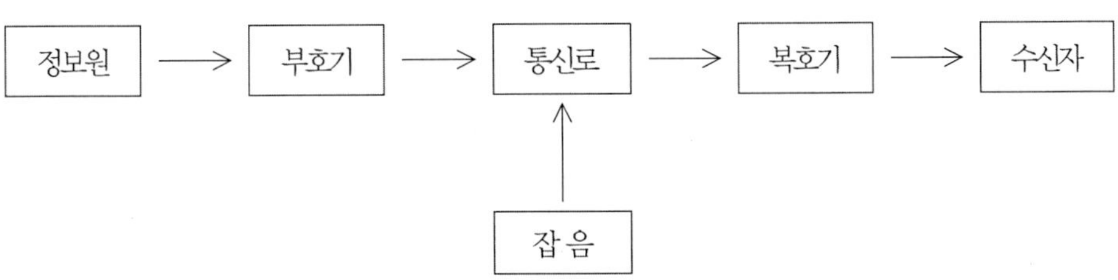

〈그림 1.2〉 Shannon의 통신체계 모델

이 통신체계 모델에서 메시지는 **정보원(information source)**에 의해 생성되고 메시지는 다시 **부호기(encoder, transmitter)**에 의해 신호(signal)로 변환된다. 전송하는 과정에서 신호는 **잡음(noise)**에 의해 변조되어 원래 전송된 신호와 다르게 되기도 한다. 수신된 신호에 따라 **복호기(decoder, receiver)**는 메시지를 재생하여 최종적으로 수신자에게 전송된다. 이 추상적인 통신체계 모델에서 제시하는 것은 정보원에 의해 생성된 메시지를 수신자에 의해 실제로 잘 사용하는지 여부에 대한 고려보다는 단순히 수신자에게 정확히 전달되는가에 초점이 맞추어져 있다. 이 Shannon의 모델은 통신체계의 모든 면을 설명해 주지는 못하지만 정보이론의 입문으로서 특성에 맞게 이론의 범위를 다소 제한하고자 한다.

이 책의 차후 전개를 위하여 통신체계 모델에 사용된 용어에 대해 좀 더 자세하게 살펴보자.

(1) 정보원(information source)

인간이나 기계에 의해 전송해야 할 정보가 발생하는 **근원(source)**이라 말할 수 있다. 정보는 기호로 나타낼 수도 있고, 음성처럼 음파로 나타낼 수도 있다. 이렇듯 정보원으로부터 기호열 또는 파형으로 나타내어 진 것을 **메시지(message)**라 부른다.

(2) 부호기(encoder 또는 transmitter)

우리가 상대방과 전화를 주고받을 때 메시지는 음파의 형태로 나타내지고 통신로는 전선이므로 음파가 그대로 전달되지 않는다. 따라서 전화기에서 음파를 전기적인 파형으로 변환하여 전송되는 것처럼 부호기(encoder 또는 transmitter)는 메시지를 통신로를 통해 전송하기에 알맞은 형태로 변환하여 송신하는 장치를 말한다.

(3) 통신로(communication channel)

전화기의 전선, 무선의 대기 중에서 메시지를 수신자에게 전달하는 구체적인 정보 전송 매체를 의미하는데, 일반적으로 정보원으로부터 생성된 메시지가 원문 그대로 통신로에 의해 전달되지는 않는다.

(4) 잡음(noise)

통신로를 구성하는 물질이나 기상, 기온에 의해 메시지를 운반하는 가운데 왜곡이나 변조가 발생하는데 이를 통칭하여 **잡음(noise)**이라 한다. 메시지가 전달되는 가운데 잡음이 있으면 정보는 원래 모습대로 전달되지 않고 오류(error)가 발생한다. 그래서 정보를 오류 없이 전송할 수 없을까, 정보를 오류 없이 어떻게 전송할 수 있을까 하는 것이 정보이론의 중심 과제이고 최종적으로 오류가 발생했을 때 오류를 수정하는 방법을 연구하게 되었다.

(5) 복호기(decoder 또는 receiver)

통신로에 의해 전송되어 온 신호로부터 메시지를 복원하는 것인데 이는 부호기의 정반대 기능을 한다. 즉 전화기 전선으로부터 전달되는 전기적인 파형을 다시 음파로 바꿔 우리가 알아들을 수 있게 하는 장치를 말한다.

(6) 수신자(destination)

메시지를 받는 사람 또는 기계를 말한다. 일반적으로 정보의 전송 과정에서 정보원으로부터 생성된 메시지를 될 수 있는 한 최대한 온전하게 수신자에게 전달되어야 한다. 그래서 정보원에서 생성된 메시지를 변조되거나 왜곡됨이 없이 가장 효율적으로 표현될 수 있는가를 연구하는 것이 정보이론의 한 분야이다.

Shannon은 통신이론의 관점에서 정보에 대한 두 가지 기본 개념을 소개하였다. 첫 째는 정보의 **불확실성(uncertainty)**이다. 보다 자세하게 말하면, 만약 우리가 관심 갖는 정보의 한 부분이 이미 결정되어 있다면 불확실성이 없이 이미 알고 있는 것이기 때문에 그것은 더 이상 가치가 없다. 이런 관점에서 예를 들면 TV 방송 채널에서 고정 화면의 연속적으로 방송되는 것은 불필요하고 더 이상 관심을 끌지 못한다. 따라서 정보원은 확률변수나 확률 과정으로 모델화되어야하고 확률은 정보이론의 전개를 위해 도입되어야 한다. 두 번째, 전송되는 정보는 **디지털(digital)**이다. 즉 정보원은 비트(bits)라 불리는 0과 1의 흐름으로 변환됨을 말하고, 그 다음 그들의 실제 의미와는 상관없이 이 비트들을 수신자에게 정확히 전달하는 것이다. 이것이 현대 디지털 통신체계의 기본이다. 사실 Shannon은 이진수 체계(binary digit)를 나타내는 용어로 비트(bits)를 처음 사용하였다.

또한 Shannon은 두 개의 중요한 정리를 증명하였는데 첫 번째는 **정보원 부호화 정리(source coding theorem)**로 근본적으로 무결점 정보원을 나타내는 정보원 부호의 최소 비율로 특징되는 정보의 기본 측도로서 **엔트로피(entropy)**를 소개하였다. 정보원 부호화 정리는 무손실(lossless) 데이터 압축에 대한 이론적 근간이다. 두 번째는 **통신로 부호화 정리(channel coding theorem)**로 잡음이 존재하는 통신로 상의 통신에 대한 정리이다. 이는 매우 잡음이 큰 통신로는 용량(capacity)이라는 매개변수와 관련 있음을 보여주고, 이 통신로 용량은 특별한 통신로를 제외하고 반드시 양의 값을 가진다. 따라서 정보는 정보량이 통신로 용량보다 작은 경우 언제든지 통신로를 통해 안정적으로 전달된다. 통신체계 모델 상에서 기초적이며 핵심적인 근간이 되는 이 두 정리가 정보이론의 가장 중요한 결과이다.

CHAPTER

02 확률

PROBABILISTIC APPROACH TO INFORMATION THEORY

제1장에서 정보이론의 수학적 이론은 놀람(surprise)에 대한 해석으로 시작된다고 설명하였다. 즉 놀람은 확률적으로 드문 사건에 대해 더욱 관심도가 커지고 정보로서 그 가치가 높을 수 있다고 했다. 따라서 정보이론은 확률론으로 시작되며, 확률은 다시 확률 측도론(probability measure)에 대한 개념을 필연적으로 이해해야 한다. 물론 학부 과정에서 측도론을 다루기가 다소 제한되기 때문에 측도의 정의역을 일반적인 $\sigma-$대수($\sigma-$Algebra)에서 부울대수(Boolean Algebra)로 축소하여 정의하고자한다.

2.1 측도(measure)

임의의 집합 Ω가 주어졌을 때 우리는 집합 Ω의 모든 부분집합을 생각할 수 있다. 집합 Ω의 모든 부분집합들을 원소로 갖는 집합을 Ω의 **멱집합(power set)**이라 하고 $P(\Omega)$로 표시한다. 예를 들면, $\Omega=\{1,2,3\}$일 때,

$$P(\Omega)=\{\varnothing,\{1\},\{2\},\{3\},\{1,2\},\{1,3\},\{2,3\},\Omega\}$$

이다. 따라서 $\#(\Omega)=3$이고 $\#P(\Omega)=8=2^3$이다. 일반적으로 만약 $\#(\Omega)=\mathrm{n}$이면 $\#P(\Omega)=2^n$이다. 때로는 전체집합 Ω의 부분집합들을 모두는 아니지만 일부분을 포함하는 멱집합 $P(\Omega)$의 부분집합에 관심이 있을 때가 있다.

정의 2.1 $B(\Omega)$는 Ω의 멱집합 $P(\Omega)$의 부분집합이고, $B(\Omega)$가 다음 두 조건을 만족할 때 **부울대수(Boolean algebra)**라 한다.

(1) $A\in B(\Omega)$이면 $A^c\in B(\Omega)$이고,

(2) $A\in B(\Omega)$, $B\in B(\Omega)$이면 $A\cup B\in B(\Omega)$이다.

만약 $B(\Omega)$가 부울대수이고 $A, B \in B(\Omega)$이면 $A \cap B \in B(\Omega)$이다. 즉 $A \cap B = (A^c \cup B^c)^c$로 (1)과 (2)에 의해 쉽게 증명된다. $B(\Omega) \subseteq P(\Omega)$이므로 $B(\Omega)$는 최소한 두 원소 $\varnothing$과 전체집합 Ω를 포함한다. 이는 또한 $A \in B(\Omega)$이면 (2)에 의해 $A^c \cup A = \Omega$가 되고 $\varnothing = \Omega^c \in B(\Omega)$는 (1)에 의해 보일 수 있다.

예제 2.1 만약 $B(\Omega) = \{\varnothing, \Omega\}$이면 $B(S)$는 부울대수이다. 이는 가장 단순한 부울대수의 한 예이다.

예제 2.2 원소 $a \in \Omega$라 하자. 그러면 a에 의해 생성된 부울대수

$$B_a(\Omega) = \{\varnothing, \{a\}, \Omega - \{a\}, \Omega\}$$

는 $\{a\}$를 포함하는 가장 작은 부울대수가 됨을 쉽게 증명할 수 있다.

다음은 실수 위에서 정의되는 가장 기본적인 부울대수를 생각해 보고자 한다. 실수에서 모든 개구간 (a, b)들을 포함하는 가장 작은 부울대수를 $I(\boldsymbol{R})$이라 하자. 즉, $-\infty \leq a < b \leq \infty$인 두 실수 a와 b의 개구간 (a, b)에 대해

$$(a, b)^c = (-\infty, a] \cup [b, \infty) \in I(\boldsymbol{R})$$

이다. 또한 각각의 폐구간 $[a, b] \in I(\boldsymbol{R})$이다. 이는

$$[a, b] = (-\infty, a)^c \cap (b, \infty)^c$$

로 쉽게 증명된다. 한편, 단집합 $\{a\}$는 고립된 점으로 이 또한 $I(\boldsymbol{R})$의 원소이다. 이는

$$\{a\} = [a, \infty) - (a, \infty)$$

로 쉽게 증명된다. 그러면 $I(\boldsymbol{R})$의 가장 기본적인 원소들을 종합해 보자. $I_1, I_2, \cdots, I_n$을 모두 서로 배반인 구간이거나 한 점이라고 하자 이 때 우리는 $I_1, I_2, \cdots, I_n$의 합집합 J를

$$J = I_1 \cup I_2 \cup \cdots \cup I_n \tag{2.1}$$

로 정의한다.

〈그림 2.1〉에서 보는 것처럼 식 (2.1)에서 정의된 J를 **조각적 선분(broken line)**이라 한다. 〈그림 2.1〉는 폐구간, 개구간, 반개구간, 한 점들의 합집합 형태이다.

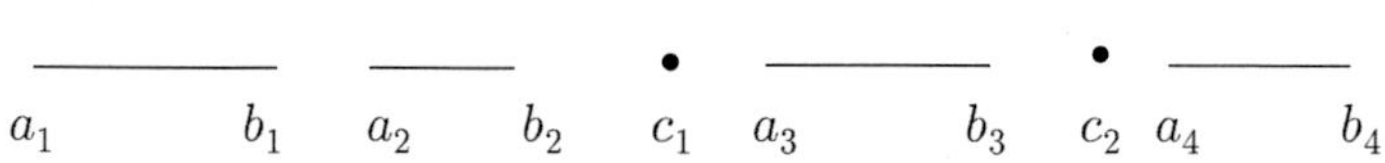

〈그림 2.1〉

조각적 선분의 여집합은 또한 조각적 선분임을 보일 수 있을 것이고, 두 조각적 선분의 합집합 또한 조각적 선분임을 보일 수 있다. 이 두 조건에 의해 $I(\boldsymbol{R})$을 부울대수임을 알 수 있다. 한편 부울대수의 모든 원소들이 폐구간 $[a,\ b]$에 포함될 때 단순히 $I([a,b])$로 표시하도록 하겠다.

정의 2.2 Ω는 집합이고, $B(\Omega)$는 Ω의 부분집합으로 구성된 부울대수라 하자. 부울대수 $B(\Omega)$의 원소 $A \in B(\Omega)$에 대해 음이 아닌 실수값 $\mu(A) \geq 0$을 갖는 함수 μ가 다음 조건을 만족할 때 **측도(measure)**라 한다. 두 원소 $A,\ B \in B(\Omega)$, $A \cap B = \varnothing$ 일 때

$$\mu(A \cup B) = \mu(A) + \mu(B) \tag{2.2}$$

(i) 이 정의에서 측도 μ는 $B(\Omega)$에서 $[0, \infty]$로 정의되는 함수이다.
(ii) 일반적으로 측도는 부울대수 보다는 $\sigma-$대수($\sigma-$algebra)라는 보다 정교한 수학적 대상에서 정의되고, 또한 위 조건보다는 강한 $\sigma-$가법성을 만족하도록 정의한다. 그러나 고등수학에서 다루는 측도론을 학부과정 입문서의 특성을 고려하여, 추상적인 측도론까지 영역을 확장하지 않고 전개하기 위해 부울대수 위에서 정의하겠다.

측도의 조건 (2.2)는 다시 $A, B, C \in B(\Omega)$가 서로 배반일 때, 다음과 같다.

$$\begin{aligned}\mu(A \cup B \cup C) &= \mu(A \cup (B \cup C)) = \mu(A) + \mu(B \cup C) \\ &= \mu(A) + \mu(B) + \mu(C)\end{aligned}$$

이 조건은 다시 수학적 귀납법을 사용하여 임의의 유한개의 서로 배반인 부분집합까지 확장할 수 있다.

측도에 대한 개념을 이해하기 위해 예제들을 살펴보자.

예제 2.3 디락 측도(Dirac $\delta-$measure) $B(X)$를 부울대수라 할 때, $x \in X$에 대해 $\delta_x : B(X) \rightarrow \{0,\ 1\}$를 다음과 같이 정의한다.

$$A \in B(X) \text{ 에 대해 } \delta_x(A) = \begin{cases} 0 & x \notin A \\ 1 & x \in A \end{cases}$$

이 측도를 **디락 델타 측도(Dirac's delta measure)**라 한다.

예제 2.4 셈 측도(Counting measure) Ω를 유한 집합이고 부울대수를 S의 멱집합 $P(\Omega)$이라 할 때, $A \in P(\Omega)$에 대해 $\mu(A) = \#(A)$로 정의하면 이 측도를 **셈 측도(counting measure)**라 한다.

예제 2.5 르베크 측도(Lebesgue measure) $a,b \in \boldsymbol{R}$이고 $a < b$이고 $I([a,b])$를 부울대수라 할 때, $[c,d] \subseteq [a,b]$에 대하여 $\mu([c,d]) = d - c$로 정의하면 이 측도를 르베크 측도라 한다. 이 르베크 측도를 $\boldsymbol{R}^n$에 확장하면 다음과 같이 정의할 수 있다. $i = 1,2,\cdots,n$에 대해 $a_i < b_i$이고, 부울대수는 $I(\prod_{i=1}^{n}[a_i,\ b_i])$일 때,

$$\mu^n(\prod_{i=1}^{n}[c_i, d_i]) = \prod_{i=1}^{n}(d_i - c_i)$$

를 $n-$**차원 르베크 측도(n-dimensional Lebesgue measure)**라 한다.

예제 2.6 $f(x)$를 구간 $[a,b]$에서 연속이고 음이 아닌 함수라 하자. 이 연속함수에 의해 생성되는 측도를 정의할 수 있다. 구간 $[c,d]$는 구간 $[a,b]$의 부분집합일 때,

$$\mu([c,d]) = \int_c^d f(x)dx$$

로 정의하면 측도가 된다.

증명 측도의 기본 조건을 증명해보면, 서로 배반인 두 구간 $[c_1,d_1]$, $[c_2,d_2]$에 대하여

$$\begin{aligned}\mu([c_1,d_1] \cup [c_2,d_2]) &= \int_{[c_1,d_1] \cup [c_2,d_2]} f(x)dx \\ &= \int_{c_1}^{d_1} f(x)dx + \int_{c_2}^{d_2} f(x)dx \\ &= \mu([c_1,d_1]) + \mu([c_2,d_2]).\end{aligned}$$

임을 증명할 수 있다.

위에서 정의된 측도를 보다 일반적인 부울대수의 한 원소인 $J = I_1 \cup I_2 \cup \cdots \cup I_n$에 대해 정의해 보면

$$\mu(J) = \mu(I_1) + \mu(I_2) + \cdots + \mu(I_n)$$

가 되고, 보다 구체적으로 $J = [a_1,b_1] \cup [a_2,b_2] \cup \cdots \cup [a_n,b_n]$이면

$$\int_J f(x)dx = \int_{a_1}^{b_1} f(x)dx + \int_{a_2}^{b_2} f(x)dx + \cdots + \int_{a_n}^{b_n} f(x)dx$$

가 된다.

위에서 소개한 예제들은 다음 장에서도 계속 이어지고 이는 확률 측도의 정의에 대한 근간을 이루게 될 것이다.

정리 2.3 μ를 임의의 부울대수 $B(\Omega)$에서 정의된 측도라 할 때, 다음과 같은 기본 성질을 갖는다. $A, B \in B(\Omega)$에 대해

(i) 만약 $B \subseteq A$이면 $\mu(A-B) = \mu(A) - \mu(B)$이다.

(ii) 만약 $B \subseteq A$이면 $\mu(B) \le \mu(A)$이다.

(iii) $\mu(\varnothing) = 0$

(iv) 임의의 $A, B \in B(\Omega)$에 대해 $\mu(A \cup B) = \mu(A) + \mu(B) - \mu(A \cap B)$이다.

마지막 성질만 간단히 증명하자. $A \cup B$에 대해 밴 다이어그램을 그려 표현해보면 다음과 같이 나타낼 수 있다.

$$A \cup B = (A - (A \cap B)) \cup (B - (A \cap B)) \cup (A \cap B)$$

따라서

$$\begin{aligned}\mu(A \cup B) &= \mu(A - (A \cap B)) + \mu(B - (A \cap B)) + \mu(A \cap B) \\ &= \mu(A) - \mu(A \cap B) + \mu(B) - \mu(A \cap B) + \mu(A \cap B) \\ &= \mu(A) + \mu(B) - \mu(A \cap B).\end{aligned}$$

가 되어 요구되는 증명을 할 수 있다.

이상에서 살펴본 측도의 기본 성질에서 임의의 $A \in B(\Omega)$에 대해 측도의 가장 큰 값은 $\mu(\Omega)$가 된다. 여기서 우리는 $\mu(\Omega)$를 총 측도값(total mass)이라 한다. 예를 들어, 부울대수가 $I([0,1])$ 일 때 총 측도값은 $\mu([0,1]) = 1$이 된다.

다음으로 전체집합 Ω에 대한 **분할(partition)**에 대한 개념을 알아보자. 이는 앞으로 쓰임새가 많고 유용한 개념이다. 만약 집합족 $A = \{E_1, E_2, \cdots, E_n\}$가 각각의 $E_i \subseteq \Omega$ $(1 \le i \le n)$이고,

(1) E_i는 서로 배반이고, 즉

$$1 \le j, k \le n \quad j \ne k\text{에 대해 } E_j \cap E_k = \varnothing$$

(2) $E_1 \cup E_2 \cup \cdots \cup E_n = \Omega$

를 만족할 때 집합 Ω의 **분할(partition)**이라 한다. 이를 그림으로 그려보면 〈그림 2.2〉 같이 표현할 수 있다. 이 경우 $E_j \in B(\Omega)$이므로 만약 μ가 $B(\Omega)$에서 정의된 측도이면

$$\mu(\Omega) = \sum_{j=1}^{n} \mu(E_j)$$

가 된다.

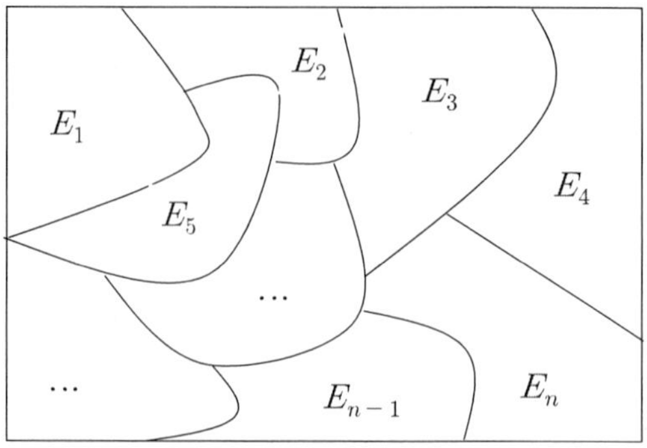

〈그림 2.2 분할〉

마지막으로 일반적인 측도론은 $\sigma-$대수에서 정의 되는데 간단히 언급하고 그 쓰임새는 보다 고등 수학에서 참고하길 바란다. 그리고 이 책에서 정의한 측도론이 일반적인 것이 아니라는 것을 보충 설명하고자 아래 정의를 삽입하였다. 그러나 이 책의 주요 내용을 다루는데 너무 편리하고 쉽기 때문에 도입하여 설명하였다. 그러나 추상적 측도론은 아래와 같이 정의됨을 참고로 알아 두기 바란다.

정의 2.4 집합 Ω에서의 $\sigma-$**대수**($\sigma-$**algebra**), Σ는 Ω의 부분집합들로서 다음 성질들을 만족한다.

(i) $\Omega \in \Sigma$

(ii) $A \in \Sigma$이면 $A^c \in \Sigma$

(iii) $(A_j)_{j=1}^{\infty} \subset \Sigma$이면, $\cup_{j=1}^{\infty} A_j \in \Sigma$

이 때 집합$A \in \Sigma$를 $\Sigma-$측도가능(measurable)이라 한다.

$\sigma-$대수($\sigma-$algebra)의 기본 성질로는 (1) $\varnothing \in \Sigma$, (2) $A, B \in \Sigma$이면 $A \cup B \in \Sigma$이고, (3) $(A_j)_{j=1}^{\infty} \subset \Sigma$이면 $\cap_{j=1}^{\infty} A_j \in \Sigma$를 만족한다.

정의 2.5 Ω에서 측도 $\mu : \Sigma \to [0, \infty]$는 $\sigma-$대수에서 정의되는 함수로

(i) $\mu(\varnothing) = 0$.

(ii) 서로 배반($A_i \cap A_j = \varnothing$, $i \neq j$)인 가산 무한개의 부분집합 $(A_j)_{j=1}^{\infty} \subset \Sigma$에 대해 $\sigma-$가법성,

즉, $\mu(\cup_{j=1}^{\infty} A_j) = \sum_{j=1}^{\infty} \mu(A_j)$ 을 만족한다.

여기서 Ω가 주어진 집합이고, Σ를 $\sigma-$대수라 할 때, (Ω, Σ)를 **측도가능 공간**(**measurable** space)이라 하고, (Ω, Σ, μ)를 **측도공간**(measure space)이라 한다. 특히 $\mu(\Omega) < \infty$일 때 μ를 **유한측도**(finite measure)라 하고 $\mu(\Omega) = 1$일 때 **확률 측도**(probability measure)라 한다.

2.1 연습문제

1. 다음 집합관계를 증명하여라.

   (1) $A = (A \cap B) \cup (A \cap B^c)$ (2) $(A \cup B) - C = (A - C) \cup (B - C)$

   (3) $A - (A \cap B) = A - B$ (4) $(\cup_{i=1}^{\infty} A_i) \cap B = \cup_{i=1}^{\infty} (A_i \cap B)$

2. 전체 집합 Ω의 부울대수 $B(\Omega)$에 대해 수학적 귀납법을 이용하여 증명하여라.

   (1) $1 \le i \le n$에 대하여 $A_i \in B(\Omega)$이면 $\cup_{i=1}^{n} A_i \in B(\Omega)$이다.

   (2) $1 \le i \le n$에 대하여 $A_i \in B(\Omega)$이면 $\cap_{i=1}^{n} A_i \in B(\Omega)$이다.

3. 함수 $f(x) \ge 0$가 주어진 폐구간 $[a,b]$에서 연속일 때 다음을 증명하여라.

   (1) $\mu(c,d) = \int_c^d f(x)dx$일 때 μ는 $I([a,b])$에서 측도가 된다.

   (2) $\mu(c,d) = \pi \int_c^d f(x)^2 dx$ 정의하면 μ는 $I([a,b])$에서 측도가 된다.

4. 만약 μ와 ν가 부울대수 $B(\Omega)$에서 정의되는 두 측도라 하자. 다음을 증명하여라.

   (1) $(\mu + \nu)(A) = \mu(A) + \nu(A)$로 정의하면 $\mu + \nu$는 $B(\Omega)$에서 측도이다.

   (2) $a > 0$이고 $a\mu(A) = a \cdot \mu(A)$로 정의하면 $a\mu$는 $B(\Omega)$에서 측도이다.

5. 만약 $\{E_1, E_2, \cdots, E_n\}$를 Ω의 분할이라 하자. 다음을 증명하여라.

   (1) 임의의 $A \in B(\Omega)$에 대해 $\{A \cap E_1, A \cap E_2, \cdots, A \cap E_n\}$는 A의 분할이다.

   (2) 만약 μ가 $B(\Omega)$에서 정의 된 측도이면 $\mu(A) = \sum_{i=1}^{n} \mu(A \cap E_i)$이다.

2.2 확률의 정의

이·공학 분야에서 실험(experiment)이란 용어는 어떤 현상에 대해 관측된 결과를 얻는 과정이고, 실험의 이행을 실험의 시행(trial)이라 부른다. 실험의 시행을 통해 관측된 것을 결과(outcome)라 한다. 우리의 주요 관심사는 실험이 시행되었을 때 나타나는 결과에 대해 불확실성에 기인하는 상황이다. 실험은 근본적으로 같은 조건에서 반복적으로 시행되고, 나타날 수 있는 모든 결과에 대한 집합은 실험에 앞서 완전히 분류할 수 있다고 가정한다. 이런 조건하에서 실시한 실험에서 나타날 수 있는 모든 결과들의 집합을 표본공간(sample space)이라 하고 Ω로 표기한다. 또한, 사건(event)은 표본공간의 부분집합을 말한다. 만약 A가 사건일 때, 나타날 수 있는 결과를 포함하고 있으면 사건 A가 발생하였다고 한다.

정의 2.6 주어진 실험에 대해 Ω를 표본공간, $B(\Omega)$를 부울대수, P를 $B(\Omega)$에서 정의된 측도라 하자. $B(\Omega)$의 각 사건 A에 대해 실수값 $P(A)$에 대응시키는 집합함수로 아래의 조건을 만족할 때 **확률집합함수(probability set function)**라 하고 $P(A)$를 A의 **확률(probability)**이라 한다.

(1) 모든 사건 A에 대해 $P(A) \geq 0$,

(2) $P(\Omega) = 1$,

(3) 서로 배반인 사건 $A_1, A_2, \cdots, A_n \in B(\Omega)$에 대해 $P(\cup_{i=1}^{n} A_i) = \sum_{i=1}^{n} P(A_i)$이다.

그러나 일반적으로 $A_1, A_2, \cdots \in B(\Omega)$일 때 $\cup_{i=1}^{\infty} A_i \notin B(\Omega)$일 경우가 존재하기 때문에 (3)의 정의 대신에 서로 배반이고 가산무한사건 $A_1, A_2, \cdots$에 대하여

$$P(\cup_{i=1}^{\infty} A_i) = \sum_{i=1}^{\infty} P(A_i) \tag{2.3}$$

으로 정의한다. 그러나 혼란을 피하기 위해 식 (2.3)을 확률의 정의에서 사용한다.

정의 2.6의 확률의 정의로부터 기본성질들을 다음과 같이 유추해 볼 수 있다. 익숙하기 때문에 증명은 생략하고 연습문제로 남겨 놓는다.

정리 2.7 (확률의 기본 성질) $A, B \in B(\Omega)$이라 할 때, 다음이 성립한다.

(1) $0 \leq P(A) \leq 1$.

(2) $P(\Omega) = 1$, $P(\varnothing) = 0$.

(3) 만약 A와 B가 서로 배반사건이면 $P(A \cup B) = P(A) + P(B)$.

(4) 만약 $B \subseteq A$이면 $P(A - B) = P(A) - P(B)$.

(5) $P(B^c) = 1 - P(B)$.

(6) $B \subseteq A$이면 $P(B) \le P(A)$.

(7) $P(A \cup B) = P(A) + P(B) - P(A \cap B)$.

(8) 표본공간 Ω의 분할을 $\Lambda = \{E_1, E_2, \cdots, E_n\}$이라 할 때,

$$\sum_{j=1}^{n} P(E_j) = 1.$$

이 성질들은 측도의 정의와 기본 성질로부터 그대로 증명된다. 특히 확률의 정의에서 가산무한개의 배반 사건에 대해 무한급수로 표현되는 것을 정의하였는데, 부울대수 $B(\Omega)$를 고려한다면 확률의 정의의 조건 (3)은 그대로 유한개의 서로 배반사건에 대해 $P(\cup_{i=1}^{n} A_i) = \sum_{i=1}^{n} P(A_i)$가 더 정확하다. 즉 $B(\Omega)$에서 위 정리 2.7의 (2)와 (3)으로 확률을 정의 할 수 있고, 구별하지 않고 확률의 정의로 사용한다. 확률론에서 주어진 표본공간 Ω가 유한집합이거나, $\#(\Omega) = \infty$일 때 우리는 $B(\Omega) = P(\Omega)$로 택하고, 이런 모델을 **이산형 확률(discrete probability)**이라 하고 Ω가 실수의 부분집합 $[a, b]$일 때, $B(\Omega) = I([a, b])$를 택하며, 이 때 우리는 **연속형 확률(continuous probability)**이라 한다.

확률측도 P의 역할은 $B(\Omega)$의 사건에 대해 0과 1 사이의 값을 부여하는 것이다. 1이라는 값의 의미는 확실(certainty), 0이라는 값은 불가능(impossibility)을 의미하는 것으로 해석할 수 있다. $P(A) = 0.99$ 같이 만약 $P(A)$가 1에 가깝다면 사건 A가 일어날 것이 확실하고, 실험의 결과가 사건 A에 있는 것이 아닐 경우 예외적으로 아주 놀랄 것이다. 반대로 $P(A) = 0.01$ 같이 극히 0에 가깝다면, A가 일어나기는 어렵다고 보며, 마찬가지로 만약 결과가 사건 A가 일어났다면 예외적으로 놀랄 것이다. 그러나 $P(A)$가 0.5에 가까우면 우리는 예측하기 곤란하고, $P(A) = 0.5$일 때, 사건 A는 **최대 불확실성(maximum uncertainty)**을 갖는다고 한다. 앞 절의 측도에서 언급했듯이 표본공간 Ω, 부울대수 $B(\Omega)$, 확률 측도 P로 구성된 $(\Omega, B(\Omega), P)$를 **확률공간(probability space)**이라 한다.

사건들의 수열 $\{A_n, n \ge 1\}$에 대하여

$$A_1 \subset A_2 \subset \cdots \subset A_n \subset A_{n+1} \subset \cdots \tag{2.4}$$

를 만족할 때, 증가수열(increasing sequence)이라 하며, 반대로 감소수열(decreasing sequence)은 다음을 만족한다.

$$A_1 \supset A_2 \supset \cdots \supset A_n \supset A_{n+1} \supset \cdots \tag{2.5}$$

만약 $\{A_n, n \geq 1\}$가 사건들의 증가수열이라면 새로운 사건을 $\lim_{n\to\infty} A_n$ 나타내고

$$\lim_{n\to\infty} A_n = \cup_{n=1}^{\infty} A_n$$

으로 정의하고, 감소수열인 경우 $\lim_{n\to\infty} A_n$는

$$\lim_{n\to\infty} A_n = \cap_{n=1}^{\infty} A_n$$

으로 정의한다.

확률의 정의 2.6에서 식 (2.3)에 의하면 가산 무한 배반사건들 $A_1, A_2, \cdots$에 대하여 $P(\cup_{i=1}^{\infty} A_i) = \sum_{i=1}^{\infty} P(A_i)$를 만족한다. 그러면 위에서 정의한 사건들의 증가 또는 감소수열에 대한 확률을 구해보자.

정리 2.8 사건들의 수열 $\{A_n, n \geq 1\}$가 증가수열이거나 감소수열이면

$$\lim_{n\to\infty} P(A_n) = P(\lim_{n\to\infty} A_n) \tag{2.6}$$

이다.

증명 $\{A_n, n \geq 1\}$을 사건들의 증가수열이라 하자. 확률의 공리의 식 (2.3)을 적용하기 위하여 주어진 증가수열을 서로 배반 사건인 동치 관계를 다음과 같이 유도하자.

$$B_1 = A_1,\ B_2 = A_2 \cap A_1^c,\ \cdots,\ B_n = A_n \cap (\cup_{i=1}^{n-1} A_i)^c$$

여기서 $B_n = A_n \cap A_{n-1}^c$와 같고 $A_{n-1} = \cup_{i=1}^{n-1} B_i$ 이다. 따라서 $\{B_n : n \geq 1\}$는 서로 배반인 가산 무한 사건들이 되고, $\cup_{n=1}^{\infty} B_n = \cup_{n=1}^{\infty} A_n$이며 모든 $n \geq 1$에 대하여 $A_n = \cup_{i=1}^{n} A_i = \cup_{i=1}^{n} B_i$이 된다. 따라서

$$\begin{aligned} \lim_{n\to\infty} P(A_n) &= \lim_{n\to\infty} P(\cup_{i=1}^{n} A_i) \\ &= \lim_{n\to\infty} P(\cup_{i=1}^{n} B_i) \\ &= \lim_{n\to\infty} \sum_{i=1}^{n} P(B_i) \\ &= \sum_{i=1}^{\infty} P(B_i) \end{aligned}$$

여기서 배반인 가산 무한 사건들의 합인

$$\sum_{i=1}^{\infty} P(B_i) = P(\cup_{i=1}^{\infty} B_i) = P(\cup_{i=1}^{\infty} A_i) = P(\lim_{n\to\infty} A_n)$$

으로 증명된다. 감소수열에 대한 증명은 연습문제로 남겨 놓는다.

2.2 연습문제

1. 사건 A, B에 대하여

$$P(A\cap B) \le P(A) \le P(A\cup B) \le P(A)+P(B)$$

임을 증명하여라.

2. 주어진 사건들에 대하여 다음을 증명하여라.

(1) $P(A^c) = 1 - P(A)$

(2) $P(A\cup B) = P(A)+P(B)-P(A\cap B)$

(3) $P(A\cup B\cup C) = P(A)+P(B)+P(C)-P(A^c\cap B\cap C)$

$$-P(A\cap B^c\cap C)-P(A\cap B\cap C^c)-2P(A\cap B\cap C)$$

(4) $P(A\cup B\cup C) = P(A)+P(B)+P(C)-P(A\cap B)$

$$-P(A\cap C)-P(B\cap C)+P(A\cap B\cap C)$$

(5) 사건들 $A_1, A_2, \cdots, A_n$에 대하여

$$P(\cup_{i=1}^{n} A_i) = \sum_{i=1}^{n} P(A_i) - \sum\sum_{i<j} P(A_i\cap A_j) + \sum\sum\sum_{i<j<k} P(A_i\cap A_j\cap A_k)$$

$$+\cdots+(-1)^{n+1}P(A_1\cap A_2\cap\cdots\cap A_n)$$

3. 정리 2.8의 감소수열 $\{A_n, n\ge 1\}$에 대하여

$$\lim_{n\to\infty} P(A_n) = P(\lim_{n\to\infty} A_n)$$

임을 증명하여라.

4. 사건들의 수열 $\{A_n, n\ge 1\}$에 대하여

$$P(\cup_{i=1}^{\infty} A_i) \le \sum_{i=1}^{\infty} P(A_i)$$

임을 증명하여라.

2.3 조건부 확률

DMB와 네비게이션 및 WiFi 기능을 가진 MP3를 구입하려고 한다. 그러면 여러분들은 일상생활에서 정말 필요한 것인지 판단하기 위해 간단한 테스트를 해 볼 것이다. 물론 좀 더 신중한 사람은 이미 같은 종류의 MP3를 사용하는 친구에게 물어 볼 것이며, 현재 사용하는 스마트폰 기능과 중복되고 있음을 알게 된다면 이 MP3에 대한 개인적인의 욕구는 줄어들 것이다. 이 예와 같이 한 사건 A에 대한 확률이 다른 어떤 사건 B가 일어난 후에 영향을 받아 일어나게 될 확률의 변화를 알아보고자 한다. 이러한 A의 새 확률을 사건 B에 대한 사건 A의 **조건부확률 (conditional probability)**이라 하고 $P(A|B)$로 나타낸다.

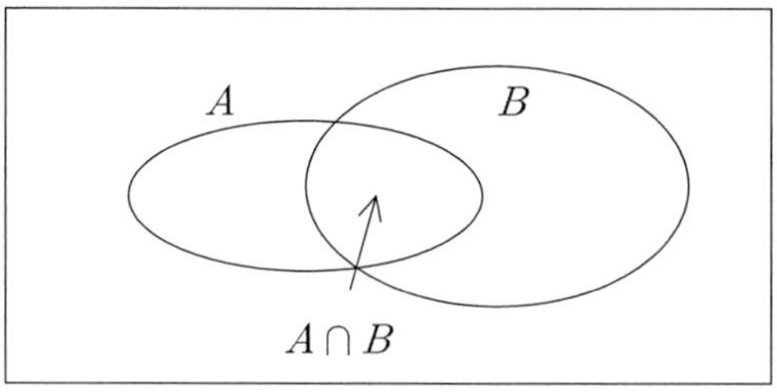

〈그림 2.3〉

만일 사건 B가 일어난다면, 이때 그 실험의 결과는 B에 포함된 결과들 중의 하나이다. 따라서 A가 일어날 확률을 구하기 위해 A가 일어나는 것을 초래하는 사건 B에 있는 결과들의 집합을 고려해야 한다. 〈그림 2.3〉에서 보는 것처럼 이 사건은 $A \cap B$이다. 그러므로 조건부확률 $P(A|B)$를 확률 $P(A \cap B)$에 대한 확률 $P(B)$의 비로 정의하는 것이 바람직하다.

정의 2.9 주어진 확률공간 $(\Omega, B(\Omega), P)$와 사건 $A, B \in B(\Omega)$에 대해 $P(B) \neq 0$일 때, 사건 B에 대한 사건 A의 조건부확률 $P(A|B)$는 다음과 같이 정의한다.

$$P(A|B) = \frac{P(A \cap B)}{P(B)} \tag{2.7}$$

예제 2.7 아래 표 2.1은 어떤 산부인과에서 한 주 동안에 태어난 아기의 수를 나타낸다. 만약 한 아기가 랜덤하게 선택되었는데 남자 아기였다면 이 아기가 30대 이상의 산모에서 태어났을 확률을 구해보자.

구분	30대 이상의 산모	30대 미만의 산모
남아	25	35
여아	28	30

〈표 2.1〉

풀이 표본공간 Ω는 산부인과에서 한 주 동안에 태어난 모든 아기들로 $\#(\Omega)=118$이다. 사건 A를 30대 이상의 산모에서 태어난 아기들이고 사건 B를 남자 아기들이라 하자. 그런데 우리는 남자 아기가 선택되었음을 알고 있기 때문에 관심있는 것은 표 2.1의 윗 행과 30대 이상의 산모에서 태어난 아기의 수이다. 대칭성의 원리에 의해 원하는 확률은

$$P(A|B)=\frac{25}{60}=\frac{\#(A\cap B)}{\#(B)}$$

이다. $P(A|B)$를 확률들의 비로 직접 쓰면,

$$P(A|B)=\frac{\#(A\cap B)}{\#(\Omega)}\div\frac{\#(B)}{\#(\Omega)}$$

$$=\frac{P(A\cap B)}{P(B)}.$$

위의 예제처럼 많은 상황에서 $P(B|A)$는 $P(A|B)$ 만큼 의미가 있다. $P(B|A)$는 30대 이상의 산모에서 태어난 아기를 랜덤하게 선택했는데 그 아기가 남아였을 확률로 $P(B|A)=\frac{25}{53}$가 된다.

정리 2.10 확률공간 $(\Omega, B(\Omega), P)$와 사건 $B\in B(\Omega)$에 대해 $P(B)\neq 0$일 때,

(i) A_1과 A_2가 서로 배반인 $B(\Omega)$의 사건들이면

$$P(A_1\cup A_2|B)=P(A_1|B)+P(A_2|B). \tag{2.8}$$

(ii) 만약 $A\in B(\Omega)$이면 $P(A^c|B)=1-P(A|B)$.

증명 (i) A_1과 A_2가 서로 배반이기 때문에 $A_1\cap B$와 $A_2\cap B$는 서로 배반이다. 따라서

$$P(A_1\cup A_2|B)=\frac{P((A_1\cup A_2)\cap B))}{P(B)}$$

$$=\frac{P((A_1\cap B)\cup(A_2\cap B))}{P(B)}$$

$$=\frac{P(A_1\cap B)+P(A_2\cap B)}{P(B)}$$

$$=P(A_1|B)+P(A_2|B).$$

$$\text{(ii)} \quad P(A^c|B) = \frac{P(A^c \cap B)}{P(B)} = \frac{P(B-A)}{P(B)}$$

$$= \frac{P(B-A\cap B)}{P(B)}$$

$$= \frac{P(B)-P(A\cap B)}{P(B)}$$

$$= 1 - P(A|B).$$

정리 2.10는 조건부확률도 부울대수에서 정의되는 확률 측도와 같이 유사한 성질을 갖고 있음을 보여준다. 한편 이 조건부 확률의 정의로부터 $P(A)>0$, $P(B)>0$이면

$$P(A\cap B) = P(B)P(A|B) = P(A)P(B|A) \tag{2.9}$$

이다. 이를 **조건부확률의 승법공식(formula of multiplication)**이라 부른다. 일반적으로 조건부확률의 승법공식은 임의의 n개의 사건 $A_1, A_2, \cdots, A_n$에 대해서도 확장할 수 있다. 즉, $P(A_1)>0$, $P(A_1\cap A_2)>0, \cdots, P(A_1\cap A_2\cap \cdots \cap A_{n-1})>0$이면

$$P(A_1\cap \cdots \cap A_n) = P(A_1)P(A_2|A_1)P(A_3|A_1\cap A_2) \cdots P(A_n|A_1\cap \cdots \cap A_{n-1}). \tag{2.10}$$

이다.

예제 2.8 20개의 제품을 검사한 결과 5개가 불량품이었다. 만약 3개의 제품을 랜덤하게 선택하였을 때 모두가 불량품일 조건부확률을 구하여라. 또한 두 개의 제품을 랜덤하게 선택하였을 때 하나가 불량품일 확률을 구하여라.

풀이 사건 A, B, C를 각각 첫 번째, 두 번째, 세 번째 제품이 선택되었고 불량품이라고 하자. 문제에서 요구되는 해는 $P(A\cap B\cap C)$이다. 따라서

$$P(A) = \frac{5}{20},\quad P(B|A) = \frac{4}{19},\quad P(C|A\cap B) = \frac{3}{18}$$

이므로 조건부확률의 승법공식에 의해

$$P(A\cap B\cap C) = P(A)P(B\mid A)P(C\mid A\cap B)$$

$$= \frac{5}{20}\times\frac{4}{19}\times\frac{3}{18} = \frac{1}{114}$$

이 된다.

두 번째 문제에서 요구하는 확률값은 $P((A\cap B^c)\cup(A^c\cap B))$이다. 괄호에 있는 두 사건은 서로 배반이기 때문에 정리 2.10의 (ii)를 이용하면

$$P((A\cap B^c)\cup(A^c\cap B)) = P(A\cap B^c)+P(A^c\cap B)$$
$$= P(A)P(B^c|A)+P(A^c)P(B|A^c)$$
$$= \frac{5}{20}\times\frac{15}{19}+\frac{15}{20}\times\frac{5}{19}=\frac{15}{38}$$

을 구할 수 있다.

조건부확률의 또 다른 형태로 만약 $\Lambda=\{E_1,E_2,\cdots,E_n\}$를 표본공간 Ω의 분할이고, 모든 $i=1,2,\cdots,n$에 대해 $P(E_i)\neq 0$이면 $A\in B(\Omega)$에 대해 $A\cap E_1, A\cap E_2,\cdots,A\cap E_n$은 다시 A의 분할이 된다. 즉,

$$A=(A\cap E_1)\cup(A\cap E_2)\cup\cdots\cup(A\cap E_n)$$

이 되고, 서로 배반사건에 대해 확률측도의 정의와 승법공식에 의해

$$P(A)=\sum_{i=1}^{n}P(A\cap E_i) \tag{2.11}$$
$$=\sum_{i=1}^{n}P(E_i)P(A|E_i)$$

를 얻는다. 이를 다시 정리하면 다음 정리를 얻을 수 있고 이 공식을 **전 확률공식(formula of total probability)**이라 한다.

정리 2.11 만약 $\Lambda=\{E_1,E_2,\cdots,E_n\}$를 표본공간 Ω의 분할이고, 모든 $i=1,2,\cdots,n$에 대해 $P(E_i)\neq 0$이면

$$P(A)=\sum_{i=1}^{n}P(E_i)P(A|E_i). \tag{2.12}$$

사건 A는 표본공간 Ω의 분할에 의해 서로 배반이 되기 때문에 이 정리를 전 확률법칙(law of total probability)이라 말하기도 한다.

위 예제 2.8에서 $P(A|B)$와 $P(B|A)$ 사이의 관계에서 그 의미를 좀 더 확률론적으로 설명한 것이 다음 베이즈 정리(Bayes'theorem)이다. 특히, $A,B\in B(\Omega)$이고 $P(A)$, $P(B)\neq 0$이면 조건부확률의 정의에 의해 $P(A\cap B)=P(B)P(A|B)$이므로

$$P(B|A)=\frac{P(A\cap B)}{P(A)}=\frac{P(B)P(A|B)}{P(A)} \tag{2.13}$$

로 쓸 수 있다. 그리고 정리 2.11에서 표본공간 Ω의 분할에 의한 전 확률공식에서 $P(A) = \sum_{i=1}^{n} P(E_i)P(A|E_i)$를 위식에 대입하면 다음 베이즈 정리를 얻을 수 있다.

정리 2.12 만약 $\Lambda = \{E_1, E_2, \cdots, E_n\}$를 표본공간 Ω의 분할이고, 모든 $i = 1, 2, \cdots, n$에 대해 $P(E_i) \neq 0$, $A, B \in B(\Omega)$이고 $P(A)$, $P(B) \neq 0$일 때

$$P(B|A) = \frac{P(B)P(A|B)}{\sum_{i=1}^{n} P(E_i)P(A|E_i)} \tag{2.14}$$

이다.

위 베이즈 정리와 더불어 만약 $\Lambda = \{E_1, E_2, \cdots, E_n\}$는 표본공간 Ω의 분할이고 $A \in B(\Omega)$에 대해 사건 B는 $P(B) \neq 0$을 만족할 때,

$$\begin{aligned} P(A|B) &= \frac{P(B \cap A)}{P(B)} = \sum_{i=1}^{n} \frac{P(A \cap B \cap E_i)}{P(B)} \\ &= \sum_{i=1}^{n} \frac{P(B \cap E_i)P(A|B \cap E_i)}{P(B)} \\ &= \sum_{i=1}^{n} P(A|B \cap E_i)P(E_i|B). \end{aligned}$$

를 만족한다.

지금까지 소개한 조건부확률과 베이즈 정리를 정보론에 응용하여 적용하는 모델을 생각해 보자. 가장 간단한 모델로 **2진 대칭 통신로(binary symmetric channel)**를 들 수 있는데, 아래 〈그림 2.4〉와 같은 이 모델은 잡음을 동반하는 통신로를 통해 송신된 신호가 잡음에 의해 변조되어 수신되는 상황으로 전기적 신호 on과 off에 해당되는 두 기호 1과 0으로 구성되어 있다. 이 신호는 통신로를 통해 전송되고 수신자에 의해 수신된다. 여기서 1이 송신될 확률을 $P(1)$이라 하고 0이 송신될 확률을 $P(0)$이라 하자. 즉 0과 1만 전송되기 때문에

$$P(0) + P(1) = 1 \tag{2.15}$$

을 만족한다. 좀 더 단순화하기 위해 $P(1) = p$라 하면 $P(0) = 1 - p$가 된다.

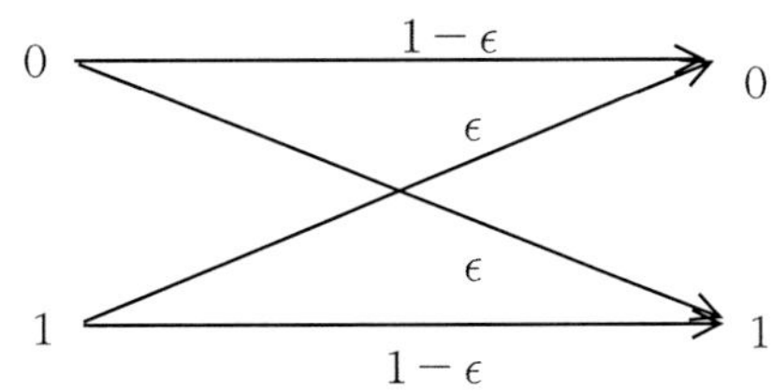

〈그림 2.4〉 2진대칭통신로

통신로 상에서 잡음은 신호를 변조시키기 때문에 출력되는 0과 1이 수신될 확률은 변한다. 다시 $Q(0)$과 $Q(1)$을 각각 0과 1이 수신될 확률이라 하면 다시 위와 같이 $Q(1)=q$, $Q(0)=1-q$가 된다. 그러면 신호를 변조시키는 잡음의 영향을 설명할 수 있다. 여기서 $P(1|0)$을 0을 송신했는데 1을 수신할 확률이라 하고, $P(0|1)$을 1을 송신했는데 0을 수신할 확률이라 하자. 그리고 $P(0|0)$, $P(1|1)$을 각각 0과 1을 성공적으로 전송할 확률이 된다. 그러면 정리 2.10에 의해 다음과 같은 관계를 얻을 수 있다.

$$P(0|0)+P(1|0)=1,\ P(0|1)+P(1|1)=1 \tag{2.16}$$

수신자로서 확률 $P(1)=p$와 ϵ 값을 알고 있다면 Q를 계산할 수 있다.

$$\begin{aligned} Q(1) &= P(0)P(1|0)+P(1)P(1|1) \\ &= \epsilon(1-p)+(1-\epsilon)p \\ &= p+\epsilon-2\epsilon p \end{aligned}$$

이고

$$\begin{aligned} Q(0) &= P(0)P(0|0)+P(1)P(0|1) \\ &= (1-\epsilon)(1-p)+\epsilon p \\ &= 1-\epsilon-p+2\epsilon p. \end{aligned}$$

여기서 $Q(0)+Q(1)=p+\epsilon-2\epsilon p+1-\epsilon-p+2\epsilon p=1$을 만족한다.

실제 상황에서 잘못 전송되는 확률을 최소화하기 위해서 노력하고 가능한 ϵ 값을 적게 유지하고자 한다. 즉 $\epsilon=0$이면 송신과 수신되는 확률은 $q=p$로 같게 되어 잡음이 없이 깨끗하게 송수신된다. 반면 송신확률 $p=\dfrac{1}{2}$이면 수신확률 $q=\dfrac{1}{2}$가 되어 ϵ에 무관하게 송수신된다고 분석할 수 있다. 같은 상황에서 베이즈 정리의 응용으로 수신자의 입장에서 1을 수신했는데 과연 1이 송신되었을 확률을 구해보자.

a가 수신되었는데 b가 송신되었을 조건부확률을 $Q(b|a)$로 나타내자. 물론 여기서 a와 b는 0 또는 1에 해당한다. 그러면 위에서와 같이

$$Q(0|0) + Q(1|0) = 1,\ \ Q(0|1) + Q(1|1) = 1 \tag{2.17}$$

를 구할 수 있다. 따라서 베이즈 정리에 의해

$$Q(0|0) = \frac{P(0)P(0|0)}{Q(0)} = \frac{(1-p)(1-\epsilon)}{1-\epsilon-p+2\epsilon p}$$

이고

$$Q(1|1) = \frac{P(1)P(1|1)}{Q(1)} = \frac{p(1-\epsilon)}{\epsilon+p+2\epsilon p}.$$

같은 방법으로 식 (2.16), (2.17), (2.18)의 관계식으로부터 $Q(1|0)$와 $Q(0|1)$도 쉽게 구할 수 있다.

2.3 연습문제

1. 만약 $A \in P(\Omega)$, $P(A) \neq 0$일 때 조건부확률 $P(\cdot \mid A)$는 $P(\Omega)$에서 측도가 됨을 증명하여라.

2. 동전을 두 번 던진 결과에 대한 표본공간을 $\Omega = \{(h,h),(h,t),(t,h),(t,t)\}$라 하자. 주어진 조건에 대하여 조건부 확률을 구하여라.
   1) 첫 번째 동전이 앞면이 나온 조건에서 두 번째 동전이 앞면일 확률
   2) 적어도 하나의 동전이 앞면일 때 둘 다 앞면일 확률

3. A학생이 2학기에 미분방정식과 선형대수학 중 어느 과목을 선택할지 고민 중에 있다. 그는 미분방정식을 선택하면 A학점을 받을 확률이 $\frac{1}{2}$이고, 선형대수학을 선택하면 $\frac{2}{3}$이 된다고 평가하였다. 자체 평가에 의해 선형대수학을 수강하여 A를 받을 확률을 구하여라.

4. 사건 $\{A_n, n \geq 1\}$에 대하여 만약 $P(A_1) > 0$이라하자. 만약 $A_2, A_3, \cdots A_n$이 서로 배반 사건들이라 할 때 $P(A_2 \cup A_3 \cup \cdots \cup A_n \mid A_1) = P(A_2 \mid A_1) + P(A_3 \mid A_1) + \cdots + P(A_n \mid A_1)$임을 보여라.

5. 만약 A와 B가 배반사건이고 $P(A) \neq 0$, $P(B) \neq 0$이면 임의의 사건 C에 대하여

$$P(C \mid A \cup B) = \lambda P(C \mid A) + (1-\lambda) P(C \mid B)$$

임을 보여라. 여기서 $\lambda = \dfrac{P(A)}{P(A)+P(B)}$로 주어진다.

6. 〈그림 2.5〉는 2진 소거 통신로로서 어떤 문자는 수신되기 전에 삭제되는 모델이다. 여기서 e는 소거를 의미한다.
   1) 수신확률 $Q(0)$, $Q(1)$ 그리고 $Q(e)$를 구하여라.
   2) 조건부 수신확률 $Q(0 \mid 0), Q(1 \mid 1), Q(0 \mid e)$ 그리고 $Q(1 \mid e)$를 각각 구하여라.

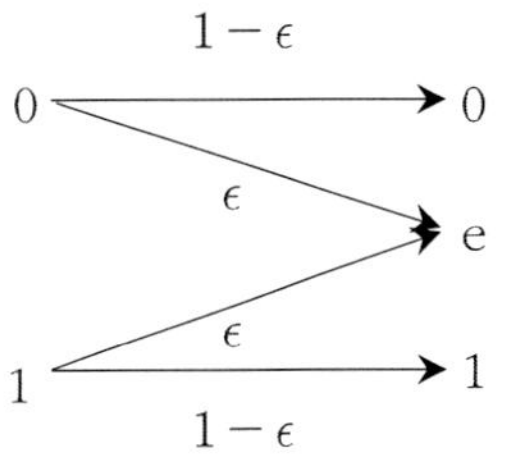

〈그림 2.5〉 2진소거통신로

7. 다음 〈그림 2.6〉은 전기회로 상에서 독립적으로 작동하는 스위치 작동 네트워크이다. 각 스위치가 닫힐 확률은 p이고 열릴 확률은 $1-p$라고 한다.
   1) 입력한 신호를 수신하게 될 확률을 구하여라.
   2) 신호를 수신하였는데 스위치 E가 개방될 조건부 확률을 구하여라.

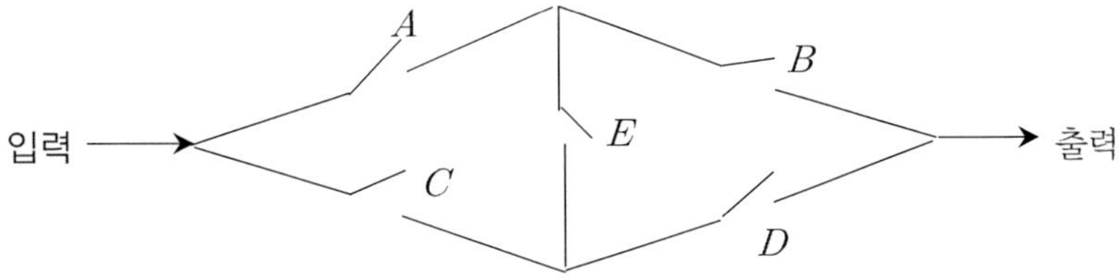

〈그림 2.6〉 스위치 네트워크

8. 아래 〈그림 2.7〉은 2진대칭 통신로와 2진 소거통신로를 결합한 모델이다
   1) 수신확률 $Q(0)$, $Q(1)$ 그리고 $Q(e)$를 구하여라.
   2) 조건부 수신확률 $Q(0 \mid 0), Q(1 \mid 1), Q(0 \mid e)$, $Q(1 \mid e)$를 각각 구하여라.

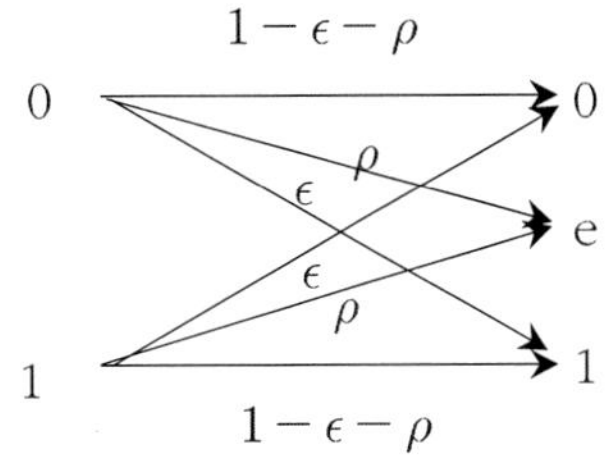

〈그림 2.7〉 결합 2진대칭-소거통신로

9. 아래 〈그림 2.8〉은 두 개의 2진대칭 통신로를 연결한 모델이다. 첫 번째 채널에서 B에서 출력되고 다시 두 번째 채널 C로 전송된다. $P(1)=p$, $P(0)=1-p$라고 하자.

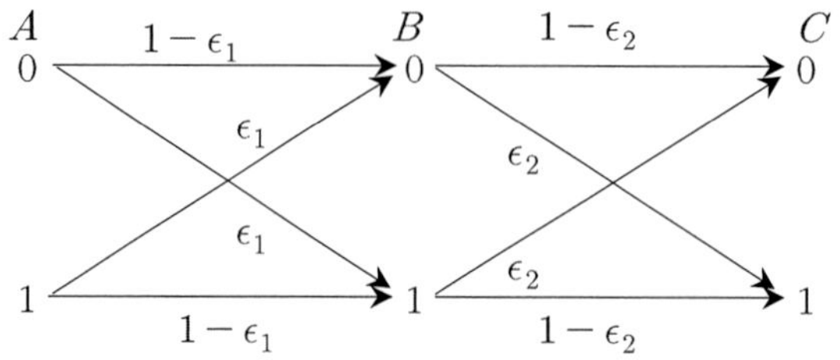

〈그림 2.8〉 2채널 2진대칭 통신로

1) 두 통신채널은 확률적으로 독립이라 가정하고 C에서 출력 확률 $Q(0)$와 $Q(1)$을 각각 구하여라.

2) 만약 $\epsilon_1=0.14$, $\epsilon_2=0.21$이고 $p=0.6$이라고 할 때 $Q(0)$와 $Q(1)$를 구하여라.

2.4 독립사건

두 사건 A와 B에 대해 그들 중에 어느 한 사건의 발생 여부가 다른 사건의 발생 여부에 서로 관계가 없고 영향을 미치지 않는다는 의미로 서로 독립적으로 일어난다고 가정하자. 이러한 조건하에서 $P(A\cap B)=P(A)P(B)$로 가정하는 것이 당연하다. 이와 같이 임의의 두 사건 A와 B에 대하여

$$P(A\cap B)=P(A)P(B) \tag{2.18}$$

이면, 두 사건 A와 B를 서로 **독립(mutually independent)**이라 한다. 확률론적 의미에서 $P(A)\neq 0$일 때 독립이라는 의미는 사건 A가 일어난다면 그때 $P(B)$는 변하지 않고, 마찬가지로 B가 일어났지만 $P(A)$는 전혀 변화되지 않음을 말한다. 즉 사건 A가 발생했다는 것은 $P(B)$가 $P(B|A)$로 변화된다는 것을 의미하므로

$$P(B|A)=P(B) \tag{2.19}$$

를 만족할 때, 두 사건 A와 B를 **독립(independent)**이라 한다. 이 정의를 조건부확률과 결합하여 설명하면

$$\frac{P(A\cap B)}{P(A)}=P(B) \text{ 이고 } \quad P(A\cap B)=P(A)P(B) \tag{2.20}$$

가 되어 식 (2.18)와 동일한 결과를 얻는다. 같은 맥락에서 $P(B)\neq 0$이면 식 (2.18)에 의해 $P(A|B)=P(A)$가 되고, 특히 식 (2.18)의 중요한 의미는 $P(A)=0$, $P(B)=0$일 때도 확률적인 두 사건의 독립을 말할 수 있다는 장점을 보여주고 있다. 또한 서로 독립인 두 사건에 대해 다음 식을 얻을 수 있다.

$$P(A\cup B)=P(A)+P(B)-P(A)P(B).$$

앞에서 말한 두 사건의 독립성에 관한 논의에서, A와 B가 서로 독립이면 A의 발생여부는 B의 발생여부에 관계가 없다는 것을 알았다. 따라서 만일 A와 B가 서로 독립이면, A와 B^c, A^c와 B, 그리고 A^c와 B^c도 독립임을 증명할 수 있다. 예를 들어, A와 B^c가 독립임을 증명해보자.

$P(A\cap B^c)=P(A)-P(A\cap B)$는 항상 사실이다. 더구나 A와 B가 서로 독립이므로 $P(A\cap B)=P(A)P(B)$이다. 그러므로

$$P(A \cap B^c) = P(A) - P(A)P(B)$$
$$= P(A)[1 - P(B)]$$
$$= P(A)P(B^c)$$

이 성립한다. 따라서 사건 A와 B^c는 서로 독립이다. 같은 방법으로 나머지 사실에 대한 증명은 연습문제로 남겨 놓는다.

정리 2.13 만일 두 사건 A와 B가 서로 독립일 때, 다음은 사실이다.

(1) A와 B^c는 서로 독립이다.

(2) A^c와 B도 서로 독립이다.

(3) A^c와 B^c도 서로 독립이다.

두 사건의 독립성에 관한 정의와 성질들을 여러 사건에 대해서도 확장할 수 있다. 만일 n개의 사건 $A_1, A_2, \cdots, A_n$이 서로 관계가 없고 영향을 미치지 않는다는 의미로 서로 독립이면, 그 때 모든 n개의 사건이 동시에 일어날 확률 $P(A_1 \cap A_2 \cap \cdots \cap A_n)$을 곱 $P(A_1) \cdots P(A_n)$으로 가정하는 것은 당연하다. 더구나 사건 $A_1, A_2, \cdots, A_n$은 서로 관계가 없음으로, 곱의 규칙은 모든 n개의 사건이 동시에 일어날 확률에 대해서 뿐만 아니라 그들 중에 임의의 둘, 셋, 또는 그 이상의 사건이 동시에 일어날 확률에 대해서도 성립하여야 한다. 이러한 의미에서

$$P(A_i \cap A_j) = P(A_i)P(A_j), \qquad (1 \le i < j \le n)$$
$$P(A_i \cap A_j \cap A_k) = P(A_i)P(A_j)P(A_k), \quad (1 \le i < j < k \le n) \tag{2.21}$$
$$\vdots$$
$$P(A_1 \cap A_2 \cap \cdots \cap A_n) = P(A_1)P(A_2) \cdots P(A_n)$$

이면 n개의 사건 $A_1, A_2, \cdots, A_n$을 서로 독립(mutually independent)이라 한다.

특히, 세 사건 A, B, C가 서로 독립이기 위해서는 다음 4개의 관계식이 모두 만족되어야 한다.

$$P(A \cap B) = P(A)P(B)$$
$$P(B \cap C) = P(B)P(C) \tag{2.22}$$
$$P(A \cap C) = P(A)P(C)$$

그리고

$$P(A \cap B \cap C) = P(A)P(B)P(C) \tag{2.23}$$

윗 식에서 (2.22)은 만족되지만 (2.23)이 만족되지 않는 경우에 세 사건 A, B, C를 **둘씩 독립** (pairwise independent)이라 한다.

예제 2.9 두 개의 동전을 던지는 실험에서 A를 첫 번째 동전이 앞면이 나오는 사건, B를 두 번째 동전이 앞면이 나오는 사건, C를 둘 다 앞면 또는 둘 다 뒷면이 나오는 사건이라 하자. 이 때 세 사건의 독립성을 조사하여라.

풀이 $P(A) = P(B) = P(C) = \frac{1}{2}$이고 $P(A \cap B) = P(A \cap C) = P(B \cap C) = \frac{1}{4}$이므로 세사건 A, B, C는 둘 씩 독립이다. 그러나

$$P(A \cap B \cap C) = \frac{1}{4} \neq \frac{1}{8} = P(A)P(B)P(C)$$

로 세 사건은 서로 독립이 아니다.

예제 2.10 앞면이 처음으로 나올 때까지 한 개의 동전을 계속 던지는 시행에서 나온 결과는 서로 독립이라 할 때, 정확히 n번 던질 확률 p_n을 구하여라.

풀이 구하는 확률은 $n-1$번의 계속된 뒷면과 n번째 앞면이 나올 확률과 같다. 그 결과는 서로 독립이므로, 이러한 n개의 결과를 얻을 확률은 $p_n = \frac{1}{2^n}$이다. 이 결과로부터 앞면이 조만간에 한 번 나올, 또는 뒷면이 영원히 나오지 않을 확률은 다음과 같다.

$$\sum_{n=1}^{\infty} p_n = \frac{1}{2} + \frac{1}{2^2} + \frac{1}{2^3} + \cdots = 1.$$

확률 $\sum_{n}^{\infty} p_n$의 값이 1이므로, 앞면이 한 번도 나오지 않고 뒷면이 무한 번 나올 확률은 0임에 틀림없다.

2.4 연습문제

1. 정리 2.12의 나머지 부분을 증명하여라.

2. 확률공간 (Ω, Σ, P)에서 다음이 사실이면 증명하고, 아니면 반례를 들어 보여라.
   1) A와 B는 독립이고, A와 C가 독립이면 A는 $B \cup C$와 독립이다.

2) A와 B는 독립이고, A와 C가 독립이며 $B\cap C=\varnothing$이면 A와 $B\cup C$는 독립이다.

3) A와 B는 독립, A와 C도 독립, A와 $B\cap C$가 독립이면, C와 $A\cap B$는 독립이다.

4) 세사건 A, B, C가 서로 독립이면 $A\cup B$와 C는 서로 독립이다.

3. 확률공간 (Ω, Σ, P)에서 정의된 사건들 $A, B\in\Sigma$에 대해 반드시 사실, 반드시 거짓, 사실일 수도 있음을 판정하여라.

1) 만약 A와 B가 서로 배반이면 A와 B는 서로 독립이다.

2) 만약 A와 B가 서로 독립이면 A와 B는 서로 배반이다.

3) $P(A)=P(B)=0.6$이고 A와 B는 서로 배반이다.

4) $P(A)=P(B)=0.6$이고 A와 B는 서로 독립이다.

4. 주사위 두 개를 던지는 시행에서 사건들을 다음과 같이 정의하자.

A: 첫 번째 주사위에서 1,2, 또는 3이 나올 사건

B: 두 번째 주사위에서 4,5, 또는 6이 나올 사건

C: 두 눈이 모두 3보다 적거나 같거나 또는 4보다 크거나 같을 사건

이 시행에서 나온 사건들은 둘씩 독립이지만, 세사건 A, B, C는 독립이 아님을 보여라. 즉 $P(A\cap B\cap C)\neq P(A)P(B)P(C)$ 이다.

5. 3개의 메시지가 통신 채널을 통해 전송되었다. 성공적으로 수신될 확률이 각각 0.56, 0.67, 그리고 0.95라고 한다. 신호들은 모두 서로 독립이라고 할 때 다음 확률을 구하여라.

1) 모든 세 메시지들을 수신할 확률

2) 모든 메시지를 수신하지 못할 확률

3) 두 메시지만 수신할 확률

6. 각각 성공할 확률이 p이고, 실패할 확률이 $1-p$인 시행을 무한번 독립적으로 시행한 사건에 대하여 다음 확률을 구하여라.

1) n번의 시행에서 최소한 1번 성공할 확률

2) n번의 시행에서 정확히 k번 성공할 확률

3) 모든 시행에서 성공할 확률

CHAPTER 03

PROBABILISTIC APPROACH TO INFORMATION THEORY

이산형 확률변수

3.1 확률변수의 개념 및 성질

어떤 실험에서 가능한 모든 결과들을 포함하는 표본공간 Ω, 일어날 수 있는 사건들로 일정한 성질을 만족하는 부울대수 $B(\Omega)$, 그리고 확률 측도 P로 구성된 확률공간 $(\Omega, B(\Omega), P)$에 대해 알아봤다. 만약 $\#(\Omega) = n$이고 $B(\Omega) = P(\Omega)$이면 $\#P(\Omega) = 2^n$이 된다. 따라서 n이 커짐에 따라 2^n은 매우 커져 다루기 힘들어진다. 더구나 실질적인 문제를 다루는데 이 사건들의 일부를 조사해도 해결되는 경우가 많다. 즉 부울대수 $B(\Omega)$의 모든 원소들을 고려하기 보다는 한 실험의 결과를 모델링할 수 있는 방안이 더 효율적이다. 이러한 모델링 방법이 확률변수의 도입이라 할 수 있다. 특히, 수학의 방정식들은 형태, 색, 또는 어떤 성질 보다는 수치적 값으로 표현되기 때문에 한 실험의 각 결과가 실수와 결합되어 나타나는 확률변수라는 실수값 함수로 정의된다.

정의 3.1 표본공간 Ω에서 실수의 부분집합 $R_X \subseteq \boldsymbol{R}$로 사상되는 함수 X를 **이산형 확률변수** (discrete random variable)라 한다. 여기서 R_X을 확률변수 X의 **치역**(range)이라 하고 $\#(R_X) = n$ 또는 ∞이다. 여기서 확률변수가 명확할 때 R_X 대신 R로 간단히 표현한다.

대부분 이산형 확률변수를 다룰 때 R은 자연수의 부분집합인 경우가 많다. 여기서 알파벳 대문자 X, Y, Z는 확률변수를 나타내고, 알파벳 소문자 $x, y, z, \cdots$ 또는 $x_1, x_2, \cdots$ 들은 대응되는 확률변수들이 갖는 값들을 나타낸다.

예제 3.1 주사위 두 개를 동시에 던질 때 두 눈이 합이 10이 될 확률을 구하여라.

풀이 주사위는 6면으로 구성되어 있으므로 표본공간 Ω는 총 $6\times6=36$개로 구성되어 있다. 그러므로 $\#P(\Omega)=2^{36}$개이고 대칭성의 원리에 의해 각각이 나올 확률은 $\frac{1}{36}$이다. 만약 확률변수 X를 도입한다면 다음과 같이 정의할 수 있다.

$$X = \text{ 두 눈의 합.}$$

위와 같이 정의하면 X는 2에서 12까지의 값을 가지게 된다. 이 문제에서 우리는 X가 10을 가지게 되는 사건에 초점이 있다. 간단하게 표현하면 $(X=10)$으로 쓰고,

$$(X=10)=\{(4,6),(5,5),(6,4)\}$$

이다. 따라서 $P(X=10)=\frac{3}{36}=\frac{1}{12}$이 된다.

두 개의 주사위를 던지는 실험에서 우리는 2에서 12에 이르기까지 확률변수 X를 나오는 두 눈의 합으로 정의하면 나타나는 값에 대한 확률 값을 구할 수 있다. 다음 예제에서 이것을 확인해 보자.

예제 3.2 두 개의 주사위를 동시에 던지는 실험에서 확률변수 X를 나타난 두 눈의 합으로 정의할 때 확률변수가 취할 수 있는 확률 값을 모두 구하여라.

풀이 이 문제를 풀기 위해 k는 2에서 12까지 모든 확률 $P(X=k)$는 위 예제 3.1에서와 같은 방법으로 나열해 구하면 다음과 같다.

$$\begin{aligned}
&P(X=2)=\frac{1}{36}, \quad P(X=3)=\frac{1}{18}, \quad P(X=4)=\frac{1}{12}\\
&P(X=5)=\frac{1}{9}, \quad P(X=6)=\frac{5}{36}, \quad P(X=7)=\frac{1}{6}\\
&P(X=8)=\frac{5}{36}, \quad P(X=9)=\frac{1}{9}, \quad P(X=10)=\frac{1}{12}\\
&P(X=11)=\frac{1}{18}, \quad P(X=12)=\frac{1}{36}.
\end{aligned}$$

이 예제에서 확률변수 X의 도입은 $P(\Omega)$의 2^{36}개의 사건들을 쉽게 다룰 수 있고 이 문제와 관련된 변수들을 11개로 구분할 수 있다. 특히 이 예제에서 $P(X=k)$는 확률변수의 연구에서 중요한 역할을 한다.

확률변수 X가 Ω에서 단지 유한 n개로 구성된 집합 $R=\{x_1,x_2,\cdots,x_n\}$에서 값을 갖는다고 할 때, 다음과 같은 함수값

$$1\le j\le n\text{에 대하여 } p_X(x_j)=P(X=x_j)$$

로 정의하면 p_X는 **확률분포**(probability distribution) 또는 **확률법칙**(probability law) 또는 **확률질량함수**(probability mass function)라 한다. 여기서 X의 확률분포 p_X가 분명한 경우 p로 표현하기로 한다. 따라서 확률의 정의에 의해 X의 가능한 값이 아닌 어떤 점 x_i에 대하여, $p_X(x_i)=p(x_i)=0$은 자명하다. 예를 들어 위 예제 3.2에서 $R=\{2,3,\cdots,12\}$이고 $p(2)=\frac{1}{36}$, $p(3)=\frac{1}{18},\cdots, p(12)=\frac{1}{36}$이다. 특히, 확률질량함수는 다음 두 가지 조건을 만족해야한다.

(i) 주어진 모든 x_i에 대하여 $p(x_i)\geq 0$.

(ii) $\sum_{i=1}^{\infty} p(x_i)=1$.

부울대수 $P(R)$과 $A\in P(R)$에 대하여 확률질량함수의 합은 집합 A에 속하는 모든 x_i에 대해 다음과 같이 정의하자.

$$P(X\in A)=\sum_{x_i\in A} p(x_i)=p(A). \tag{3.1}$$

정리 3.2 p는 $P(R)$에서 확률 측도(probability measure)이다.

증명 각 $p(x_i)\geq 0$이고, 서로 배반인 두 사건 A와 B 즉, $A\cap B=\varnothing$에 대하여

$$\begin{aligned} p(A\cup B) &= \sum_{x_i\in A\cup B} p(x_i)=\sum_{x_i\in A} p(x_i)+\sum_{x_i\in B} p(x_i) \\ &= p(A)+p(B) \end{aligned}$$

이므로 측도이다. 마지막으로 확률질량함수의 정의 및 성질 (ii)와 사건들 $(X=x_1),(X=x_2),\cdots,(X=x_n)$들은 표본공간 Ω의 분할이므로

$$p(R)=\sum_{i=1}^{n} p(x_i)=\sum_{i=1}^{n} P(X=x_i)=1$$

을 만족한다.

하나의 전형적인 확률질량함수가 〈그림 3.1〉에 그려져 있다. 이 그림에서 각 수직선은 가능한 값 x_i에 일치하는 $p(x_i)$의 값을 나타낸다. 그 수직선분의 높이의 합은 1임에 틀림없다.

앞으로, $1\leq k\leq n$에 대하여 $(X\leq x_k)$과 같은 사건들을 자주 접하게 되는데, 이는 확률변수 X가 갖는 값이 x_k보다 작거나 같은 모든 결과를 포함하는 집합이다. 예제 3.1에서처럼

$$(X\leq 4)=\{(1,1),(1,2),(1,3),(3,1),(2,1),(2,2)\}$$

임을 나타낸다. 이와 같이 사건들 $(X > x_k)$, $(X \geq x_k)$, $(X < x_k)$, $(x_k < X \leq x_s)$도 정의할 수 있다.

〈그림 3.1〉 확률질량함수

다음으로 확률변수 X와 결합하여 유용하게 쓰이는 함수가 누적분포함수(cumulative distribution function) F이다. 이 함수는 $1 \leq i \leq n$에 대하여

$$F(x_i) = P(X \leq x_i) \tag{3.2}$$

로 정의되고, 이는 다음과 같이 쉽게 유도된다.

$$F(x_i) = \sum_{j=1}^{i} p(x_j).$$

다음은 위 (3.2)에서 정의한 누적분포함수의 기본 성질에 관한 내용이다.

(i) $1 \leq k < n$에 대하여 $F(x_{k+1}) - F(x_k) = p(x_{k+1})$이다. 왜냐하면 $(X \leq x_{k+1}) = (X \leq x_k) \cup (X = x_{k+1})$이므로, $P(X \leq x_{k+1}) = P(X \leq x_k) + P(X = x_{k+1})$가 된다.

(ii) F는 증가함수이다. 즉, $1 \leq k < n$, $F(x_{k+1}) \geq F(x_k)$이다.

(iii) $F(x_n) = 1$.

(iv) $\lim_{x \to -\infty} F(x) = 0$, $\lim_{x \to \infty} F(x) = 1$.

(v) 누적분포함수 $F(x)$는 오른쪽에서 연속이다. 즉, 모든 점 x에 대하여 $F(x) = F(x^+)$이다.

여기서 $F(x^+)$는 y가 오른쪽에서 x에 접근할 때 $F(y)$의 극한값으로 나타내고 그것을 표기하면,

$$F(x^+) = \lim_{\substack{y \to x \\ y > x}} F(y)$$

이다. 유사하게, $F(x^-)$는 y가 왼쪽에서 x에 접근할 때 $F(y)$의 극한값으로 정의된다. 따라서

$$F(x^-) = \lim_{\substack{y \to x \\ y < x}} F(y)$$

이다. 만일 누적분포함수가 주어진 한 점 x에서 연속이면, 그때 그 점 x에서 $F(x^+) = F(x^-) = F(x)$이다.

다음 예제로부터 누적분포함수를 구하고 그 성질을 살펴보자.

예제 3.3 확률변수 X의 분포가

$$P(X = x) = \binom{3}{x}\frac{1}{2^3}, \quad x = 0, 1, 2, 3$$

일 때 그 누적분포함수는 다음과 같이 주어진다.

이러한 누적분포함수의 그래프가 〈그림 3.2〉에 그려져 있다. 이 그림에서 모든 실수 x에 대하여 $0 \le F(x) \le 1$임에 틀림이 없다. 그리고 위의 성질들 (i)에서 (v)까지 모두 점검해 볼 수 있다.

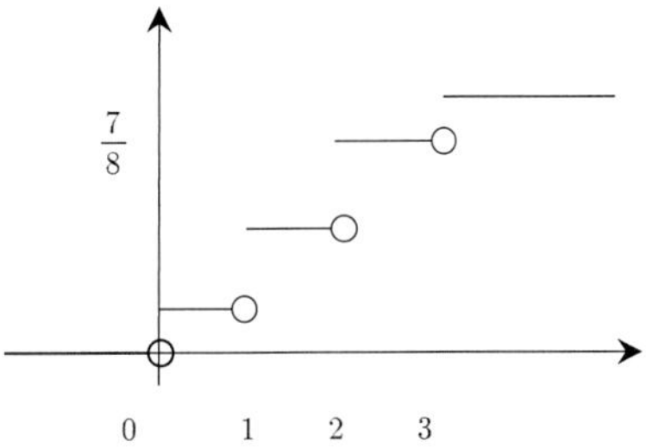

〈그림 3.2〉 누적분포함수의 예

$$F(x) = \begin{cases} 0, & x < 0 \\ \dfrac{1}{8}, & 0 \le x < 1 \\ \dfrac{1}{2}, & 1 \le x < 2 \\ \dfrac{7}{8}, & 2 \le x < 3 \\ 1, & x \ge 3 \end{cases}$$

확률변수 X의 누적분포함수를 안다면, X가 특정한 어떤 구간에 속할 확률을 그 누적분포함수로부터 구할 수 있다.

정리 3.3 (1) 주어진 어떤 값 x에 대하여, $P(X > x) = 1 - F(x)$이다.

(2) $x_1 < x_2$인 주어진 어떤 값 x_1과 x_2에 대하여 다음을 만족한다.

$$P(x_1 < X \leq x_2) = F(x_2) - F(x_1)$$

(3) 주어진 어떤 값 x에 대하여 $P(X = x) = F(x^+) - F(x^-)$이다.

증명을 간단히 살펴보면, (1)은 $P(X > x) = 1 - P(X \leq x)$이므로 정의에 의해 쉽게 유도할 수 있고, (2)에 대해서는 다음과 같은 등식으로 쉽게 유추할 수 있다.

$$P(x_1 < X \leq x_2) = P(X \leq x_2) - P(X \leq x_1).$$

(3)은 $P(X = x) = P(X \leq x) - P(X < x)$이므로 누적분포함수의 성질 v)에 의해 모든 점에서 $P(X \leq x) = F(x) = F(x^+)$로부터 쉽게 보일 수 있다.

예제 3.4 위 예제 3.3에서 주어진 확률변수 X의 누적분포함수로부터 다음을 구할 수 있다.

$$P(X > 1) = 1 - F(1) = \frac{1}{2}, \quad P(1 < X \leq 2) = F(2) - F(1) = \frac{3}{8}$$
$$P(X < 1) = F(1^-) = \frac{1}{8}$$
$$P(X = 2) = F(2^+) - F(2^-) = \frac{3}{8}.$$

다음은 독특한 이름을 가진 몇 가지 특수한 확률변수를 살펴보자.

이산형 균등확률변수 X는 다음과 같은 확률질량함수를 갖는다.

$$p(x_1) = p(x_2) = \cdots = p(x_n) = \frac{1}{n}.$$

대칭성의 원리를 적용하고자 할 때 당연히 균등확률변수가 대두되고, 비록 이 확률변수의 용어를 사용하지는 않았지만 지금까지 여러 번 살펴봤다. 간단한 예로 주사위 한 개를 던지는 실험에서

$$X = \text{나온 눈의 수}$$

라고 하면 이 경우 치역 $R = \{1,2,3,4,5,6\}$이고 $n = 6$이 된다.

다음은 베르누이 확률변수로 이는 성공(s) 또는 실패(f)와 같이 두 가지 가능한 결과만을 가지는 실험을 베르누이 시행(Bernoulli trial)이라 한다. 일반적으로, 각 결과의 확률을

$$P(1) = p, \quad P(0) = q = 1 - p$$

로 나타낸다. 여기서 p는 성공률, q는 실패율이다.

예를 들어, 한 개의 동전을 반복해서 던지는 실험은 성공률(앞면이 나올 확률)이 $\frac{1}{2}$인 베르누이 시행을 독립적으로 반복해서 시행하는 실험이고, 불량품이 10%인 제품들로부터 n개의 제품을 뽑아 검사하는 실험은 성공률(불량률)이 $p=\frac{1}{10}$인 베르누이 시행을 n번 반복해서 행하는 실험이다.

성공률이 p인 베르누이 시행에서, 확률변수 X가 0과 1의 값만을 취할 수 있고 그 확률질량함수가

$$f(x|p)=\begin{cases} p^x q^{1-x}, & x=0,1 \\ 0, & \text{기타} \end{cases}$$

인 이산형분포를 따른다면, X는 모수 $p(0 \le p \le 1)$인 **베르누이분포(Bernoulli distribution with parameter p)**를 가진다고 말한다.

3.1 연습문제

1. 두 개의 주사위 던지기에서 확률변수 X를 두 눈의 곱으로 정의하자. 이 때 $i=1,2,\cdots,36$에 대한 확률 $P(X=i)$를 구하여라.

2. 두 개의 주사위 던지기를 생각해 보자. 이 때 다음 각각에서 가능한 확률변수는 무엇인가?
   1) 나온 두 중 중 최댓값 2) 나온 두 눈 중 최솟값
   3) 첫 번째 던진 주사위 눈에서 두 번째 나온 눈의 차

3. 확률변수 X의 치역은 $R_X=\{x_1,x_2,\cdots,x_n\}$이고, 누적분포함수 $F(x)=P(X\le x)$라 할 때 $1\le l<k\le n$에 대해 다음을 증명하여라.
   1) $P(X\ge x_k)=1-F(x_{k-1})$ 2) $P(x_l<X\le x_k)=F(x_k)-F(x_l)$
   3) $P(x_l\le X<x_k)=F(x_{k-1})-F(x_{l-1})$ 4) $P(x_l<X<x_k)=F(x_{k-1})-F(x_l)$

4. 확률변수 X의 확률질량함수가

$$p(x)=\begin{cases}\dfrac{c}{x^2}, & x=1,2,\cdots\\ 0 & \text{기타}\end{cases}$$

   일 때 상수 c를 구하여라. (단, $\sum_{n=1}^{\infty}\frac{1}{n^2}=\frac{\pi^2}{6}$)

5. $\lambda>0$이고 확률변수 X의 확률질량함수 $p(i)=\frac{c\lambda^i}{i!}$, $i=0.1,2,\cdots$ 라고하자.
   1) 확률질량함수가 되도록 상수 c를 구하여라.
   2) $P(X=0)$ 3) $P(X>2)$

6. 확률변수 X의 확률질량함수가 $P(X=n)=\frac{4}{n(n+1)(n+2)}$, $n\ge 1$을 만족할 때 율사이먼 분포(Yule Simons distribution)라고 한다. 직접 확률분포임을 보이기 위해 $\sum_{n=1}^{\infty}P(X=n)=1$임을 증명하여라.

3.2 결합 이산형확률변수(Joint Discrete Random Variable)

확률변수들은 서로 더하고, 스칼라를 곱하거나, 두 확률변수의 곱을 통해 또 다른 새로운 확률변수를 만들 수 있다. 구체적으로 설명하면, X와 Y를 두 확률변수라 하고, α를 실수라 할 때, 새로운 확률변수 $X+Y$, αX, $X+\alpha$와 XY를 만들 수 있다. 확률변수 자신을 두 번, 세 번 등을 곱해서 X^2, X^3을 생각해 볼 수 있다. 이로부터 실수값 함수 f에 대해 확률변수 $f(X)$를 만들 수도 있다. 즉 만일 X의 치역이 $R=\{x_1, x_2, \cdots, x_n\}$이면 $f(X)$는 $\{f(x_1), f(x_2), \cdots, f(x_n)\}$을 치역으로 갖는다.

X와 Y가 표본공간 Ω에서 정의된 확률변수일 때, 임의의 $\omega \in \Omega$에 대해 다음과 같이 정의한다.

$$(X+Y)(\omega)=X(\omega)+Y(\omega),\ \ (\alpha X)(\omega)=\alpha X(\omega),$$
$$(XY)(\omega)=X(\omega)Y(\omega),\ \ f(X)(\omega)=f(X(\omega)).$$

만약 f가 일대일 함수이면 αX와 $f(X)$의 확률법칙 즉 확률질량함수는 X와 같으나, $X+Y$와 XY의 확률질량함수에 대한 결정은 좀 더 심사숙고해야 하며, 일반적인 공식은 특별한 경우에만 세울 수 있다.

이 절의 중심은 두 확률변수 X와 Y의 **결합확률분포(joint distribution)**에 대한 유용한 결과를 유도하는 것이다. 확률변수 X의 치역은 $R_X=\{x_1, x_2, \cdots, x_n\}$이고 확률질량함수를 p라 하자. 또한 확률변수 Y의 치역은 $R_Y=\{y_1, y_2, \cdots, y_m\}$이고 확률질량함수를 q라 하자. 이 때 우리는 X와 Y의 결합확률분포(joint distribution)를 다음과 같이 정의한다. $1 \le i \le n$, $1 \le j \le m$에 대하여

$$p_{ij}=P((X=x_i)\cap(Y=y_j))=p(x_i, y_j). \tag{3.3}$$

때로는 결합분포를 p_{ij} 대신 $p(x_i, y_j)$로 나타내기도 한다.

정리 3.4 두 확률변수 X와 Y와 결합확률분포 (3.3)에 대하여

(1) $1 \le j \le m$에 대하여 $\sum_{i=1}^{n} p_{ij} = q_j$이다. 여기서 $q_j = P(Y=y_j)$이다.

(2) $1 \le i \le n$에 대하여 $\sum_{j=1}^{m} p_{ij} = p_i$이다.

(3) $\sum_{i=1}^{n}\sum_{j=1}^{m} p_{ij} = 1.$

증명 간단히 살펴보면 $(Y=y_j)$에 대해, $(X=x_1),(X=x_2),\cdots,(X=x_n)$는 Ω의 분할이다. 그러면 $(Y=y_j)\cap(X=x_1)$, $(Y=y_j)\cap(X=x_2),\cdots$, $(Y=y_j)\cap(X=x_n)$은 또한 $(Y=y_j)$의 분할이다. 따라서

$$\begin{aligned}\sum_{i=1}^{n} p_{ij} &= \sum_{i=1}^{n} P((X=x_i)\cap(Y=y_j)) \\ &= P(\cup_{i=1}^{n}((X=x_i)\cap(Y=y_j))) \\ &= P((\cup_{i=1}^{n}(X=x_i))\cap(Y=y_j)) \\ &= P(Y=y_j) = q_j.\end{aligned}$$

기타 (2)와 (3)은 위 증명 방법과 동일하게 증명할 수 있다.

정의 3.5 확률변수 X와 Y가 결합확률질량함수 p_{ij}인 이산형결합분포를 가질 때, X의 **주변확률질량함수(marginal probability mass function)** p_i와 Y의 주변확률질량함수 q_j는 다음과 같이 구할 수 있다.

$$p_i = p(x_i) = P(X=x_i) = \sum_{j=1} P(X=x_i, Y=y_j) = \sum_{j=1}^{\infty} p(x_i, y_j) = \sum_{j=1} p_{ij}$$

그리고

$$q_j = q(y_j) = \sum_{i=1} p(x_i, y_j) = \sum_{i=1}^{\infty} p_{ij}.$$

이 정의를 유도하기 위한 정리 3.4의 나머지 부분에 대한 증명은 연습문제로 남겨 놓는다.

예제 3.5 두 확률변수 X와 Y 결합분포가 다음과 같을 때 Y의 주변확률질량함수를 구하여라.

Y \ X	x_1	x_2	x_3	x_4
y_1	0.1	0	0.1	0
y_2	0.3	0	0.1	0.2
y_3	0	0.2	0	0

풀이 위의 결합분포에서 각 행에 있는 값을 더하면

$$q(y_1) = p_{11} + p_{21} + p_{31} + p_{41} = 0.2,$$
$$q(y_2) = 0.6,\ q(y_3) = 0.2$$

을 구할 수 있다.

3.2 연습문제

1. 두 확률변수 X와 Y와 결합확률분포 (3.3)에 대하여 다음을 증명하여라.

   (1) $1 \le i \le n$에 대하여 $\sum_{j=1}^{m} p_{ij} = p_i$이다.

   (2) $\sum_{i=1}^{n} \sum_{j=1}^{m} p_{ij} = 1$.

2. 두 확률변수 X와 Y의 결합확률질량함수가 아래와 같을 때 다음을 각각 구하여라.

$$p(x,y) = P(X = x, Y = y)$$
$$= \begin{cases} c\,|\,x + y\,|\,, & x = -2.-1,0,1,2,\ y = -2,-1,0,1,2 \\ 0, & \text{기타} \end{cases}$$

   (1) 상수 c의 값

   (2) $P(X = 0, Y = -2)$

   (3) $P(X = 1)$

   (4) $P(\,|\,X - Y\,|\, \le 1)$

3. 확률변수 X와 Y의 결합확률질량함수가 다음과 같이 주어졌다고 하자.

$$p(x,y) = \begin{cases} \dfrac{1}{30}(x + y), & x = 0,1,2,\ y = 0,1,2,3 \\ 0 & \text{기타} \end{cases}$$

   확률변수 X와 Y의 주변확률밀도함수를 각각 구하여라.

3.3 기댓값, 분산과 상관계수

확률론에서 주요한 개념 중의 하나가 확률변수 X에 대한 기댓값 $E(X)$이다. 만약 사건 $(X=x_1)$에 x_1을 베팅하고, 사건 $(X=x_2)$에는 x_2를 베팅하고, 같은 방법으로 사건 $(X=x_n)$에는 x_n을 베팅한다면, 과연 우리가 기대하는 승점은 얼마인가? 이를 수학적으로 표현하면 각 사건에 대응되는 확률질량함수를 p라고 하면 확률변수 X에 대한 기댓값 $E(X)$는 다음과 같다.

$$E(X) = \sum_{i=1}^{n} x_i\, p(x_i) \tag{3.4}$$

이고, 만일 가산 무한개인 사건 $(X=x_i)$에 대해서는

$$E(X) = \sum_{i=1}^{\infty} x_i\, p(x_i) \tag{3.5}$$

로 정의한다.

예를 들어, 확률변수 X의 분포를 $P(X=-2)=0.1$, $P(X=0)=0.4$, $P(X=1)=0.3$ 그리고 $P(X=4)=0.2$라고 할 때, X의 기댓값은 정의로부터

$$E(X) = -2(0.1)+0(0.4)+1(0.3)+4(0.2)=0.9$$

이다.

기댓값 $E(X)$의 직관적 의미는 상대적 빈도수로 접근하면 좀 더 쉽게 파악할 수 있다. 위의 예제에서 기대했던 결과의 평균값을 얻을 수 있다. 이러한 의미에서 기댓값 $E(X)$는 확률변수의 평균(mean)이라 말한다. 또한 위의 예제에서처럼 기댓값 $E(X)$는 X의 가능한 값들 중의 하나와 반드시 같은 것은 아니다.

만약 X의 가능한 값이 가산무한개라면 식 (3.5)에서의 합은 무한급수가 된다. 이러한 급수는 주어진 확률질량함수에 따라 수렴하지 않을 수도 있다. 기댓값 $E(X)$가 존재하기 위한 필요충분조건은 (3.5)의 급수가 절대수렴하는 것이다. 즉,

$$\sum_{i=1}^{\infty} |x_i|\, p(x_i) < \infty$$

이다. 만약 이 급수가 수렴하지 않으면, 그 때 $E(X)$는 존재하지 않는다.

예제 3.6 두 개의 주사위를 동시에 던지는 시행에서 확률변수 X를 두 눈의 합으로 정의할 때, 기댓값 $E(X)$를 구하여라.

풀이 정의에 의해

$$\begin{aligned} E(X) &= 2\times\frac{1}{36}+3\times\frac{1}{18}+4\times\frac{1}{12}+5\times\frac{1}{9}+6\times\frac{5}{36}+7\times\frac{1}{6} \\ &\quad +8\times\frac{5}{36}+9\times\frac{1}{9}+10\times\frac{1}{12}+11\times\frac{1}{18}+12\times\frac{1}{36} \\ &= 7. \end{aligned}$$

만일 X, Y가 결합확률분포 $p_{ij}=P((X=x_i)\cap(Y=y_j))$인 두 확률변수라 하자. 그러면 두 확률변수에 대한 기댓값은

$$E(X+Y)=\sum_{i=1}^{n}\sum_{j=1}^{m}(x_i+y_j)p_{ij} \tag{3.6}$$

그리고

$$E(XY)=\sum_{i=1}^{n}\sum_{j=1}^{m}(x_iy_j)p_{ij} \tag{3.7}$$

로 정의된다.

다음은 기댓값 $E(X)$에 대한 유용한 성질들을 알아보자. 우선 확률변수 X는 치역 $R\subset[0,\infty)$, 즉 X의 치역이 음수가 아닐 때 **음이 아닌 확률변수(nonnegative random variable)**라 한다.

정리 3.6 1) 두 확률변수 X와 Y가 같은 표본공간 Ω에서 정의될 때,

$$E(X+Y)=E(X)+E(Y).$$

2) X는 확률변수이고, a는 임의의 실수일 때,

$$E(aX)=aE(X)$$

이고,

$$E(X+a)=E(X)+a.$$

3) 확률변수 X가 음이 아닐 때, $E(X)\geq 0$이다.

증명 정리 3.5의 결합확률질량함수에 대하여

$$E(X+Y)=\sum_{i=1}^{n}\sum_{j=1}^{m}(x_i+y_j)p_{ij}$$

$$=\sum_{i=j}^{n}\sum_{j=1}^{m}x_ip_{ij}+\sum_{j=1}^{m}\sum_{i=j}^{n}y_jp_{ij}$$

$$=\sum_{i=1}^{n}x_i\sum_{j=1}^{m}p_{ij}+\sum_{j=1}^{m}y_j\sum_{i=1}^{n}p_{ij}$$

$$=\sum_{i=1}^{n}x_i\,p_i+\sum_{j=1}^{m}y_j\,g_j$$

$$=E(X)+E(Y)$$

로 계산할 수 있고

$$E(aX)=\sum_{i=1}^{n}ax_i\,p_i=a\sum_{i=1}^{n}x_i\,p_i=aE(X),$$

그리고

$$E(X+a)=\sum_{i=1}^{n}(x_i+a)\,p_i=\sum_{i=1}^{n}x_ip_i+a\sum_{i=1}^{n}p_i=E(X)+a.$$

마지막으로, 모든 $1 \le i \le n$에 대해 $x_i \ge 0$이고, $p(x_i)=p_i \ge 0$이므로

$$E(X)=\sum_{i=1}^{n}x_i\,p_i \ge 0$$

이다.

위의 정리 1)과 2)에 의해 기댓값을 나타내는 $E(\cdot)$는 확률변수 공간에서 정의되는 선형변환이라 할 수 있다. 즉 모든 실수 a, b에 대해

$$E(aX+bY)=aE(X)+bE(Y).$$

또한 기댓값에 대해 전형적인 표현으로 $E(X)=\mu$로 표현한다. 만일 h가 실수값 함수일 때,

$$E(h(X))=\sum_{i=1}^{n}h(x_i)\,p_i$$

로 정의한다. 특히, $h(X)=(X-\mu)^2$을 취하면, $h(X)$는 음이 아닌 확률변수이다. 그러므로 정리 3.5에 의해 $E((X-\mu)^2)\ge 0$이다. 이로부터 확률변수 **X의 분산(variance)** $Var(X)$를

$$Var(X)=E((X-\mu)^2)=\sum_{i=1}^{n}(x_i-\mu)^2\,p_i \tag{3.8}$$

로 정의한다. 그리고 $\sigma^2=Var(X)$로 표시하기도 한다.

분산 $Var(X)$ 또는 확률변수 X의 분포의 분산이라고도 하는데, 수학적 의미를 분석해 보자. 확률변수의 분산은 그 분포의 평균 μ 주위에서 흩어진 정도를 나타낸다. 전형적으로, 작은 분산값은 확률분포가 μ 주위에 집중되어 있음을 나타내고, 큰 분산값은 확률분포가 μ 주위에 넓게 퍼져있음을 나타낸다. 그러나 분포의 평균뿐만 아니라 분산도 비록 매우 작지만 양의 확률값을 실직선 위의 원점으로부터 떨어진 한 점에 둠으로써 임의로 크게 만들 수 있다. 확률변수 또는 그 분포의 표준편차(standard deviation)는 분산의 음이 아닌 제곱근

$$\sigma = \sqrt{Var(X)} \tag{3.9}$$

로 정의한다.

정리 3.7 (분산의 기본 성질) 확률변수 X에 대하여

1) $Var(X) = E(X^2) - (E(X))^2$.

2) 모든 실수 a, b에 대하여 $Var(aX+b) = a^2 Var(X)$.

이 정리를 간단히 분석해보면, 우선 $(X-\mu)^2 = X^2 - 2\mu X + \mu^2$ 이므로

$$\begin{aligned} E((X-\mu)^2) &= E(X^2 - 2\mu X + \mu^2) \\ &= E(X^2) - 2\mu E(X) + \mu^2 \quad (E(X) = \mu \text{ 이므로}) \\ &= E(X^2) - \mu^2 \end{aligned}$$

이고

$$\begin{aligned} Var(aX+b) &= E((aX+b-E(aX+b))^2) \\ &= E((aX-a\mu)^2) \\ &= a^2 E(X-\mu)^2 = a^2 Var(X) \end{aligned}$$

임을 보일 수 있다.

예제 3.7 다음 확률변수에 대한 평균과 분산을 구하여라.

1) 성공률이 p인 베르누이 확률변수 X

2) n개의 값을 갖는 균등분포 X

풀이 1) 평균 $\mu = 1 \cdot p + 0(1-p) = p$ 이고 $E(X^2) = 1^2 \cdot p + 0^2 \cdot (1-p) = p$이므로 분산은 다음과 같이 구할 수 있다.

$$Var(X) = E(X^2) - \mu^2 = p - p^2 = p(1-p).$$

2) $E(X)=\frac{1}{n}\sum_{i=1}^{n}x_i$ 이고 $Var(X)=\frac{1}{n}\sum_{i=1}^{n}(x_i-\mu)^2$이 된다.

자연수 $n\in\mathrm{N}$, 확률변수 X^n의 기댓값 $E(X^n)$을 확률변수 X에 대한 적률(moments)이라 한다. 이러한 관점에서 $n=1$일 때, 평균을 구할 수 있고, 처음 두 적률은 분산을 결정한다. 다음은 적률에 대한 기본 성질들을 알아보자.

유한개의 치역을 가지는 확률변수 X에 대한 적률생성함수(moment generating function) $M_X(t)$는 각 실수 $t\in\boldsymbol{R}$에 대하여,

$$M_X(t)=\sum_{j=0}^{n}e^{tx_j}p_j \tag{3.10}$$

로 정의된다. 여기서 $p_j=p_j(x_j)=P(X=x_j)$이다. 그러면 X의 n번째 적률은

$$E(X^n)=\frac{d^n}{dt^n}M_X(t)|_{t=0}$$

임을 쉽게 보일 수 있다. 이를 증명할 때는 $\frac{d^n}{dt^n}(e^{tx_j})\mid_{t=0}=x_j^n$임을 이용하면 된다.

다음으로 두 확률변수 X, Y간의 관련정도를 측정하고, 의미를 분석해 보고자 한다. 각각 평균이 μ_X와 μ_Y인 두 확률변수 X, Y에 대하여 평균과 분산은 두 확률변수 간의 관계 또는 함께 변하는 그들의 경향에 대해 어떤 정보도 제공해 주지 않는다. 일반적으로 상수 m과 c가 존재하여 확률변수 $Y=mX+c$를 만족하고, 그래서 각 y, $(1\le j\le m)$에 대하여 $y_j=mx_j+c\,(1\le j\le n)$인 x_j를 찾을 수 있다면, 두 확률변수 X와 Y는 **일차관계 (linearly related)**에 있다고 한다. 만약, $m=n$이고 $y_j=mx_j+c\,(1\le j\le n)$이면 각 점들 $(x_1,y_1),(x_2,y_2),\cdots,(x_n,y_n)$은 아래 그림에서 보는 것처럼 직선상에 놓이게 된다.

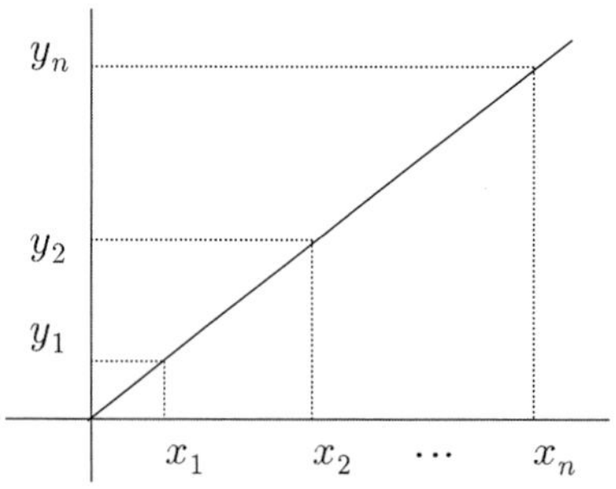

〈그림 3.3〉 일차 관계

아래 정리에서 살펴보겠지만 두 확률변수 X와 Y가 얼마나 가깝게 일차관계에 있는지 측정

할 수 있게 해주는 측도가 공분산(covariance), $Cov(X, Y)$이다. 이 공분산은 다음과 같이 정의된다.

$$Cov(X, Y) = E((X - \mu_X)(Y - \mu_Y)). \tag{3.11}$$

공분산에 대한 기본 성질은 다음과 같이 요약할 수 있다.

1) $Cov(X, Y) = Cov(Y, X)$이고 $Cov(X, X) = Var(X)$이다.
2) 만약 X와 Y가 일차관계에 있다면 $Cov(X, Y) = m\,Var(X)$이다.
3) $Cov(X, Y) = E(XY) - E(X)E(Y)$.
4) $Var(X + Y) = Var(X) + Var(Y) + 2\,Cov(X, Y)$.

여기서 위 성질 중에서 3)을 간단히 살펴보면,

$$\begin{aligned} Cov(X, Y) &= E((X - \mu_X)(Y - \mu_Y)) \\ &= E(XY - \mu_Y X - \mu_X Y + \mu_X \mu_Y) \\ &= E(XY) - \mu_Y E(X) - \mu_X E(Y) + \mu_X \mu_Y \\ &= E(XY) - \mu_X \mu_Y = E(XY) - E(X)E(Y). \end{aligned}$$

실제적인 측면에서 $Cov(X, Y)$는 확률변수 X와 Y가 취하는 단위별 곱들로 측정된다. 그러나 X와 Y의 관계의 장점은 차원이 없는 숫자로 측정된다. 이러한 이유에서 X와 Y사이의 **상관계수(correlation coefficient)**를 정의한다.

$$\rho(X, Y) = \frac{Cov(X, Y)}{\sigma_X \sigma_Y}. \tag{3.12}$$

여기서 σ_X, σ_Y는 각각 X와 Y의 표준편차이다. 만약 $\rho(X, Y) = 0$이면 우리는 X와 Y는 **'상관관계 없다'**라고 한다.

예제 3.8 아래 주어진 2진 대칭통신로로, 여기서 입력은 대칭인 베르누이 확률변수 X로 0과 1이 방출될 확률은 각각 $\frac{1}{2}$이다. 그러면 확률변수 Y는 출력을 나타내는 대칭인 베르누이 확률변수이다. 오차 확률이 $\epsilon = 0.2$로 주어졌다고 할 때, 입력과 출력 사이의 상관계수 $\rho(X, Y)$를 구하여라.

풀이 기댓값 $\mu_X = \mu_Y = 0.5$이고 $\sigma_X = \sigma_Y = 0.5$임을 쉽게 계산할 수 있다. 또한 결합확률질량함수 $p_{ij} = P(X = x_i, Y = y_j) = p(x_i, y_j)$라 정의하면 $p_{00} = p_{11} = 0.4$이고 $p_{01} = p_{10} = 0.1$이다.

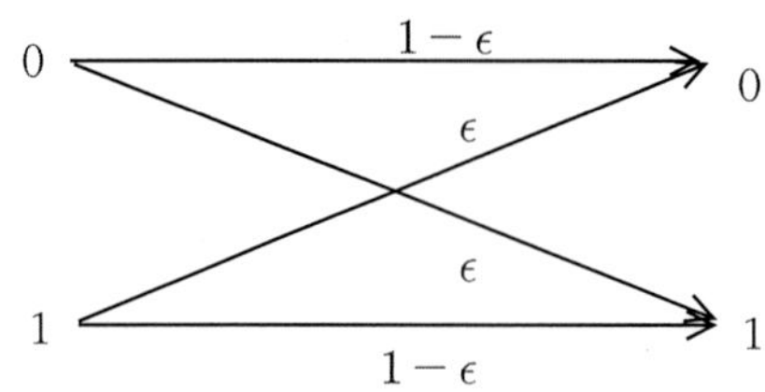

〈그림 3.4〉 2진 대칭통신로 ($\epsilon = 0.2$)

따라서 위 공분산의 성질에 의해

$$Cov(X, Y) = E(XY) - E(X)E(Y)$$
$$= 0.4 - (0.5)^2 = 0.15.$$

이다. 따라서 $\rho(X, Y) = \dfrac{0.15}{(0.5)(0.5)} = 0.6$임을 구할 수 있다.

$Cov(X, Y)$와 $\rho(X, Y)$의 성질들을 좀 더 구체적으로 알아보기 위해서는 다음 정리를 알아야 한다.

정리 3.8 (Cauchy-Schwartz 부등식) 두 확률변수 X와 Y에 대하여 다음 부등식이 성립한다.

$$E(XY)^2 \le E(X^2)E(Y^2).$$

위 부등식을 간단히 살펴보면, 임의의 실수 $t \in \boldsymbol{R}$에 대해, 음이 아닌 확률변수 $(X - tY)^2$의 기댓값은 항상 $E((X - tY)^2) \ge 0$을 만족한다. 2차 방정식을 전개하면

$$t^2 E(Y^2) - 2tE(XY) + E(X^2) \ge 0.$$

이 부등식의 좌변은 t에 관한 2차함수로 이 부등식은 모든 실수 t에 대하여 $at^2 - 2bt + c \ge 0$일 필요충분조건은 $b^2 \le ac$이다. 여기서 $a = E(Y^2)$, $b = E(XY)$ 그리고 $c = E(X^2)$이다. 이 부등식에 대입하여 정리하면 $E(XY)^2 \le E(X^2)E(Y^2)$임을 보일 수 있다.

따름정리 3.9 두 확률변수 X와 Y에 대하여

(1) $|\, Cov(X, Y) \,| \le \sigma_X \sigma_Y.$

(2) $-1 \le \rho(X, Y) \le 1.$

위 따름 정리는 우선 X는 $X-\mu_X$로 Y는 $Y-\mu_Y$로 바꾸어 Cauchy-Schwartz 정리를 적용하면 되고 또한 (1)에서 구할 수 있다.

공분산과 상관계수의 일차관계에 대한 중요한 성질들 몇 가지 알아보자. 모든 $1 \le j \le n$, $1 \le k \le m$에 대하여 결합확률 $p_{jk} > 0$, 즉, 어떤 경우든 $(X=x_j) \cap (Y=y_k)$가 항상 발생할 때, 확률변수의 쌍 (X, Y)을 **비퇴화(non-degenerate) 쌍**이라 한다. 비퇴화 쌍의 확률변수에 대해 필요한 중요 결과는 다음의 보조정리이다.

보조정리 3.10 만약 (X, Y)가 비퇴화 쌍이라 할 때, $E(X \pm Y)^2 = 0$일 필요충분조건은 $X \pm Y = 0$이다.

증명 이 보조정리는

$$E(X \pm Y)^2 = \sum_{j=1}^{n} \sum_{k=1}^{m} (x_j \pm y_k)^2 p(x_j, y_k)$$

$$= \sum_{j=1}^{n} \sum_{k=1}^{m} (x_j \pm y_k)^2 p_{jk}$$

로 비퇴화쌍의 정의로부터 쉽게 증명할 수 있다.

이 보조정리에 의해 $\rho(X, Y)$로부터 확률변수 간의 관계와 일차관계의 개념에 대해 증명할 수 있다.

정리 3.11 확률변수 X와 Y에 대하여 (X, Y)를 비퇴화쌍이라 하자.

(1) $E(XY)^2 = E(X^2)E(Y^2)$일 필요충분조건은 어떤 상수 m에 대하여 $Y = mX$이다.

(2) $|Cov(X, Y)| = \sigma_X \sigma_Y$일 필요충분조건은 X와 Y는 일차관계이다.

(3) $\rho(X, Y) = \pm 1$일 필요충분조건은 X와 Y는 일차관계이다.

증명 이 정리를 간단히 증명해보자. 우선 $Y = mX$일 때, $E(XY)^2 = E(X^2)E(Y^2)$는 쉽게 증명할 수 있다. 그래서 독자들에게 맡겨둔다. 한편, $E(XY)^2 = E(X^2)E(Y^2)$이라 가정하자. 그러면 새로운 확률변수 Z_1과 Z_2를 아래와 같이 정의하면

$$Z_1 = \frac{X}{\sqrt{E(X^2)}} \text{ 그리고 } Z_2 = \frac{Y}{\sqrt{E(Y^2)}}$$

$E(Z_1^2) = E(Z_2^2) = 1$이 되고, $E(XY) = \pm \sqrt{E(X^2)}\sqrt{E(Y^2)}$ 이므로 우리는

$$E(Z_1Z_2) = \pm 1 = \pm E(Z_1^2) = \pm E(Z_2^2).$$

그래서 우리는

$$E(Z_1Z_2 \mp Z_1^2) = E(Z_1Z_2 \mp Z_2^2) = 0.$$

이 방정식을 더하면

$$E(Z_1 \pm Z_2)^2 = 0$$

를 구할 수 있다. 따라서 위 보조정리에 의해 $Z_1 \pm Z_2 = 0$이다. 그래서

$$Y = mX \text{ 이고 } m = \pm \left(\frac{E(Y^2)}{E(X^2)}\right)^{1/2}.$$

을 구할 수 있다.

두 번째, X와 Y가 일차관계일 때, $|\,Cov(X, Y)\,| = \sigma_X\sigma_Y$는 독자에게 맡기고, 반대 방향에 대해서는 (1)에서 X대신 $X-\mu$, Y대신 $Y-\mu$로 대치하면 $Cov(X, Y)$의 부호에 따라 서 $m = \pm \dfrac{\sigma_Y}{\sigma_X}$를 얻게 되고, $c = \mu_Y - m\mu_X$가 된다. (3)은 (2)에서 쉽게 구할 수 있다.

3.3 연습문제

1. 확률변수 X가 단지 $-1, 0, 1$ 값만을 취하고 각 분포는 $P(X=-1) = 0.2$, $P(X=0) = 0.5$와 $P(X=1) = 0.3$을 갖는다고 하자. 다음을 구하여라.

   1) $E(X)$ 2) $E(X^2)$

2. 확률변수 X의 확률질량함수가 $P(X=n) = \dfrac{4}{n(n+1)(n+2)}$, $n \geq 1$에 대하여,

   1) $E(X) = 2$임을 보여라.

   2) $E(X^2) = \infty$ 임을 보여라. (단, $\dfrac{1}{n(n+1)(n+2)} = \dfrac{1}{n(n+1)} - \dfrac{1}{(n+1)(n+2)}$)

3. 확률변수 X의 기댓값 $\mu = 1$이고, 분산 $Var(X) = 5$일 때 다음을 구하여라.

   1) $E[(2+X)^2]$ 2) $Var(3X+4)$

4. 확률변수 $X_1, X_2, \cdots, X_n$에 대하여 수학적 귀납법을 이용하여 다음을 증명하여라.

$$E(X_1 + X_2 + \cdots + X_n) = E(X_1) + E(X_2) + \cdots + E(X_n)$$

5. 다음을 증명하여라.

1) $Cov(X, Y) = E(XY) - E(X)E(Y)$

2) $Var(X+Y) = Var(X) + 2Cov(X, Y) + Var(Y)$

3) $Var(X) + Var(Y) = \frac{1}{2}[Var(X+Y) + Var(X-Y)]$

6. 확률변수 X가 $P(X=1) = p = 1 - P(X=-1)$의 분포를 갖는다고 하자. $E(c^X) = 1$을 만족하는 $c \neq 1$인 상수 c를 구하여라.

7. 확률변수 X는 치역 $R_X = \{x_i : i = 1, 2,, \cdots\}$, Y는 치역 $R_Y = \{y_j : j = 1, 2, \cdots\}$을 갖고, 확률변수 $X+Y$는 $R_{X+Y} = \{z_k : k = 1, 2, 3, \cdots\}$를 갖는다고 하자. 여기서 $x_i \in R_X$와 $y_j \in R_Y$에 대해 $z_k = x_i + y_j$를 만족하는 모든 가능한 순서쌍의 집합을 A_k라고하자. 즉 $A_k = \{(i, j) : x_i + y_j = z_k\}$가 된다. 다음을 증명하여라.

1) $P(X+Y = z_k) = \sum_{(i,j) \in A_k} P(X = x_i, Y = y_j)$

2) $E(X+Y) = \sum_i \sum_j (x_i + y_j) P(X = x_i, Y = y_j)$

3) $E(X+Y) = E(X) + E(Y)$, (단, $P(X = x_i) = \sum_j P(X = x_i, Y = y_j)$)

3.4 확률변수의 독립성

임의의 두 실수의 집합 A와 B에 대하여

$$P(X \in A,\ Y \in B) = P(X \in A)P(Y \in B) \tag{3.13}$$

일 때, 두 확률변수 X와 Y는 서로 **독립(independent)**이라고 말한다. 좀더 풀어쓰면, A는 단지 X값에 의존하는 어떤 사건이고, B를 그 발생여부가 단지 Y값에 의존하는 어떤 사건이라 하면, 두 확률변수 X와 Y가 서로 독립이라는 것은 두 사건 A와 B가 서로 독립임을 뜻한다.

같은 맥락에서 이산형확률변수 X와 Y가 서로 독립(independent)일 필요충분조건은 각 사건들 $(X=x_j)$와 $(Y=y_k)$가 (3.13)와 같이 정의될 때, 즉, 모든 $1 \le j \le n,\ 1 \le k \le m$에 대하여

$$P((X=x_j) \cap (Y=y_k)) = P(X=x_j)P(Y=y_k)$$

를 만족한다. 또한 두 이산형결합분포에 대하여 다음과 같이 정의하자.

$$P(X=x_j, Y=y_k) = p_{jk}.$$

그러면 두 확률변수 X와 Y가 서로 독립(independent)일 필요충분조건은

$$p_{jk} = p_j q_k \tag{3.14}$$

이다. 여기서 $p_j = P(X=x_j)$이고 $q_k = P(Y=y_k)$이다. 앞으로 확률질량함수 대신 이 기호를 계속해서 사용한다. 그리고 두 확률변수 X와 Y가 서로 독립일 때, $X \perp Y$로 나타낸다.

예제 3.9 원숭이의 아이큐를 테스트하기 위해 버튼을 눌렀을 때 먹이 또는 물이 나오는 장비라고 한다. 이 장비는 음식이 나오거나 물이 나타날 확률이 $\frac{1}{2}$되게 고안되었다. 대칭인 베르누이 확률변수 $X_j\ (j=1,2)$를 다음과 같이 정의하자.

만약 j번째 시행에서 음식이 나올 때, $X_j = 1$,

만약 j번째 시행에서 물이 나올 때, $X_j = 0$, $(j=1,2)$.

(1) 음식과 물에 대한 버튼의 기계적 장치가 없을 때, X_1과 X_2가 서로 독립임을 보여라.

(2) 만약 물이 나올 때 마다 다음에는 음식이 나오게 하는 기계적 장치가 있다면 X_1과 X_2는 서로 독립이 아님을 보여라.

풀이 주어진 조건으로부터 $p_{11} = p_{12} = p_{21} = p_{22} = \frac{1}{4}$이고 $p_1 = p_2 = q_1 = q_2 = \frac{1}{2}$이므로 $p_{jk} = p_j q_k,\ (j=1,2,\ k=1,2)$임을 쉽게 보일 수 있다. 한편 두 번째 문제에서는 $p_{12} = p_{21} = \frac{1}{2}$인

반면 $p_{11} = p_{22} = 0$이고 p_j 와 q_k는 위에서 주어진 것과 같다. 그러므로 독립성의 조건 (3.14)을 만족하지 않는다.

정리 3.12 만약 두 확률변수 X와 Y가 독립이라 할 때 다음을 만족한다.

(1) $E(XY) = E(X)E(Y)$,

(2) $Cov(X, Y) = \rho(X, Y) = 0$,

(3) $Var(X+Y) = Var(X) + Var(Y)$.

이 정리를 잠시 살펴보면 우리는

$$E(XY) = \sum_{j=1}^{n}\sum_{k=1}^{m} x_j\, y_k\, p_{jk}$$

$$= \sum_{j=1}^{n}\sum_{k=1}^{m} x_j\, y_k\, p_j\, q_k, \quad (p_{jk} = p_j q_k)$$

$$= (\sum_{j=1}^{n} x_j\, p_j)(\sum_{k=1}^{m} y_k\, q_k)$$

$$= E(X)E(Y),$$

를 얻을 수 있고, 위 (1)의 독립성에 의해

$$Cov(X, Y) = E(XY) - E(X)E(Y) = 0$$

을 보일 수 있으며, 따라서 상관계수의 정의에 의해 $\rho(X, Y) = 0$이다. 마지막 (3)은 $Cov(X, Y) = 0$이므로 기본성질에서 쉽게 증명할 수 있다.

예제 3.10 확률변수 X의 치역 $R_X = \{-1, 0, 1\}$를 취하고 균등분포를 따른다고 한다. 만약 확률변수 $Y = X^2$이라 할 때 두 확률변수는 서로 종속이지만 상관관계가 없음을 보여라.

풀이 확률변수 Y값은 X에 의존하므로 X와 Y는 분명히 서로 종속이다. 그러나

$$E(XY) = E(X^3) = E(X) = 0$$

이 되고 $E(X)E(Y) = 0$이다. 따라서 정리 3.12에 의해 $\rho(X, Y) = 0$이다.

일반적으로, 독립성에 관한 이 정의는 n개의 확률변수 $X_1, \cdots, X_n$에 대해서도 성립한다. 즉, $X_1, \cdots, X_n$이 서로 독립이기 위한 필요충분조건은 모든 실수 $x_1, \cdots, x_n$에 대하여 결합확률질량함수 p가

$$p(x_1, \cdots, x_n) = \prod_{i=1}^{n} p_i(x_i) \qquad (3.15)$$

의 각 X_i의 확률질량함수의 곱으로 표현될 때이다. 즉, n개의 확률변수 $X_1,\cdots,X_n$가 치역 R_j, $(1 \le j \le n)$을 각각 가질 때, 이 확률변수들이 서로 독립일 필요충분조건은 모든 $\{1,2,\cdots,n\}$의 부분집합 $\{i_1,i_2,\cdots,i_k\}$에 대하여

$$P[(X_{i_1}=x_{i_1})\cap(X_{i_2}=x_{i_2})\cap\cdots\cap(X_{i_k}=x_{i_k})]$$

$$=P(X_{i_1}=x_{i_1})P(X_{i_2}=x_{i_2})\cdots P(X_{i_k}=x_{i_k})$$

를 만족한다. 여기서 모든 $x_{i_p}\in R_{X_{i_p}}$ $(1 \le p \le k)$이다.

정의 3.13 (쌍으로 독립) 모든 $1 \le i < j \le n$에 대해 X_i와 X_j가 서로 독립일 때 확률변수 $X_1,X_2,\cdots,X_n,(n \ge 3)$는 **둘씩 독립, 또는 쌍으로 독립(pairwise independent)**이라 한다.

여기서 확률변수들 간에 서로 독립은 쌍으로 독립이지만 역으로 둘씩 독립인 경우 확률변수들 서로 독립은 성립하지 않음을 명심하기 바란다.

두 확률변수 X와 Y가 같은 치역을 갖고 모든 $1 \le j \le n$에 대하여

$$p_j = q_j \tag{3.16}$$

를 만족할 때 동일분포를 갖는다고 말한다. 만약 확률변수 X와 Y가 독립이고 동일분포를 가질 때 우리는 **서로독립, 동일분포($i.i.d$, independent and identically distributed)**를 따르는 확률변수라 한다. 확률론에서 $i.i.d$인 확률변수들 $X_1,\cdots,X_n$는 수학적 연구 대상으로 관심이 많다. 이 경우 우리는 종종 아래에서 주어진 그들의 합을 연구한다.

$$S_n = X_1 + X_2 + \cdots + X_n.$$

여기서 $E(X_j)=\mu$이고 $Var(X_j)=\sigma^2$ $(1 \le j \le n)$이다. 그러면

$$E(S_n)=E(X_1+X_2+\cdots+X_n)$$

$$=E(X_1)+E(X_2)+\cdots+E(X_n)=n\mu$$

이고

$$Var(X_1+X_2+\cdots+X_n)=Var(X_1)+Var(X_2)+\cdots+Var(X_n)$$

$$=n\sigma^2.$$

예제 3.11 (simple random walk) 각 확률변수 X_j의 치역은 $R_j=\{-1,1\}$이고 확률분포는 $p(-1)=p(1)=\frac{1}{2}$로 각 X_j는 대칭인 베르누이 분포와 유사한 형태를 띤다. 여기서 길을 잘 모르는

아이가 동전을 던져 앞면이 나오면 오른쪽으로 한 계단 올라가고, 뒷면이 나오면 한 계단 왼쪽으로 내려간다고 하자. 이런 절차를 계속해서 반복한다고 할 때, S_n은 n번째 이 꼬마가 위치해 있을 확률변수가 된다. 여기서 S_n의 치역은 $\{-n, -n+2, \cdots, n-2, n\}$가 된다. 다음은 두 가지 가능한 아이의 경로이다.

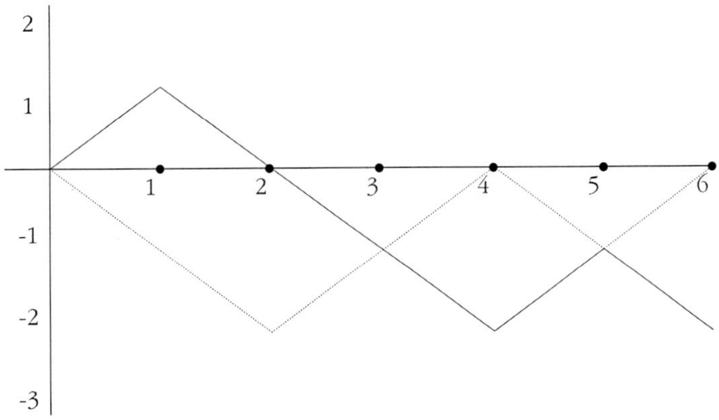

〈그림 3.5〉 단순 경로

예를 들어, 2단계 후에 원래 위치에 돌아올 확률은 다음과 같다. 여기서 우리는 이 꼬마가 걸어가는 경우는 동전이 앞면과 뒷면이 나옴에 따르며, 앞면 또는 뒷면이 나올 사건은 서로 독립이다.

$$\begin{aligned} P(S_2 = 0) &= P(((X_1 = 1) \cap (X_2 = -1)) \cup ((X_1 = -1) \cap (X_2 = 1))) \\ &= P(X_1 = 1)P(X_2 = -1) + P(X_1 = -1)P(X_2 = 1) \\ &= \frac{1}{2}. \end{aligned}$$

마지막으로 $i.i.d.$ 확률변수에 대한 한 가지 응용을 생각해 보자. $i.i.d$인 확률변수들 $X_1, \cdots, X_n$에 대하여 새로운 확률변수

$$\overline{X}(n) = \frac{S(n)}{n} = \frac{1}{n}\sum_{j=1}^{n} X_j$$

로 정의하면, $\overline{X}(n)$을 **표본평균(sample mean)**이라 한다. 서로 독립이고 동일분포를 따르기 때문에

$$E(\overline{X}(n)) = \mu \text{ 이고 } Var(\overline{X(n)}) = \frac{\sigma^2}{n}$$

이다.

3.4 연습문제

1. 확률변수 X와 Y의 결합분포가 다음과 같다. 물음에 답하여라.

y \ x	1	2
1	$\frac{1}{8}$	$\frac{1}{4}$
2	$\frac{1}{8}$	$\frac{1}{2}$

(1) 확률변수 X와 Y의 주변확률분포를 구하여라.

(2) 확률변수 X와 Y는 서로 독립인가 ?

2. 확률변수 X와 Y의 분포가 다음과 같다.

y \ x	-1	0	1
0	0	$\frac{1}{3}$	0
1	$\frac{1}{3}$	0	$\frac{1}{3}$

(1) 두 확률변수 X와 Y는 서로 독립이 아님을 증명하여라.

(2) 상관계수 $\rho(X, Y) = 0$임을 보여라.

3. 확률변수 X, Y 그리고 Z가 서로 독립일 때 $X+Y$와 Z도 서로 독립임을 보여라. 위의 사실을 이용하여 서로 독립이고 동일분포를 따르는 $i.i.d$인 확률변수들 $X_1, \cdots, X_n$에 대하여 새로운 확률변수 $S(n) = \sum_{j=1}^{n} X_j$의 $Var(S(n)) = \sum_{i=1}^{n} Var(X_i)$임을 보여라.

4. 서로 독립이고 동일분포를 따르는 $i.i.d$인 두 확률변수들의 집합 $X_1, \cdots, X_n$와 $Y_1, Y_2, \cdots, Y_n$에 대하여 $S(n) = \sum_{j=1}^{n} X_j$와 $T(n) = \sum_{i=1}^{n} Y_i$로 정의할 때

$$\rho(S(n), T(n)) = \frac{1}{n\sigma_X \sigma_Y} \sum_{j=1}^{n} Cov(X_j, Y_j)$$

임을 증명하여라.

3.5 특수한 확률변수

확률변수 $X_1, X_2 \cdots, X_n$을 각 $1 \leq j \leq n$에 대해 $P(X_j = 1) = p$, $P(X_j = 0) = 1 - p$인 베르누이 확률변수들이라 하자. 이 때 확률변수들의 합 $S(n) = X_1 + X_2 + \cdots + X_n$을 모수 n과 p인 **이항확률변수(binomial random variables)**라 한다. $S(n) = \sum_{i=1}^{n} X_i$이므로 그 평균과 분산은 기댓값과 분산의 가법성으로 부터 쉽게 구해진다. 즉,

$$E(S_n) = \sum_{i=1}^{n} E(X_i) = np$$

그리고

$$Var(S_n) = \sum_{i=1}^{n} Var(X_i) = np(1-p)$$

이다.

또한 이 값들은 기댓값의 정의에 의하여 다음과 같이 직접 구해질 수 있다. 이를 구하기 위해 다음 보조정리가 필요하다.

보조정리 3.14 이항확률변수 $S(n)$의 확률분포는 다음과 같이 주어진다.

$$p(r) = \binom{n}{r} p^r (1-p)^{n-r}, \quad (1 \leq r \leq n) \tag{3.17}$$

이 보조정리를 살펴보면 각각의 확률변수 X_j들은 베르누이 분포를 따르고 $S(n) = X_1 + X_2 + \cdots + X_n$이다. 여기서 우리는 $p(r) = P(S(n) = r)$을 계산하고자한다. 그러면 X_j들 중 r개가 1의 값을 갖고 다른 $(n-r)$개는 0의 값을 취한다. 모든 X_j들은 서로 독립이므로 이 사건의 확률은 $p^r(1-p)^{n-r}$이다. 그러나 이러한 방법은 $\binom{n}{r}$개의 서로 다른 방법이 있다. 따라서 $p(r) = \binom{n}{r} p^r (1-p)^{n-r}$이다.

이 보조정리에 의해

$$E(X) = \sum_{r=0}^{n} r\, p(r) = \sum_{r=0}^{n} r \binom{n}{r} p^r (1-p)^{n-r}$$

$$= np \sum_{r=1}^{n} \binom{n-1}{r-1} p^{r-1} (1-p)^{n-r}.$$

여기서 $s=r-1$이라 두고 다시 계산하면

$$E(X)=np\sum_{s=0}^{n-1}\binom{n-1}{s}p^s(1-p)^{n-1-s}=np.$$

그리고 이와 유사한 방법으로

$$E(X(X-1))=\sum_{r=0}^{n}r(r-1)p(r)=n(n-1)p^2.$$

그러므로

$$\begin{aligned}Var(X)=E(X^2)-E(X)^2&=E(X(X-1))+E(X)-E(X)^2\\&=n(n-1)p^2+np-(xp)^2=np(1-p).\end{aligned}$$

확률분포 (3.17)를 **이항분포(binomial distribution)**라 부르고, 위의 계산으로부터 $E(X)=np$, $Var(X)=np(1-p)$가 됨을 알 수 있다. 확률변수 X가 확률분포 (3.17)를 가질 때, 이항확률변수라 하고 일반적으로 $X\sim b(n,p)$로 표현하며, 그 의미는 모수가 n과 p인 이항분포를 따른다고 한다.

예제3.12 정보원이 6자리 메시지를 2진 코드로 통신로를 통해 송출한다. 각 자리는 다른 자릿수와 독립적으로 선택되고 확률이 0.3인 것이 하나 존재한다. 다음 각 메시지들이 포함하고 있는 확률을 계산하여라.

(1) 3개의 1을 포함할 확률

(2) 1이 두 개에서 4개 포함할 확률

(3) 0이 둘 이상 포함할 확률

풀이 확률변수 X를 메시지가 1을 포함하는 개수라 하면 $X\sim b(6,0.3)$이 된다. 따라서

(1) $p(3)=\binom{6}{3}0.3^3 0.7^3=0.1852$

(2) $(X=2)$, $(X=3)$, $(X=4)$는 사건 $(2\le X\le 4)$의 분할이고

$$P(2\le X\le 4)=p(2)+p(3)+p(4)=0.5688.$$

(3) 이를 다시 해석하면 1이 4개 이하 있을 확률과 같다. 따라서

$$P(X\le 4)=p(0)+p(1)+p(2)+p(3)+p(4)=0.9889.$$

실제 응용에서 $p(r)$은 n번 시행에서 r번 성공할 확률이다. 물론 이는 $(n-r)$번 실패할 확률과 같다. 실제로, 만약 확률변수 Y가 실패할 총수를 나타낸다면 $\binom{n}{r}=\binom{n}{n-r}$이므로

$Y \sim b(n, 1-p)$인 이항분포를 따르게 된다.

다음으로 이산형 확률변수의 응용으로 자주 다루게 되는 것으로 확률변수 X가 음이 아닌 정수값을 취하고 그 확률분포가

$$p(r) = \frac{e^{-\lambda}\lambda^r}{r!}, \qquad r = 0, 1, 2, \cdots \tag{3.18}$$

인 이산형분포를 따를 때, X는 모수 $\lambda(\lambda > 0)$인 **푸아송분포**(Poisson distribution with parameter λ)를 가진다고 말한다.

푸아송분포는 단위시간이나 단위 공간 내에 드물게 일어나는 사건의 횟수에 유용하게 사용된다. 예를 들면, 단위시간 내에 전화통화의 수, 일일교통사고 사망자의 수, 보고서의 페이지당 오탈자의 수 등에 대한 적절한 확률분포로서 푸아송분포를 종종 사용한다. 이와 같은 경우에 푸아송분포를 적용하기 위해서는 다음과 같은 세 가지 조건이 필요하다 : 1) 단위시간이나 단위 공간내에 일어나는 사건의 횟수와 겹치지 않는 다른 단위시간이나 단위 공간내에서 일어나는 사건의 횟수는 서로 독립이다. 2) 극히 작은 시간이나 공간내에 둘 또는 그 이상의 사건이 일어날 확률은 극히 작다. 3) 단위시간이나 공간내에서 일어나는 사건의 평균 횟수는 일정하며, 이는 시간 또는 공간에 따라 변하지 않는다.

푸아송분포의 평균과 분산은 다음과 같이 구할 수 있다.

$$\begin{aligned} E(X) &= \sum_{r=0}^{\infty} rp(r) = \sum_{r=0}^{\infty} re^{-\lambda}\frac{\lambda^r}{r!} \\ &= \lambda e^{-\lambda}\sum_{r=0}^{\infty}\frac{\lambda^r}{r!} = \lambda. \end{aligned}$$

그리고

$$E(X(X-1)) = \sum_{r=0}^{\infty} r(r-1)p(r) = \lambda^2.$$

그러므로

$$\begin{aligned} Var(X) &= E(X^2) - E(X)^2 \\ &= E(X(X-1)) + E(X) - E(X)^2 \\ &= \lambda^2 + \lambda - \lambda^2 = \lambda. \end{aligned}$$

모수 n과 p인 이항분포에서 평균을 $\lambda = np$로 일정하게 두고 n을 충분히 크게 할 때, 이항분포가 푸아송분포로 근사된다는 사실을 다음과 같이 보일 수 있다.

$$p_{n,\lambda}(r) = \binom{n}{r} p^r (1-p)^{n-r}$$

$$= \frac{n(n-1)(n-2)\cdots(n-r+1)}{r!}\left(\frac{\lambda}{n}\right)^r\left(1-\frac{\lambda}{n}\right)^{n-r}$$

$$= \frac{\lambda^r}{r!}\frac{n(n-1)(n-2)\cdots(n-r+1)}{n^r}\left(1-\frac{\lambda}{n}\right)^{n-r}.$$

여기서 $n \to \infty$로 증가하면

$$\frac{n(n-1)(n-2)\cdots(n-r+1)}{n^r} = 1\left(1-\frac{1}{n}\right)\left(1-\frac{2}{n}\right)\cdots\left(1-\frac{(r-1)}{n}\right)$$

$$\to \ 1.$$

그러면

$$\left(1-\frac{\lambda}{n}\right)^{n-r} = \left(1-\frac{\lambda}{n}\right)^n\left(1-\frac{\lambda}{n}\right)^{-r} \ \to \ e^{-\lambda}.$$

여기서 $\lim_{n\to\infty}\left(1-\frac{\lambda}{n}\right)^n = e^{-\lambda}$란 사실을 이용하였다. 그러므로 우리는 $p_{n,\lambda}(r) \ \to \ p(r)$임을 보일 수 있다. (여기서, $p(r) = \frac{e^{-\lambda}\lambda^r}{r!}$이다.)

예제 3.13 이진 코드에서 메시지를 통신로를 통해 전송한다고 하자. 종종 전송 에러와 0과 1 대신 해독 불가능한 잡음이 전송되기도 한다. 분당 전송되는 잡음이 평균 1.3인 푸아송분포를 따른다고 하자. 분당 둘 이상의 잡음이 전송될 확률을 구하여라.

풀이 푸아송 확률표에 의하면

$$P(X>2) = 1 - P(X \le 2) = 1 - 0.2725 - 0.3543 - 0.2303$$

$$= 0.1429$$

를 구할 수 있다.

3.5 연습문제

1. 확률변수 X가 1과 -1의 값만을 가지고 그 확률이 각각 $P(X=1)=p$와 $P(X=-1)=q$ 일 때, X의 확률질량함수를 $p(x \mid p)$로 나타내어라.

2. 확률변수 X가 성공률이 $p=0.3$인 어떤 실험을 15회 독립적으로 시행할 때 얻어지는 성공의 횟수를 나타낸다고 하자.
   (1) 이항확률표를 이용하여 $P(5 \le X \le 9)$의 값을 구하여라.
   (2) 3번 성공할 확률
   (3) 4번 이상 성공할 확률
   (4) 5번 이하 성공할 확률

3. 확률변수 X의 확률질량함수가 $p(i)=p(1-p)^{i-1}$, $i=1,2,\cdots$ 일 때 모수 p인 기하분포를 따른다고 한다. 기하분포를 따르는 확률변수 X에 대하여 다음을 보여라.
   (1) $E(X)=\dfrac{1}{p}$　　(2) $Var(X)=\dfrac{1-p}{p^2}$

4. 확률변수 X의 확률질량함수가 $p(i)=\binom{i-1}{r-1}p^{r}(1-p)^{i-r}$, $i \ge r$일 때 모수가 r과 p인 음이항분포를 따른다고 한다. 이 분포에 대하여 다음을 보여라.
   (1) $E(X)=\dfrac{r}{p}$　　(2) $Var(X)=\dfrac{r(1-p)}{p^2}$

5. 어떤 교차로에서 일정한 시간 동안 교통사고의 수는 모수 0.7인 푸아송분포를 따른다고 한다. 이 때 일정한 시간동안 그 교차로에서 적어도 3건의 사고가 일어날 확률을 구하여라.

6. 확률변수 X는 모수 λ, Y는 모수가 μ인 푸아송 분포를 따르고 서로 독립이라 하면 $X+Y$는 모수$\lambda+\mu$인 푸아송분포를 따름을 보여라.

3.6 조건부 확률분포와 기댓값

조건부 확률분포와 조건부 기댓값을 이해하기 위해 조건부 확률질량함수를 먼저 알아보자. 확률변수 X의 치역 $R_X = \{x_1, x_2, \cdots, x_n\}$에서 값을 취하고 확률분포는 $\{p(x_1), p(x_2), \cdots, p(x_n)\}$라 하자. 또한 확률변수 Y의 치역은 $R_Y = \{y_1, y_2, \cdots, y_m\}$이고 확률분포는 $\{q(y_1), q(y_2), \cdots, q(y_m)\}$이라 하자. 조건부 확률은

$$p(y_k \mid x_j) = P(Y = y_k \mid X = x_j), \ (1 \le j \le n, \ 1 \le k \le m) \tag{3.19}$$

과 같이 정의한다. 한편 $1 \le j \le n$에 대하여 $X = x_j$가 주어진 조건하에 Y의 조건부 기댓값은

$$E(Y \mid X = x_j) = \sum_{k=1}^{m} y_k \, p(y_k \mid x_j) \tag{3.20}$$

로 정의하는 것이 자연스럽다. 식 (3.20)을 좀 더 간략하게

$$E(Y \mid X = x_j) = E_j(Y) \tag{3.21}$$

로 나타내자. 그러면 확률변수 $E(Y \mid X)$를 확률변수 **X에 대한 Y의 조건부 기댓값(conditional expectation of Y given that X)**이라 하고, $E(Y \mid X)$로 나타내며 치역은 $\{E_1(Y), E_2(Y), \cdots, E_n(Y)\}$, 확률분포는 $\{p(x_1), p(x_2), \cdots, p(x_n)\}$를 갖는다. 따라서 확률변수 X에 대한 Y의 조건부 기댓값

$$E(Y \mid X) = \sum_{x_i \in R_X} p(x_i) E(Y \mid X = x_i) \tag{3.22}$$

로 정의한다.

정리 3.15 이산형 확률변수 X와 Y에 대하여

(1) 모든 $1 \le j \le n$에 대하여 $\sum_{k=1}^{m} p(y_k \mid x_j) = 1$이다.

(2) $E(E(Y \mid X)) = E(Y)$이다.

(3) $E(E(XY \mid X)) = E(XY)$이고, 같은 의미로 $E(E(XY \mid Y)) = E(XY)$이다.

증명 1)에 대한 증명으로 모든 $1 \le j \le n$에 대하여

$$\sum_{k=1}^{m} p(y_k \mid x_j) = \sum_{k=1}^{m} \frac{p(x_j, y_k)}{p(x_j)} = \frac{p(x_j)}{p(x_j)} = 1$$

임을 쉽게 보일 수 있다.

2)에 대한 증명으로

$$
\begin{aligned}
E(E(Y|X)) &= \sum_{j=1}^{n} p(x_j) E_j(Y) \\
&= \sum_{j=1}^{n} p(x_j) \sum_{k=1}^{m} y_k\, p(y_k \mid x_j) \\
&= \sum_{j=1}^{n} \sum_{k=1}^{m} y_k p(x_j) \frac{p(x_j, y_k)}{p(x_j)} \\
&= \sum_{j=1}^{n} \sum_{k=1}^{m} y_k\, p(x_j, y_k) \\
&= \sum_{k=1}^{m} y_k q(y_k) = E(Y)
\end{aligned}
$$

임을 알 수 있다.

3)에 대해서는 2)를 이용하면 되지만 다시 구체적으로 증명해 보자.

$E(XY \mid X = x_j) = E(x_j Y \mid X = x_j) = x_j E(Y \mid X = x_j)$이므로

$$
\begin{aligned}
E(E(XY|X)) &= \sum_{j=1}^{n} p(x_j) E(XY \mid X = x_j) \\
&= \sum_{j=1}^{n} p(x_j) x_j E(Y \mid X = x_j) \\
&= \sum_{j=1}^{n} p(x_j) x_j \sum_{k=1}^{m} y_k p(y_k \mid x_j) \\
&= \sum_{j=1}^{n} \sum_{k=1}^{m} x_j\, y_k p(x_j) p(y_k \mid x_j),\ (\because p(x_j)\, p(y_k|x_j) = p(x_j, y_k)) \\
&= \sum_{j=1}^{m} \sum_{k=1}^{m} x_j y_k p(x_j, y_k) = E(XY)
\end{aligned}
$$

과 같이 증명된다.

한편 $X = x$가 주어진 조건하에서 Y에 대한 **조건부 누적분포함수(Conditional cumulative probability function)**은 $p(x) > 0$인 모든 x에 대해

$$
\begin{aligned}
F(b \mid x) &= P(Y \le b \mid X = x) \\
&= \sum_{y \le b} p(y \mid x)
\end{aligned}
\tag{3.23}
$$

와 같이 정의한다.

예제 3.16 두 확률변수 X와 Y의 결합확률분포가 다음과 같을 때, $Y=1$에 대한 조건부 확률질량함수를 구하여라.

y \ x	0	1
0	0.4	0.1
1	0.2	0.3

풀이 정의에 의해 $q(1)=\sum_{x} p(x,1)=p(0,1)+p(1,1)=0.5$이다. 따라서

$$p(0 \mid 1)=\frac{p(0,1)}{q(1)}=\frac{0.2}{0.5}=0.4$$

이고

$$p(1 \mid 1)=\frac{p(1,1)}{q(1)}=\frac{0.3}{0.5}=0.6$$

이 된다.

만약 확률변수 X와 Y가 독립이면 조건부 확률질량함수는

$$\begin{aligned} p(y_j \mid x_i) &= P(Y=y_j \mid X=x_i) \\ &= \frac{P(X=x_i, Y=y_j)}{P(X=x_i)} \\ &= \frac{P(X=x_i)(Y=y_j)}{P(X=x_i)}=P(Y=y_i) \end{aligned}$$

가 된다.

예제 3.17 확률변수 X와 Y가 서로 독립이고 모수가 각각 λ_1과 λ_2인 푸아송분포를 따른다고 할 때, $X+Y=n$에 대한 X의 조건부 분포를 구하여라.

풀이 구하고자하는 것은 $X+Y=n$에 대한 X의 조건부 확률질량함수로 다음과 같다.

$$\begin{aligned} P(X=k \mid X+Y=n) &= \frac{P(X=k, X+Y=n)}{P(X+Y=n)} \\ &= \frac{P(X=k, Y=n-k)}{P(X+Y=n)} \\ &= \frac{P(X=k)(Y=n-k)}{P(X+Y=n)} \end{aligned}$$

이 되고 확률변수 $X+Y$는 모수가 $\lambda_1+\lambda_2$인 푸아송분포를 따른다.(연습문제 3.5 6번)

따라서 위의 식에 푸아송 확률분포를 대입하여 정리하면

$$P(X=k \mid X+Y=n) = \frac{e^{-\lambda_1}\lambda_1^k}{k!}\frac{e^{-\lambda_2}\lambda_2^{n-k}}{(n-k)!}\left[\frac{e^{-(\lambda_1+\lambda_2)}(\lambda_1+\lambda_2)^n}{n!}\right]^{-1}$$

$$= \frac{n!}{(n-k)!\,k!}\left(\frac{\lambda_1}{\lambda_1+\lambda_2}\right)^k\left(\frac{\lambda_2}{\lambda_1+\lambda_2}\right)^{n-k}$$

가 되어 이 조건부 분포는 모수가 n과 $\lambda_1/(\lambda_1+\lambda_2)$인 이항분포가 된다.

확률변수 X에 대한 확률변수 Y의 조건부 기댓값을 정의했던 것과 같이 X에 대한 Y의 조건부 분산을 다음과 같이 정의할 수 있다.

$$Var(Y \mid X) = E[(Y-E(Y \mid X))^2 \mid X] \tag{3.24}$$

즉, 조건부 분산 $Var(Y \mid X)$는 X의 값이 주어질 때 Y와 조건부 기댓값 $E(Y \mid X)$의 차의 제곱에 대한 기댓값(평균)이라 할 수 있다. 분산 $Var(Y)$와 X에 대한 Y의 기댓값 $Var(Y \mid X)$의 관계를 살펴보면 주요한 특징이 있다.

정리 3.16 두 이산형 확률변수 X와 Y에 대하여 X에 대한 Y의 조건부 분산과 조건부 기댓값에 대하여 다음 관계를 만족한다.

$$Var(Y) = E[Var(Y \mid X)] + Var(E[Y \mid X]) \tag{3.25}$$

증명 확률변수 Y의 분산 $Var(Y) = E[Y^2] - (E[Y])^2$이므로 조건부 분산은

$$Var(Y \mid X) = E[(Y-E(Y \mid X))^2 \mid X]$$

$$= E[(Y^2 - 2YE(Y \mid X) + [E(Y \mid X)]^2) \mid X]$$

$$= E[Y^2 \mid X] - [E(Y \mid X)]^2$$

가 된다. 따라서 $E[E(Y \mid X)] = E(Y)$라는 사실(정리 3.15 2))을 이용하면

$$E[Var(Y \mid X)] = E[E(Y^2 \mid X) - (E[Y \mid X])^2]$$

$$= E(Y^2) - E[E([Y \mid X])^2]$$

가 된다. 다시 한 번 $E[E(Y \mid X)] = E(Y)$를 이용하면

$$Var(E[Y \mid X]) = E[(E[Y \mid X])^2] - (E[E[Y \mid X]])^2$$

$$= E[(E[Y \mid X])^2] - (E[Y])^2$$

따라서 위 두 식으로부터 $Var(Y) = E[Var(Y \mid X)] + Var(E[Y \mid X])$을 구할 수 있다.

3.6 연습문제

1. 이산형 확률변수 X와 Y의 결합확률분포가 아래와 같을 때 다음을 구하여라.

x \ y	1	2
1	1/6	5/18
2	2/9	1/3

(1) $E(Y \mid X=1)$

(2) $Var(Y \mid X=1)$

(3) $E(Y \mid X)$

(4) $E(3X-2Y)$

2. 두 이산형 확률변수 X와 Y가 서로 독립이라 할 때, 모든 $x \in R_X$에 대하여 $E[Y \mid X=x]=E[Y]$임을 보여라.

3. 두 이산형 확률변수 X, Y 실수값 함수 g에 대하여

$$E[g(X)Y \mid X]=g(X)E[Y \mid X]$$

임을 보여라.

4. 두 개의 주사위를 던져 나온 눈을 각각 X와 Y라 하자. 다음 물음에 답하여라.

(1) 첫 번째 던진 주사위의 눈이 $1 \le k \le 6$일 확률을 $P(X=k \mid X+Y=7)$

(2) $E(X \mid Y=1)$

(3) $E(X \mid X+Y=7)$

CHAPTER 04

PROBABILISTIC APPROACH TO INFORMATION THEORY

마르코프 체인

4.1 마르코프 프로세스

시간의 경과에 따른 정보량의 변화를 이해하기 위해서는 이산형 확률과정론 즉 마르코프 체인에 대해 먼저 이해하고 습득해야 한다. 학부과정에서 기초 확률론을 이수한 학생들이 다룰 수 있는 정도의 수준에서 마르코프 프로세스를 소개하고자 한다.

제 5장의 통신이론에 적용되는 마르코프 체인을 이해하기 위해 이산형 확률과정에 대해 주로 다루겠다. 확률변수의 독립성에 대해서는 이미 앞장에서 다루었으나, 몇 가지 중요한 확률변수들의 독립성에 대해 복습해보자.

확률변수 X가 표본공간 Ω에서 정의되고, 치역 R_X에서 값을 갖는다고 할 때 X에 대한 확률분포는 $\{p_X(x) \mid x \in R_X\}$로 정의하고, $p_X(x) = P(X = x)$를 의미한다. 같은 방'법으로 Y에 대한 확률분포는 $\{q_Y(y) : y \in R_Y\}$이고, $q_Y(y) = P(Y = y)$이다. 그리고 혼란을 야기하지 않는 경우에 $p_X(x) = p(x)$, $q_Y(y) = q(y)$로 간략하게 표현한다. 특히 두 확률변수 X와 Y가 모든 $x \in R_X$, $y \in R_Y$에 대하여

$$P(X = x, Y = y) = p(x,y) = p(x)q(y) = P(X = x)P(Y = y) \tag{4.1}$$

를 만족하면 **서로 독립(mutually independent)**이라 하고 $X \perp Y$로 나타낸다.

확률과정에서 모든 성분의 확률변수들이 상태공간(state space) S에서 주어진 값을 취한다고 가정하자. 일반적으로 확률과정으로 미래를 예측하는데 있어, 과거의 전체 정보가 현재의 정보로서 동일한 값을 가질 때 마르코프 성질을 갖는다고 말한다. 전형적으로 상태공간 S는 $\boldsymbol{R}$, 또는 $\boldsymbol{R}^n$이 될 수도 있으나, $\boldsymbol{N}$ 또는 $\boldsymbol{Z}$가 될 수도 있다. 특히 만약 $S \subset \boldsymbol{R}$이면 **마르코프 프로세스(Markov process)**라 하고, 이산형인 $S \subset N$, Z_+일 때는 **마르코프 체인(Markov chain)**이라 한다.

이 장의 주요 논의 대상은 엔트로피 및 정보량을 적용하기 위하여 이산형인 마르코프 체인을 중심으로 다루겠다. 즉 시간을 이산화하여 $Z_+ = \{0,1,2,\cdots\}$만을 고려한다.

시간에 대한 기준을 설정하기 위해 다음과 같이 정의한다.

1) $0,1,2,\cdots,n-1$을 '과거'
2) n을 '현재'
3) $n+1$을 '미래'

그리고 이산형 상태공간 S의 값 $k_0,k_1,\cdots,k_{n+1}$들은 임의의 정수값으로 정의한다.

상태공간 S인 임의의 확률과정을 $(X_n, n\in Z_+)$라 하자. 만약 시간 n_0에서 k_0, n_1에서 k_1, $\cdots$, 그리고 시간 n_l에서 k_l을 취한다면, $l+1$개의 사건에 대한 확률은

$$P((X_{n_0}=k_0)\cap(X_{n_1}=k_1)\cap\cdots\cap(X_{n_l}=k_l))$$

이 된다. 이를 좀 더 간편하게 정리하면

$$P(X_{n_0}=k_0, X_{n_1}=k_1,\cdots,X_{n_l}=k_l)$$

로 다시 쓸 수 있다. 그러면 조건부확률의 정의를 도입하여 다시 쓰면

$$P(X_{n_l}=k_l \mid X_{n_0}=k_0,\cdots,X_{n_{l-1}}=k_{l-1})$$
$$=\frac{P(X_{n_0}=k_0,\ \cdots,X_{n_{l-1}}=k_{l-1},X_{n_l}=k_l)}{P(X_{n_0}=k_0,\cdots,X_{n_{l-1}}=k_{l-1})}$$

가 된다.

정의 4.1 확률과정 $(X_n, n\in Z_+)$이 모든 $k_0,k_1,\cdots,k_{n+1}\in S$이고 $n\in N$에 대해

$$P(X_{n+1}=k_{n+1} \mid X_n=k_n, X_{n-1}=k_{n-1},\cdots,X_1=k_1,X_0=k_0)$$
$$=P(X_{n+1}=k_{n+1} \mid X_n=k_n) \tag{4.2}$$

을 만족할 때 **마르코브 체인**(Markov chain)이라 한다.

또한 사건 $X_n=i$에 대한 $X_{n+1}=j$가 일어날 조건부확률을 **1단계 전이확률**(one step transition probability)이라 하고

$$p_{ij}^{n,n+1}=P(X_{n+1}=j \mid X_n=i) \tag{4.3}$$

로 나타낸다.

앞으로 많은 예제에서 보게 될 전이확률로서 모든 n에 대해 같은 확률값

$$p_{ij}^{n,n+1}=p_{ij} \tag{4.4}$$

인 경우로 1초 안에 i에서 j로 진행되는 확률이 1에서 시작하거나, 2에서 시작하거나, 3에서 시작하든지 등, 좀 더 구체적으로 모든 n에 대해

$$p_{ij} = p_{ij}^{0,1} = p_{ij}^{1,2} = p_{ij}^{2,3} = \cdots = p_{ij}^{n,n+1}$$

모두 같은 확률을 가질 때 **고정 전이확률(stationary transition probabilities)**이라 한다.

이 마르코프 체인을 이해하기 위해 다음 같이 확률변수 X_n를 도입해 설명해 보자.

두 개의 부품을 구비한 검색기는 매 시간마다 검사를 한다고 한다. 한 부품이 시간 $t=n$에 작동하는 동안 다음 검사 시간 $t=n+1$ 전에 고장 날 확률이 p이고, 얼마동안 고장나 있었는지에 관계없이 시간 $t=n$에서 작동하지 않던 부품이 시간 $t=n+1$까지 수리될 확률을 q라 한다. 또한 장비 수리공은 하루에 1시간만 일하고 그가 알게 된 모든 정보를 다음 수리공에게 알려주지 않았다고 가정한다. 이는 부품들이 작동하지 않았고 서로 독립적으로 수리된다고 가정한다. 여기서 확률변수 X_n를 시간 $t=n$에서 작동하는 부품의 수라고 가정하자. 그러면 상태 공간 $S=\{0,1,2\}$가 된다. 따라서 예를 들면 만약 시간 $t=n$에서 부품1이 작동하고 있고, 부품2가 고장 난 경우 시간 $t=n+1$에서 하나의 부품이 작동하기 위해서는 부품1이 고장 나거나 부품 2가 시간 $t=n$에서 $t=n+1$사이에 수리되어야한다. 또는 부품1이 작동하고 부품2는 고장이어야 한다. 반면 시간 $t=n+1$에서 두 부품 모두 작동하기 위해서는 부품1은 계속 작동되어야 하고 부품2는 반드시 수리되어야 한다. 이와 같은 방법을 적용하여 모든 전이확률을 구해보면

$$P(X_{n+1}=0 \mid X_n=0)=(1-q)^2$$

$$P(X_{n+1}=1 \mid X_n=0)=2q(1-q)$$

$$P(X_{n+1}=2 \mid X_n=0)=q^2$$

$$P(X_{n+1}=0 \mid X_n=1)=p(1-q)$$

$$P(X_{n+1}=1 \mid X_n=1)=pq+(1-p)(1-q)$$

$$P(X_{n+1}=2 \mid X_n=1)=(1-p)q$$

$$P(X_{n+1}=0 \mid X_n=2)=p^2$$

$$P(X_{n+1}=1 \mid X_n=2)=2p(1-p)$$

$$P(X_{n+1}=2 \mid X_n=2)=(1-p)^2$$

가 된다.

위에서 구한 것처럼 시간 $t=n$에서 상태 i $(i=0,1,2)$가 주어졌을 때, 시간 $t=n+1$에서 j $(j=0,1,2)$로 전환되는 확률을 나타내는 다양한 전이확률

$$p_{ij} = P(X_{n+1} = j \mid X_n = i)$$

가 존재한다.

정의 4.2 상태공간 $S = Z_+$라 하자. 마르코프 체인 $(X_n, n \in Z_+)$에 대한 전이확률로 구성된 행렬 $\Pi = (p_{ij})$를 **전이확률 행렬(transition probability matrix)** 또는 **전이행렬(transition matrix)**이라 하며

$$\Pi = (p_{ij}) = \begin{pmatrix} p_{00} & p_{01} & p_{02} & \cdots \\ p_{10} & p_{11} & p_{12} & \cdots \\ p_{20} & p_{21} & p_{22} & \cdots \\ p_{30} & p_{31} & p_{32} & \cdots \\ \vdots & \vdots & \vdots & \vdots \\ p_{i0} & p_{i1} & p_{i2} & \cdots \\ \vdots & \vdots & \vdots & \vdots \end{pmatrix} \tag{4.5}$$

으로 나타낸다.

마르코프 체인에서 전이행렬 Π는 중요한 역할을 수행한다. 특히 상태공간 S가 무한집합이면 Π는 무한차원 행렬이 된다. 그럼에도 불구하고 두 가지 성질

(i) 모든 $i, j \in S$에 대해 $p_{ij} \geq 0$,

(ii) 모든 $i \in S$에 대해 $\sum_{j=0}^{\infty} p_{ij} = 1$.

을 갖는데, (i)는 p_{ij}가 확률임을 의미하고, (ii)는

$$\begin{aligned} P(X_n = i) &= P(X_n = i, \cup_{j=0}^{\infty}(X_n = j) \\ &= \sum_{j=0}^{\infty} P(X_n = i, X_n = j) \\ &= \sum_{j=0}^{\infty} P(X_n = j \mid X_n = i)\, P(X_n = i) \end{aligned}$$

위의 식에서 $P(X_n = i)$로 양변을 나누면 $\sum_{j=0}^{\infty} p_{ij} = \sum_{j=0}^{\infty} P(X_n = j \mid X_n = i) = 1$임을 알 수 있다.

위 예제에서 구한 확률 $p_{ij} = P(X_{n+1} = j \mid X_n = i)$로부터 전이행렬을 구하면

$$\Pi = (p_{ij}) = \begin{pmatrix} (1-q)^2 & 2q(1-q) & q^2 \\ p(1-q) & pq+(1-p)(1-q) & (1-p)q \\ p^2 & 2p(1-p) & (1-p)^2 \end{pmatrix}$$

됨을 알 수 있고, 전이행렬의 기본성질 (i)과 (ii)를 만족함을 체크할 수 있다.

우리가 다루고자하는 엔트로피는 유한한 이산형 공간을 중심으로 하기 때문에 상태공간 S는 N개의 원소를 갖는 집합이라고 가정한다. 이 경우 전이행렬 Π는 $N \times N$인 정방행렬이고, $(X_n, n \in Z_+)$를 **유한 상태 마르코프 체인**(finite state Markov chain)이라 한다. 위의 도입부분의 예제가 이에 해당된다. 전형적인 마르코프 체인인 예제들을 살펴보자.

예제 4.1 (단순랜덤 워크) 서로 독립이고 동일분포를 갖는 확률변수(i.i.d. random variables) $(Y_n,\ n \in \boldsymbol{N})$는 각각 두 개의 값 1과 −1만을 갖고, 각각의 확률은

$$P(Y_n = 1) = p,\ \ P(Y_n = -1) = 1-p$$

라고 하자. 그러면 랜덤 워크(random walk)는 $X_0 = 0$이고, $n \geq 1$에 대하여

$$X_n = Y_1 + Y_2 + \cdots + Y_n$$

으로 정의하면 마르코프 체인이 된다.

풀이 전이행렬 Π을 쉽게 파악하기 위해 초기 조건 $p_{01} = 1$라 하고 보행자가 원점 0에서 오른쪽으로 걸어감을 말한다. 여기서 0의 의미는 '장벽' 을 나타내고 상태공간 S는 보행자가 오른쪽 또는 왼쪽으로 갈 수 있기 때문에 $\boldsymbol{Z}_+$라기 보다는 $\boldsymbol{Z}$가 된다. 그러면 모든 $i \geq 0$에 대해 영이 아닌 전이확률들은

$$p_{i,i+1} = P(X_{n+1} = i+1 \mid X_n = i) = p,$$

$$p_{i,i-1} = P(X_{n+1} = i-1 \mid X_n = i) = 1-p$$

가 된다. 따라서 전이행렬 Π는 다음과 같다.

$$\Pi = \begin{pmatrix} 0 & 1 & 0 & 0 & \cdots & \cdots & \cdots \\ 1-p & 0 & p & 0 & \cdots & \cdots & \cdots \\ 0 & 1-p & 0 & p & 0 & \cdots & \cdots \\ 0 & 0 & 1-p & 0 & p & 0 & \cdots \\ \vdots & \vdots & \vdots & \vdots & \vdots & \vdots & \vdots \end{pmatrix}$$

예제 4.2 (통신 시스템) 2진대칭통신 채널을 통해 0과 1이 전송된다고 하자. 만약 X_0를 최초 신호를 송신하는 변수이고 X_n을 n번째 채널에서 수신한 것이라 하면 $(X_n, n \in \boldsymbol{Z}_+)$는 마르코프 체인이 된다.

풀이 성공적으로 전송되는 확률 (0→0, 1→1)은 p이면, 전송 실패할 확률 (0→1, 1→0)은 $1-p$가 된다. 그리고 상태공간 $S = \{0,1\}$가 된다. 따라서 전이행렬은

$$\Pi = \begin{pmatrix} p_{00} & p_{01} \\ p_{10} & p_{11} \end{pmatrix} = \begin{pmatrix} p & 1-p \\ 1-p & p \end{pmatrix}$$

임을 알 수 있다.

이 예제에서 각 행의 합이 1일 뿐만 아니라 각 열의 합도 1임을 알 수 있다. 이런 성질을 갖는 확률 행렬을 **이중 확률과정(doubly stochastic)**이라 한다.

마르코프 체인의 기본 성질들을 이용하여 결합 확률을 구해보자. 이를 위해 마르코프 체인의 초기 분포에 대한 기호를 $j \in S$, $\pi_j^{(0)} = P(X_0 = j)$라 정의하자. 그러면 전이행렬 Π와 초기 분포 $\pi^{(0)}$를 알고 있으면 결합 확률을 구할 수 있다.

정리 4.3 상태공간 S에 대하여 $(X_n, n \in Z_+)$을 마르코프 체인이라 하면 결합확률은

$$P(X_0 = i_0, X_1 = i_1, \cdots, X_n = i_n) = \pi_{i_0}^{(0)} p_{i_0 i_1} p_{i_1 i_2} \cdots p_{i_{n-1} i_n} \tag{4.6}$$

가 된다.

증명 증명은 수학적 귀납법을 이용하자. 귀납법 적용을 위한 첫 단계는 조건부확률에 의해

$$\begin{aligned} P(X_0 = i_0, X_1 = i_1) &= P(X_1 = i_1 \mid X_0 = i_0) P(X_0 = i_0) \\ &= \pi_{i_0}^{(0)} p_{i_0 i_1} \end{aligned}$$

임을 쉽게 증명된다. 따라서 수학적 귀납법의 가정에 의해 n번째까지 결과,

즉 $P(X_0 = i_0, X_1 = i_1, \cdots, X_n = i_n) = \pi_{i_0}^{(0)} p_{i_0 i_1} \cdots p_{i_{n-1} i_n}$이 성립한다고 가정하자. 그러면 $n+1$번째는 마르코프 체인의 정의 및 귀납법의 가정, 조건부확률의 승법공식에 의해

$$\begin{aligned} & P(X_0 = i_0, X_1 = i_1, \cdots, X_n = i_n, X_{n+1} = i_{n+1}) \\ &= P(X_{n+1} = i_{n+1} \mid X_0 = i_0, X_1 = i_1, \cdots, X_n = i_n) \\ &\quad \times P(X_0 = i_0, X_1 = i_1, X_2 = i_2, \cdots, X_n = i_n) \\ &= P(X_{n+1} = i_{n+1} \mid X_n = i_n) P(X_0 = i_0, X_1 = i_1, \cdots, X_n = i_n) \\ &= \pi_{i_0}^{(0)} p_{i_0 i_1} \cdots p_{i_{n-1} i_n} p_{i_n i_{n+1}} \end{aligned}$$

임을 증명할 수 있다.

정의 4.1에서 정의한 마르코프 체인에 대해 위 정리 4.3을 이용하여 다시 살펴보자. 조건부 확률의 정의에 의해

$$P(X_{n+1}=i_{n+1} \mid X_0=i_0, X_1=i_1, \cdots, X_n=i_n)$$

$$=\frac{P(X_0=i_0,\cdots,X_{n+1}=i_{n+1})}{P(X_0=i_0,\cdots,X_n=i_n)}$$

$$=p_{i_n i_{n+1}} \qquad (\text{정리4.3에 의해})$$

가 된다. 위 식과 정의 4.1에서 정의한 $P(X_{n+1}=i_{n+1} \mid X_n=i_n)$과 같음을 보이자. 마찬가지로 조건부 확률의 정의와 서로 배반인 사건들을 이용하여

$$P(X_{n+1}=i_{n+1} \mid X_n=i_n)$$

$$=\frac{P(X_n=i_n, X_{n+1}=i_{n+1})}{P(X_n=i_n)}$$

$$=\frac{\sum_{i_0,\cdots,i_{n-1}} P(X_0=i_0,\cdots,X_{n-1}=i_{n-1},X_n=i_n,X_{n+1}=i_{n+1})}{\sum_{i_0,\cdots i_{n-1}} P(X_0=i_0,\cdots,X_n=i_n)}$$

$$=\frac{\sum_{i_0,\cdots,i_{n-1}} \pi_{i_0}^{(0)} p_{i_0 i_1}\cdots p_{i_{n-1}i_n} p_{i_n i_{n+1}}}{\sum_{i_0,\cdots,i_{n-1}} \pi_{i_0}^{(0)} p_{i_0 i_1}\cdots p_{i_{n-1}i_n}}$$

$$=p_{i_n i_{n+1}}$$

임을 보일 수 있다. 따라서 우리는 위 두 식으로부터 마르코프 체인의 기본성질인

$$P(X_{n+1}=i_{n+1} \mid X_0=i_0, X_1=i_1, \cdots, X_n=i_n)$$

$$=P(X_{n+1}=i_{n+1} \mid X_n=i_n)$$

임을 보일 수 있다.

예제 4.3 상태공간 $S=\{0,1,2\}$인 마르코프 체인 $(X_n, n\in \mathbf{Z}_+)$의 전이행렬이

$$\Pi=\begin{pmatrix} 0.1 & 0.2 & 0.7 \\ 0.9 & 0.1 & 0 \\ 0.1 & 0.8 & 0.1 \end{pmatrix}$$

이고 초기분포가 $\pi_0^{(0)}=0.3,\ \pi_1^{(0)}=0.4,\ \pi_2^{(0)}=0.3$일 때 다음 확률을 구하여라.

1) $P(X_0=0, X_1=1, X_2=2)$

2) $P(X_0=1, X_1=0, X_2=0)$

풀이 1) 위 정리 4.2에 의해

$$P(X_0 = 0, X_1 = 1, X_2 = 2) = \pi_0^{(0)} p_{01} p_{12}$$

$$= 0.3 \times 0.2 \times 0 = 0$$

가 된다.

2) $P(X_0 = 1, X_1 = 0, X_2 = 0) = \pi_1^{(0)} p_{10} p_{00} = 0.4 \times 0.9 \times 0.1 = 0.036.$

정의 4.2에서 마르코프 체인에 대해 1단계 전이행렬을 정의하고 기본성질들을 알아봤다. 지금부터 이 개념을 확장하여 임의의 n단계 전이행렬에 대해 알아보자.

정의 4.4 상태공간 S에 대하여 $(X_n, n \in Z_+)$을 마르코프 체인이라 하면 n**단계 전이확률**(n**-step transition probabilities)**을

$$p_{ij}^{(m, m+n)} = P(X_{m+n} = j \mid X_m = i) \tag{4.7}$$

로 정의한다.

여기서 일반적인 고정 전이확률을 정의하면 모든 $m \in Z_+$에 대하여

$$p_{ij}^{(m, m+n)} = p_{ij}^{(n)} \tag{4.8}$$

이 되고, 여기서 $p_{ij}^{(n)} = P(X_n = j \mid X_0 = i)$이다. 이 정의를 다시 쉽게 설명하면 n초 간격으로 건너뛰면서 i에서 j로 진행되는 확률이 1에서 시작하거나, 2에서 시작하거나, 3에서 시작하든지 등 좀 더 구체적으로 모든 m에 대해 다음과 같이

$$p_{ij}^{(n)} = p_{ij}^{(1, 1+n)} = p_{ij}^{(2, 2+n)} = p_{ij}^{(3, 3+n)} = \cdots = p_{ij}^{(m, m+n)} \tag{4.9}$$

모두 같은 확률값을 가질 때, n**단계 고정전이확률**(n − step stationary transition probabilities)이라 한다. 이 정의를 쉽게 설명하기 위해 1단계 전의 확률행렬에서처럼 상태공간 $S = Z_+$에서 n **단계 전이행렬**(n-step transition probabilities)을 다음과 같이 정의한다.

$$\Pi^{(n)} = (p_{ij}^{(n)}) = \begin{pmatrix} p_{00}^{(n)} & p_{01}^{(n)} & p_{02}^{(n)} & \cdots \\ p_{10}^{(n)} & p_{11}^{(n)} & p_{12}^{(n)} & \cdots \\ p_{20}^{(n)} & p_{21}^{(n)} & p_{22}^{(n)} & \cdots \\ p_{30}^{(n)} & p_{31}^{(n)} & p_{32}^{(n)} & \cdots \\ \vdots & \vdots & \vdots & \vdots \\ p_{i0}^{(n)} & p_{i1}^{(n)} & p_{i2}^{(n)} & \cdots \\ \vdots & \vdots & \vdots & \vdots \end{pmatrix} \tag{4.10}$$

여기서 각각의 $p_{ij}^{(n)} = P(X_n = j \mid X_0 = i) = \dfrac{P(X_0 = i, X_n = j)}{P(X_0 = i)}$ 와 같이 정리 4.3을 이용하여 구하면 된다. 그러나 이 n단계 전이행렬을 구하는 손쉬운 방법을 소개하고자 한다.

지금부터 임의의 n에 대해 전이행렬 $\Pi^n = \Pi \times \Pi \times \cdots \times \Pi$ 곱의 결과에 대해 알아보자. 예를 들면, 전이행렬이

$$\Pi = \begin{pmatrix} \frac{1}{2} & \frac{1}{2} \\ \frac{3}{4} & \frac{1}{4} \end{pmatrix}$$

이면

$$\Pi^2 = \begin{pmatrix} \frac{5}{8} & \frac{3}{8} \\ \frac{9}{16} & \frac{7}{16} \end{pmatrix}, \quad \Pi^4 = \begin{pmatrix} \frac{154}{256} & \frac{102}{256} \\ \frac{153}{256} & \frac{103}{256} \end{pmatrix}$$

가 된다. 그러므로 $p_{11}^{(4)} = \dfrac{154}{256} \sim \dfrac{153}{256} = p_{21}^{(4)}$ 이고 마찬가지로 $p_{12}^{(4)} \sim p_{22}^{(4)}$로 시간 $t = 4$ 상태 j가 될 확률은 초기 상태와는 거의 독립이 된다. 그러면 더 큰 $t = n$에 대해 상태 j가 될 확률은 역시 $t = 0$에서의 초기 상태와는 거의 독립이 될 것이다. 수학적으로 이 조건을 i에 의존하지 않는 v_j에 대해

$$\lim_{n \to \infty} p_{ij}^{(n)} = v_j, \quad i, j \in S \tag{4.11}$$

로 표현한다. 이 극한값에 대해서 차후에 좀 더 알아보겠다.

통신이론에서 다루는 엔트로피를 적용하기 위해 유한인 상태공간 $S = \{1, 2, \cdots, N\}$에서 정의되는 마르코프 체인에 한정하여 다루고자 한다. 마르코프 체인에서 가장 기본인 각각의 n단계 전이확률을 계산하는 Chapman-Kolmogorov 정리에 대해 알아보자. 이 정리를 증명하는데 조건부 확률의 성질이 필요한데 사건 A, B, C에 대해

$$P(A \cap B \mid C) = P(A \mid B \cap C) P(B \mid C) \tag{4.12}$$

임을 이용하자. 식 (4.12)은 $P(C)$, $P(B \cap C) \neq 0$이라 가정 하에 조건부확률의 정의

$$P(A\cap B \mid C)=\frac{P(A\cap B\cap C)}{P(C)}$$
$$=\frac{P(A\cap B\cap C)}{P(B\cap C)}\cdot\frac{P(B\cap C)}{P(C)}$$
$$=P(A\mid B\cap C)P(B\mid C)$$

임을 보일 수 있다.

정리 4.5 (Chapman-Kolmogorov) 마르코프 체인 $(X_n, n\in Z_+)$에 대하여 $m+n$단계 전이확률은

$$p_{ij}^{(m+n)}=\sum_{k=1}^{N}p_{ik}^{(n)}p_{kj}^{(m)} \tag{4.13}$$

이며, n단계 전이행렬은 행렬의 n곱으로

$$\Pi^{(n)}=\Pi^n=\Pi\times\Pi\times\cdots\times\Pi$$

가 된다.

증명 모든 $i,j\in S$에 대하여 고정 전이확률의 정의와 식 (4.7)에서 각각의 사건들을 $A=(X_{m+n}=j)$, $B=(X_n=k)$, $C=(X_0=i)$로 정의하면

$$p_{ij}^{(m+n)}=P(X_{m+n}=j\mid X_0=i)$$
$$=\sum_{k=1}^{N}P(X_{m+n}=j, X_n=k\mid X_0=i),(\because P(\cup_{k=1}^{N}(X_n=k))=1)$$
$$=\sum_{k=1}^{N}P(X_{m+n}=j\mid X_n=k, X_0=i)P(X_n=k\mid X_0=i)$$
$$=\sum_{k=1}^{N}P(X_{m+n}=j\mid X_n=k)P(X_n=k\mid X_0=i)\ (\text{마르코프의 성질})$$
$$=\sum_{k=1}^{N}p_{kj}^{n,m+n}p_{ik}^{(n)}$$
$$=\sum_{k=1}^{N}p_{ik}^{(n)}p_{kj}^{(m)}$$

가 된다. 여기서 두 정방행렬의 곱에서 i행 j열의 원은 $c_{ij}=\sum_{k=1}a_{ik}b_{kj}$가 되므로

$$\Pi^{(m+n)}=\Pi^{(n)}\times\Pi^{(m)}$$

이 됨을 보일 수 있다.

이 채프만-콜모고로브 정리에 의해 2단계 고정 전이 확률은 $\Pi^{(2)}=\Pi\times\Pi$가 됨을 알 수 있고, 일반적으로 $\Pi^{(n)}=\Pi\times\Pi\times\cdots\times\Pi=\Pi^n$임을 알 수 있다.

예제 4.4 상태공간 $S=\{0,1,2\}$인 마르코프 체인 $(X_n, n\in \boldsymbol{Z}_+)$의 전이행렬을

$$\Pi=\begin{pmatrix}0.1 & 0.2 & 0.7\\ 0.9 & 0.1 & 0\\ 0.1 & 0.8 & 0.1\end{pmatrix}$$

라 할 때, 다음을 계산하여라.

1) $\Pi^{(2)}=\Pi^2$ 2) $P(X_2=2 \mid X_0=1)$

풀이 1) 전이 행렬의 곱을 구하면

$$\Pi^2=\begin{pmatrix}0.1 & 0.2 & 0.7\\ 0.9 & 0.1 & 0\\ 0.1 & 0.8 & 0.1\end{pmatrix}\begin{pmatrix}0.1 & 0.2 & 0.7\\ 0.9 & 0.1 & 0\\ 0.1 & 0.8 & 0.1\end{pmatrix}$$

$$=\begin{pmatrix}0.26 & 0.6 & 0.14\\ 0.18 & 0.19 & 0.63\\ 0.74 & 0.18 & 0.08\end{pmatrix}$$

이 된다.

2) 1)에서 구한 Π^2에서 다음과 같다.

$$P(X_2=2 \mid X_0=1)=p_{12}^{(2)}=0.63.$$

지금부터는 정리 4.5의 채프만 콜모고로브 정리를 응용하여 전이행렬과 초기조건 $\pi_j^{(0)}=P(X_0=j)$를 이용하여 마르코프 체인 $(X_n, n\in \boldsymbol{Z}_+)$의 분포를 알아보자. 여기서 상태공간 S의 $j=1,2,\cdots,N$에 대해 n단계 체인의 분포를 $\pi_j^{(n)}=P(X_n=j)$라 정의하자. 이해를 쉽게 하기 위해 n단계 전체 확률분포를 행벡터로

$$\pi^{(n)}=(\pi_1^{(n)},\pi_2^{(n)},\cdots,\pi_N^{(n)})$$

로 나타내자. 여기서 우리에게 주어진 조건은 마르코프 체인의 전이행렬과 초기조건 $\pi^{(0)}=(\pi_1^{(0)},\pi_2^{(0)},\cdots,\pi_N^{(0)})$이다.

정리 4.6 상태공간 $S=\{1,2,\cdots,,N\}$인 마르코프 체인 $(X_n, n\in \boldsymbol{Z}_+)$에 대해 전이행렬 Π와 초기조건 $\pi^{(0)}=(\pi_1^{(0)},\pi_2^{(0)},\cdots,\pi_N^{(0)})$일 때, n단계 확률분포는

$$\pi^{(n)} = (\pi_1^{(0)}, \pi_2^{(0)}, \cdots, \pi_N^{(0)}) \begin{pmatrix} p_{11} & p_{12} & p_{13} & \cdots & p_{1N} \\ p_{21} & p_{22} & p_{21} & \cdots & p_{2N} \\ \vdots & \vdots & \vdots & \vdots & \vdots \\ p_{N1} & p_{N2} & p_{N3} & \cdots & p_{NN} \end{pmatrix}^n \tag{4.14}$$
$$= \pi^{(0)} \Pi^n$$

이다.

증명 상태공간 S의 $1 \leq j \leq N$에 대하여 n단계 분포

$$\begin{aligned} \pi_j^{(n)} &= P(X_n = j) \\ &= \sum_{i=1}^{N} P(X_n = j, X_0 = i) \ \ (\because P(\cup_{i=1}^{N}(X_0 = i)) = 1) \\ &= \sum_{i=1}^{N} P(X_n = j \mid X_0 = i) P(X_0 = i) \ \ (\text{조건부 확률}) \\ &= \sum_{i=1}^{N} \pi_i^{(0)} p_{ij}^{(n)} \end{aligned}$$

와 같이 증명된다.

예제 4.5 상태공간 $S = \{0,1,2\}$인 마르코프 체인 $(X_n, n \in \boldsymbol{Z}_+)$의 초기 분포를 $\pi_0^{(0)} = 0.3$, $\pi_1^{(0)} = 0.4$, $\pi_2^{(0)} = 0.3$이라 할 때, 다음을 계산하여라.

1) $P(X_2 = 0)$ 2) $P(X_2 = 1)$ 3) $p(X_2 = 2)$

풀이 위 정리 4.6에 의해 $\pi^{(0)} = (0.3, 0.4, 0.3)$이고

$$\begin{aligned} \pi^{(2)} &= \pi^{(0)} \Pi^2 \\ &= (0.3\ \ 0.4\ \ 0.3) \begin{pmatrix} 0.1 & 0.2 & 0.7 \\ 0.9 & 0.1 & 0 \\ 0.1 & 0.8 & 0.1 \end{pmatrix}^2 \\ &= (0.3\ \ 0.4\ \ 0.3) \begin{pmatrix} 0.26 & 0.6 & 0.14 \\ 0.18 & 0.19 & 0.63 \\ 0.74 & 0.18 & 0.08 \end{pmatrix} \\ &= (0.372\ \ 0.31\ \ 0.318) \end{aligned}$$

따라서 $P(X_2 = 0) = 0.372$, $P(X_2 = 1) = 0.31$, $p(X_2 = 2) = 0.318$이다.

4.1 연습문제

1. (Gambler Model) 한 투기꾼이 카지노에서 확률 p로 1단위를 얻거나 확률 $1-p$로 1단위를 잃는다고 한다. 만약 투기꾼이 자신이 소유한 모든 재화를 잃거나 M단위를 획득하면 게임을 그만둔다고 한다. 연속적인 게임에서 얻는 재화는 마르코프 체인이 된다고 한다. 이 모델에 적합한 전이확률 행렬을 구하여라. (단 $p_{00}=1=P_{MM}$)

2. (Paul and Tatyana Ehrentest's Model) 서로 연결된 두 개의 시험관에 M개의 분자들이 분포되어있다. 그리고 각 시간에 분자들 중 하나를 랜덤하게 선택하여 원래 시험관에서 다른 시험관으로 바꿔 놓는다고 하자. X_n을 n번 바꾼 후 첫 번째 시험관에 있는 분자들의 수라고 하자. 그러면 $(X_n : n \geq 0)$는 마르코프 체인이 된다. 이 때 전이행렬을 구하여라.

3. 상태공간 $S=\{0,1,2\}$인 마르코프 체인 $(X_n, n\in \boldsymbol{Z}_+)$가 전이행렬이

$$\Pi = \begin{pmatrix} 0.1 & 0.2 & 0.7 \\ 0.9 & 0.1 & 0 \\ 0.1 & 0.8 & 0.1 \end{pmatrix}$$

이고, 초기분포가 $\pi_0^{(0)}=0.3,\ \pi_1^{(0)}=0.4,\ \pi_2^{(0)}=0.3$일 때 $P(X_1=2, X_2=1)$을 구하여라.

4. 상태공간 $S=\{0,1,2\}$인 마르코프 체인 $(X_n, n\in \boldsymbol{Z}_+)$가 전이행렬이

$$\Pi = \begin{pmatrix} 0.6 & 0.3 & 0.1 \\ 0 & 0.5 & 0.5 \\ 0.6 & 0 & 0.4 \end{pmatrix}$$

일 때 다음 조건부 확률을 구하여라.

1) $P(X_2=1, X_3=1 \mid X_1=1)$

2) $P(X_1=1, X_2=2 \mid X_0=0)$

3) $P(X_1=1, X_2=1 \mid X_0=1)$

5. 상태공간 $S=\{0,1,2\}$인 마르코프 체인 $(X_n, n\in \boldsymbol{Z}_+)$가 전이행렬이

$$\Pi = \begin{pmatrix} 0.6 & 0.3 & 0.1 \\ 0 & 0.5 & 0.5 \\ 0.6 & 0 & 0.4 \end{pmatrix}$$

이고, 초기분포가 $\pi_0^{(0)} = \pi_1^{(0)} = \dfrac{1}{2}$일 때 $\pi^{(2)}$와 $\pi^{(3)}$을 구하여라.

6. 확률변수 X_n을 서로 독립이라고 할 때, $S_n = \sum_{i=1}^{n} X_i = X_1 + X_2 + \cdots + X_n$이라 할 때, $(S_n, n \in Z_+)$는 마르코프 체인임을 증명하여라.

7. 2진 메시지(0 또는 1)를 통신로를 통해 여러 단계 전송된다고 하자. 각 단계마다 에러가 발생할 확률은 ϵ이라고 한다. 확률변수 X_0를 최초 송신신호라 하고, X_n을 n번째 단계에서 수신한 신호라고 정의하자. 만약 $(X_n, x \in Z_+)$를 전이행렬이 $p_{00} = 1 - \epsilon = p_{11}$과 $p_{01} = \epsilon = p_{10}$이라 할 때 물음에 답하여라.
   1) 2단계에서 에러가 발생하지 않을 확률을 구하여라.
   2) 2단계에서 정확한 신호를 받을 확률을 구하여라.

8. 상태공간 $S = \{0,1,2\}$인 마르코프 체인 $(X_n, n \in Z_+)$가 전이행렬이

$$\Pi = \begin{pmatrix} 0.3 & 0.3 & 0.4 \\ 0.7 & 0.2 & 0.1 \\ 0.6 & 0.2 & 0.2 \end{pmatrix}$$

이고, 초기분포가 $\pi_0^{(0)} = 0.1,\ \pi_1^{(0)} = 0.5,\ \pi_2^{(0)} = 0.4$일 때 물음에 답하여라.
   1) $P(X_0 = 0, X_1 = 2, X_2 = 1)$
   2) $\Pi^{(2)}$와 $\Pi^{(3)}$를 각각 가하여라.
   3) 2)를 이용하여 $P(X_3 = 2 \mid X_1 = 1)$을 구하여라.
   4) $P(X_5 = 1 \mid X_2 = 0)$을 구하여라.
   5) X_2의 분포를 구하여라.

9. 원운동을 하는 입자가 시계방향으로 번호 0, 1, 2, 3, 4, 5가 새겨진 원주 위를 움직인다. 각 단계에서 시계 방향으로 움직일 확률이 p이고 각 단계에서 반시계 방향으로 움직일 확률은 $1-p$라고 한다. X_n을 n단계를 움직인 후의 입자의 위치라 하면 $(X_n, n \in Z_+)$는 마르코프 체인이 된다.

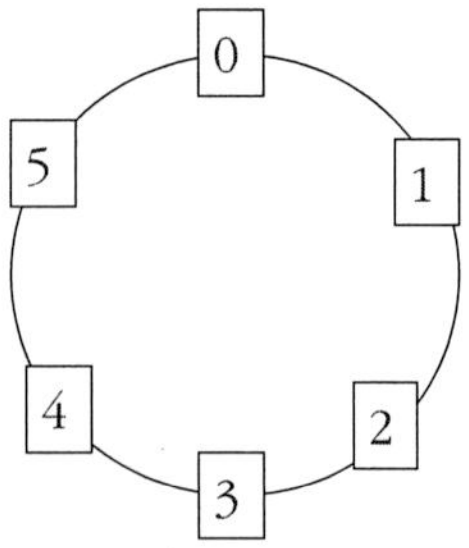

   1) 이 마르코프 체인에 대한 전이행렬을 구하여라.
   2) 초기확률분포가 균등분포를 따르고 $p = 0.4$일 때
   $P(X_0 = 1, X_1 = 2, X_2 = 3, X_3 = 4, X_4 = 5, X_5 = 0)$을 구하여라.

4.2 고정 마르코프 체인(Stationary Markov Chain)

만약 $(X_n,\ n\in Z_+)$가 상태 공간 S에서 마르코프 체인이라 하면 정리 4.3에서 결합확률은 $P(X_0=i_0, X_2=i_1, \cdots, X_n=i_n)=\pi_{i_0}^{(0)}\, p_{i_0 i_1} p_{i_1 i_2}\cdots p_{i_{n-1} i_n}$가 된다는 사실을 이미 앞 절에서 다루었고 잘 알고 있다. 그러나 임의의 $n_1, n_2, \cdots, n_k \in Z_+$와 $i_1, i_2, \cdots, i_k \in S$에 대하여 $P(X_{n_1}=i_1,$ $X_{n_2}=i_2, \cdots, X_{n_k}=i_k)$는 조금 다른 상황이다. 언제 어떤 조건하에서 결합확률을 쉽게 구할 수 있을까에 대한 질문에 답을 알아보자. 임의의 유한개의 확률변수들 $X_{n_1}, X_{n_2}, \cdots, X_{n_k}$에 대하여 각 시간 $n_1, n_2, \cdots, n_k$을 m만큼 각각 이동하면 변화된 시간은 $n_1+m, n_2+m, \cdots, n_k+m$이 되고 이에 대응되는 확률변수 $X_{n_1+m}, X_{n_2+m}, \cdots, X_{n_k+m}$을 만들 수 있다.

정의 4.7 상태공간 S에서 정의된 마르코프 체인 $(X_n,\ n\in Z_+)$에 대하여 만약 모든 $k, m \in \boldsymbol{N}$과 $n_1, n_2, \cdots, n_k$인 확률변수 $X_{n_1}, X_{n_2}, \cdots, X_{n_k}$의 결합분포가 같을 때, 즉

$$P(X_{n_1}=i_1,\ X_{n_2}=i_2, \cdots, X_{n_k}=i_k) \tag{4.15}$$
$$= P(X_{n_1+m}=i_1, X_{n_2+m}=i_2, \cdots, X_{n_k+m}=i_k)$$

을 만족하면 **고정 마르코프체인(Stationary Markov Chain)**이라 한다.

이 정의를 살펴보면 만약 상태공간 S에서 정의된 마르코프 체인 $(X_n,\ n\in Z_+)$이 고정적인 체인이면 $m>n$과 $i\in S$ 대하여 각각의 X_n들은 같은 확률분포

$$P(X_m=i)=P(X_{n+m-n}=i)=P(X_n=i) \tag{4.16}$$

를 갖는다. 이 고정적 체인에 대한 정의를 이해하기 위해 다음과 같은 정리를 알아보자.

정리 4.8 서로 독립이고 동일분포를 따르는 확률변수로 이루어진 $(X_n,\ n\in Z_+)$가 상태 공간 S에서 마르코프 체인이면 고정적이다.

증명 모든 n에 대하여 X_n들은 서로 독립이고 동일분포를 따르기 때문에 각각의 $k, m\in \boldsymbol{N}$과 $n_1, n_2, \cdots, n_k$에 대하여

$$P(X_{n_1+m}=i_1,\ X_{n_2+m}=i_2,\cdots,X_{n_k+m}=i_k)$$
$$=P(X_{n_1+m}=i_1)P(X_{n_2+m}=i_2)\cdots P(X_{n_k+m}=i_k)$$
$$=P(X_{n_1}=i_1)P(X_{n_2}=i_2)\cdots P(X_{n_k}=i_k)$$
$$=P(X_{n_1}=i_1,X_{n_2}=i_2,\cdots,X_{n_k}=i_k)$$

을 만족하여 고정적 마르코프 체인이 된다.

정의 4.7를 이용하여 고정마르코프 체인을 증명하기는 다소 어려움이 있는데 마르코프 체인 $(X_n,\ n\in Z_+)$에 대하여 확률변수들 $X_1,X_2,\cdots,X_m$에서 임의로 k개를 선택한 $X_{n_1},X_{n_2},\cdots,X_{n_k}$와 $X_{m_1},X_{m_2},\cdots,X_{m_k}$의 결합분포에 대하여 살펴보자. 여기서 $k+\ell=m$이고 $\{n_1,n_2,\cdots n_k\}$와 $\{n_1',n_2',\cdots,n_\ell'\}$는 $\{1,2,\cdots,m\}$의 부분집합으로 $\{1,2,\cdots,m\}=\{n_1,\cdots,n_k,\ n_1',\cdots n_\ell'\}$ $=\{m_1,\cdots,m_k,m_1',\cdots m_\ell'\}$라고하자. 그러면 확률변수들 $X_1,X_2,\cdots,X_m$의 주변 확률분포로부터

$$P(X_{n_1}=i_1,\ X_{n_2}=i_2,\cdots,X_{n_k}=i_k)$$
$$=\sum_{i_1',\cdots,i_\ell'}P(X_{n_1}=i_1,\cdots,X_{n_k}=i_k,X_{n_1'}=i_1',\cdots,X_{n_\ell'}=i_\ell')$$
$$=\sum_{i_1',\cdots,i_\ell'}P(X_{m_1}=i_1,\cdots,X_{m_k}=i_k,X_{m_1'}=i_1',\cdots,X_{m_\ell'}=i_\ell')$$
$$=P(X_{m_1}=i_1,X_{m_2}=i_2,\cdots,X_{m_k}=i_k)$$

임을 알 수 있다.

따라서 고정마르코프 체인의 정의 4.7의 식 (4.15) 대신에 위 사실을 이용하여

$$P(X_n=i_0,\ X_{n+1}=i_1,\cdots,X_{n+k}=i_k) \tag{4.17}$$
$$=P(X_0=i_0,X_1=i_1,\cdots,X_k=i_k)$$

증명하면 된다.

다음은 위 정리와는 다르게 어떤 조건하에 고정적인 마르코프 체인이 되는지 알아보자. 가장 밀접한 관계가 있는 것으로 불변분포를 갖는 확률변수의 분포를 도입하면서 시작하자.

정의 4.9 $X=(X_n,\ n\in Z_+)$는 전이행렬 Π를 갖는 마르코프 체인이라 할 때 확률 벡터 $\rho=(\rho_1,\rho_2,\cdots,\rho_n)$, (즉, $\sum_{i=1}^{n}\rho_i=1,\ \rho_i\geq 0$)가 다음을 만족하면,

$$\rho \Pi = \rho \tag{4.18}$$

즉, $1 \le j \le N$에 대해 $\rho_j = \sum_{i=1}^{N} \rho_i p_{ij}$가 될 때, X에 대한 **불변분포(invariant distribution)**라 한다. 또 다른 말로 **고정분포(stationary distribution)**라고 한다.

정의 4.9에서 정의한 식 (4.18)을 다시 해석해 보면 $\rho\Pi = \rho$임을 이용하여

$$\rho \Pi^n = \rho \Pi \times \Pi^{n-1} = \rho \Pi^{n-1} = \cdots = \rho \Pi = \rho \tag{4.19}$$

라는 것을 알 수 있다. 식 (4.19)의 명확한 의미는 $n \ge 1$에 대해 $\rho_j = \sum_{i=1}^{N} \rho_i p_{ij}^{(n)}$을 말한다. 좀 더 구체적으로 정리하면 다음과 같다.

정리 4.10 상태공간 S에서 정의되는 프로세스 $X = (X_n, n \in Z_+)$가 전이행렬 Π를 갖는 고정 마르코프 체인이면 임의의 $j \in S$과 모든 $n \ge 1$에 대하여

$$P(X_0 = j) = \pi_j^{(0)} = P(X_n = j) = \pi_j^{(n)} \tag{4.20}$$

을 만족한다. 더구나 모든 $n \ge 1$과 임의의 $j_k, (0 \le k \le \ell)$에 대해 결합확률 대해

$$P(X_{n+k} = j_k, 0 \le k \le \ell) = \pi_{j_0} p_{j_0 j_1} \cdots p_{j_{\ell-1} j_\ell}$$

를 만족한다.

증명 식 (4.19)로부터

$$P(X_n = j) = \sum_i P(X_0 = i) P(X_n = j \mid X_0 = i)$$

$$= \sum_i \pi_i^{(0)} p_{ij}^{(n)} = \pi_j^{(n)}$$

임을 보일 수 있다. 같은 방법으로 마르코프 체인의 정의를 이용하면 다음과 같다.

$$P(X_{n+k} = j_k, 0 \le k \le \ell) = P(X_n = j_0) P(X_{n+1} = j_1 \mid X_n = j_0)$$

$$\cdots P(X_{n+\ell} = j_\ell \mid X_{n+\ell-1} = j_{\ell-1})$$

$$= \pi_{j_0}^{(n)} p_{j_0 j_1} \cdots p_{j_{\ell-1} j_\ell}$$

$$= \pi_{j_0} p_{j_0 j_1} \cdots p_{j_{\ell-1} j_\ell}.$$

예제 4.6 확률벡터 $\rho = \left(\frac{7}{12}, \frac{5}{12}\right)$는 전이행렬 $\Pi = \begin{pmatrix} 0.5 & 0.5 \\ 0.7 & 0.3 \end{pmatrix}$을 갖는 마르코프 체인에 대해 불변

분포임을 보여라.

풀이 정의 4.9의 식 $\rho\Pi=\rho$를 만족함을 보이면 된다. 즉

$$\rho\Pi=\begin{pmatrix}\frac{7}{12} & \frac{5}{12}\end{pmatrix}\begin{pmatrix}0.5 & 0.5\\0.7 & 0.3\end{pmatrix}=\begin{pmatrix}\frac{7}{12} & \frac{5}{12}\end{pmatrix}=\rho$$

를 만족하여 ρ는 불변분포가 된다.

정리 4.11 상태 공간 S에서 정의된 $X=(X_n,\ n\in Z_+)$가 전이행렬 Π를 갖는 마르코프 체인이라하자. 만약 이 마르코프 체인의 불변확률분포 ρ가 존재한다면 고정적 마르코프 체인이 된다.

증명 마르코프 체인이 불변확률분포 ρ를 갖는다고 하자. 여기서 X와 같은 전이확률행렬 Π와 $\rho=\pi^{(0)}$를 초기 분포로 갖는 새로운 마르코프 체인 $(Y_n, n\in Z_+)$을 정의하자. 그러면 마르코프 체인 $(Y_n, n\in Z_+)$의 n단계 분포는 다음과 같다.

$$\pi^{(n)}=\rho\Pi^n=\rho=\pi^{(0)}.$$

따라서 고정적인 마르코프 체인임을 보이기 위해 정의 4.7의 식 모든 $k,m\in\boldsymbol{N}$에 대해 확률변수 $Y_0, Y_1,\cdots,Y_k$의 결합분포가 같을 때, 즉

$$P(Y_0=i_0, Y_1=i_1,\cdots,Y_k=i_k)$$
$$=P(Y_m=i_0, Y_{1+m}=i_1,\cdots,Y_{k+m}=i_k)$$

임을 보이면 된다. 그래서 정리 4.3을 이용하면

$$\begin{aligned}P(Y_0=i_0, Y_1=i_1,\cdots,Y_k=i_k)&=\pi_{i_0}^{(0)}p_{i_0i_1}p_{i_1i_2}\cdots p_{i_{k-1}i_k}\\&=\pi_{i_0}^{(m)}p_{i_0i_1}^{(m,m+1)}p_{i_1i_2}^{(m+1,m+2)}\cdots p_{i_{k-1}i_k}^{(m+k-1,m+k)}\\&=P(Y_m=i_0, Y_{1+m}=i_1,\cdots,Y_{k+m}=i_k)\end{aligned}$$

따라서 고정 마르코프 체인이 된다.

지금부터는 상태 공간 S에서 정의된 $X=(X_n,\ n\in Z_+)$의 전이행렬 Π를 갖는 마르코프 체인의 불변분포를 구하는 방법에 대해서 알아보자. 정의 4.9의 마르코프 체인의 불변분포는 $\rho\Pi=\rho$를 만족하는데 이 식을 전치하면

$$\Pi^T\rho^T=\rho^T \tag{4.21}$$

를 만족한다. 즉 ρ^T는 행렬 Π^T의 고유치 1에 대한 고유벡터가 된다. 만약 행렬 Π^T의 고유치 1에 대한 고유벡터의 모든 성분들이 음이 아닐 때, 이 고유벡터를 정규화하여 즉 모든 성분들의 합이 1이 되도록 하면 이 고유벡터가 불변분포가 된다. 참고로 성분의 합이 1이 되도록 하는 이유는 ρ는 확률벡터이기 때문에 성분들을 모두 더하면 1이 되어야한다. 한편 만약 고유치

1이 단지 중복도가 1일 경우에는 선형대수학에서 잘 알려진 것처럼 불변분포는 유일하게 존재한다.

예제 4.7 전이행렬이 $\Pi = \begin{pmatrix} 1 & 0 & 0 \\ 0 & 0.5 & 0.5 \\ 0 & 0.3 & 0.7 \end{pmatrix}$인 마르코프체인의 불변분포를 구하여라.

풀이 식 (4.21)의 $\Pi^T \rho^T = \rho^T$을 만족하는 고유치 1에 대한 고유벡터를 구하고 정규화하면 된다. 따라서

$$\det(\Pi^T - \lambda I) = \det\begin{pmatrix} 1-\lambda & 0 & 0 \\ 0 & 0.5-\lambda & 0.3 \\ 0 & 0.5 & 0.7-\lambda \end{pmatrix}$$

$$= (1-\lambda)(\lambda^2 - 1.2\lambda + 0.2)$$

$$= 0$$

가 되고 고유치 $\lambda = 1$은 중복도가 2이다. 따라서 1에 대한 고유벡터를 구하여 정규화하면 $\rho = (1,0,0)$와 $\rho = (0, \frac{3}{8}, \frac{5}{8})$가 됨을 알 수 있다.

불변분포를 갖는 마르코프 체인은 고정 마르코프 체인이 되고 유한인 상태 공간에서 정의되는 마르코프 체인의 전이행렬의 전치행렬로부터 고유치 1에 대한 고유벡터로부터 불변분포를 구하는 방법에 대해 알아봤다. 다음은 여러 가지 정의가 존재하지만 $i, j \in S$에 대해 i에서 출발하여 j에 도착하는 확률이 j에서 출발해서 i에 도착하는 확률과 같은 확률 분포에 대해 정의하고 그 성질을 알아보고자한다.

정의 4.12 상태공간 S에서 정의되고 전이행렬이 Π인 $X = (X_n, n \in Z_+)$를 마르코프 체인이라 하자. 확률분포 $\boldsymbol{\nu} = (\nu_1, \nu_2, \cdots, \nu_N)$를 마르코프 체인의 초기 분포라 할 때, 모든 $1 \le i, j \le N$에 대하여

$$\nu_i p_{ij} = \nu_j p_{ji} \tag{4.22}$$

즉 $\nu_i P(X_n = j \mid X_{n-1} = i) = \nu_j P(X_n = i \mid X_{n-1} = j)$를 만족할 때 이 마르코프 체인은 **가역성(reversibility)** 또는 **평형성(equilibrium)**을 갖는다고 말한다.

정리 4.13 상태공간 S에서 정의된 $X = (X_n, n \in Z_+)$와 전이행렬 Π를 갖는 마르코프 체인이라 하자. 만약 확률분포 $\boldsymbol{\nu} = (\nu_1, \nu_2, \cdots, \nu_N)$가 마르코프 체인의 가역성을 만족하면 $\boldsymbol{\nu} = (\nu_1, \nu_2, \cdots, \nu_N)$

은 불변분포이다.

증명 불변분포의 정의인 식 (4.18)을 보이기 위해 $\boldsymbol{\nu}\Pi = \boldsymbol{\nu}$임을 보여야 한다. 여기서 $\rho = \boldsymbol{\nu}\Pi$라 정의하면, 모든 $1 \le j \le N$에 대하여

$$\begin{aligned}\rho_j &= \sum_{i=1}^{N} \nu_i p_{ij} \\ &= \sum_{i=1}^{N} \nu_j p_{ji} \quad (\because \text{식 } (4.22)\text{에 의해}) \\ &= \nu_j \sum_{i=1}^{N} p_{ji} = \nu_j \quad (\because \sum_{i=1}^{N} p_{ji} = 1)\end{aligned}$$

이다. 따라서 $\boldsymbol{\nu}\Pi = \boldsymbol{\nu}$로 불변분포임을 알 수 있다.

마르코프 체인의 가역성에 대한 대표적인 예제로 연습문제 4.1에서 소개한 도박 모델(gambling model)을 들 수 있는데 이 마르코프 체인의 가역성을 알아보자.

예제 4.8 상태공간 $S = \{0, 1, 2, \cdots, N\}$이고, 각 게임마다 투기꾼은 확률 p로 1단위를 따거나 확률 q, $(p+q=1)$로 1단위를 잃는다고 한다. 그러면 전이행렬은 $p_{00} = p_{NN} = 1$이고 $1 \le i \le N$에 대해 $p_{ii+1} = P(X_n = i+1 | X_{n-1} = i) = p$가 된다. 반면 $p_{ii-1} = P(X_n = i-1 \mid X_{n-1} = i) = 1-p = q$이고 나머지 다른 확률들은 모두 0이라고 하자. 이 체인이 가역성을 만족하도록 확률분포를 구하여라.

풀이 가역성에 대한 조건으로 모든 $0 \le i \le N-1$에 대해

$$\nu_i p_{i,i+1} = \nu_{i+1} p_{i+1,i}$$

가 되고 이는 $\nu_i p = \nu_{i+1} q$를 만족한다. 따라서 반복적으로 각 분포를 구하면

$$\nu_1 = \left(\frac{p}{q}\right)\nu_0,\ \nu_2 = \nu_1\left(\frac{p}{q}\right) = \left(\frac{p}{q}\right)^2 \nu_0,\ \cdots,\ \nu_N = \left(\frac{p}{q}\right)^N \nu_0$$

임을 구할 수 있고, 확률분포의 정의에 의해 위 식을 대입하면

$$\begin{aligned}\nu_0 + \nu_1 + \cdots + \nu_N &= \left(1 + \frac{p}{q} + \frac{p^2}{q^2} + \cdots + \frac{p^N}{q^N}\right)\nu_0 \\ &= 1\end{aligned}$$

을 만족한다. 따라서 ν_0에 대해 정리하면

$$\nu_0 = \frac{1 - \dfrac{p}{q}}{1 - \left(\dfrac{p}{q}\right)^{N+1}}$$

이 되고, 모든 $1 \le j \le N$에 대하여

$$\nu_j = \left(\frac{p}{q}\right)^j \nu_0$$

$$= \left(\frac{p}{q}\right)^j \frac{1-\frac{p}{q}}{1-\left(\frac{p}{q}\right)^{N+1}}$$

$$= p^j q^{N-j} \left(\frac{q-p}{q^{N+1}-p^{N+1}}\right)$$

$$= \frac{p^j q^{N-j}}{p^N + qp^{N-1} + \cdots + q^{N-1}p + q^N}$$

를 구할 수 있다. 한편 $p = q = \dfrac{1}{2}$이 경우 모든 $1 \le j \le N$에 대하여

$$\nu_0 = \nu_1 = \cdots = \nu_N = \frac{1}{N+1}$$

임을 쉽게 구할 수 있다.

마르코프 체인을 이용하여 먼 미래를 예측하는 방법에 대해 생각해 볼 필요가 있다. 즉 $i, j \in S$에 대하여 $i \in S$에 독립적으로 $\lim_{n \to \infty} p_{ij}^{(n)} = \lim_{n \to \infty} P(X_n = j \mid X_0 = i)$의 존재성과 불변분포의 관계에 대해서 알아보자.

모든 $1 \le j \le N$이고 $j \in S$에 대해 위 극한이 존재할 때 마르코프 체인은 **극한분포(limiting distribution)**를 갖는다 하며 $\lim_{n \to \infty} p_{ij}^{(n)} = \pi_j^{(\infty)}$로 나타낸다. 그러면 확률분포 $\{\pi_1^{(\infty)}, \pi_2^{(\infty)}, \cdots, \pi_N^{(\infty)}\}$를 극한 분포로 나타낸다. 이 극한 분포의 중요한 성질에 대해 다음 정리에서 보여준다.

정리 4.14 마르코프 체인의 n단계에 대한 $\lim_{n \to \infty} p_{ij}^{(n)} = \lim_{n \to \infty} P(X_n = j \mid X_0 = i)$이 존재하고, 전이행렬이 Π일 때, 다음을 만족한다.

1) $\pi^{(\infty)} = \{\pi_1^{(\infty)}, \pi_2^{(\infty)}, \cdots, \pi_N^{(\infty)}\}$은 확률분포이다.

2) 모든 $1 \le j \le N$에 대해 $\lim_{n \to \infty} \pi_j^{(n)} = \pi_j^{(\infty)}$이다.

3) $\pi^{(\infty)} = \{\pi_1^{(\infty)}, \pi_2^{(\infty)}, \cdots, \pi_N^{(\infty)}\}$는 불변분포이다.

증명 모든 $1 \le i, j \le N$에 대하여 $p_{ij} \ge 0$이므로 $\lim_{n \to \infty} p_{ij}^{(n)} = \pi_j^{(\infty)} \ge 0$이다. 한편 마르코프 체인의 전이행렬의 각 행의 합은 1이므로

$$\sum_{j=1}^{N}\pi_j^{(\infty)} = \sum_{j=1}^{N}\lim_{n\to\infty} p_{ij}^{(n)} = \lim_{n\to\infty}\sum_{j=1}^{N} p_{ij}^{(n)} = 1$$

가 되어 1)에 대한 증명이 끝난다. 2)에 대한 증명으로 n단계 확률분포로부터 각 $1 \le j \le N$에 대하여

$$\begin{aligned}\lim_{n\to\infty}\pi_j^{(n)} &= \lim_{n\to\infty}\sum_{i=1}^{N}\pi_i^{(0)}\,p_{ij}^{(n)} \\ &= \sum_{i=1}^{N}\pi_i^{(0)}\lim_{n\to\infty}p_{ij}^{(n)} \\ &= \pi_j^{(\infty)}\sum_{i=1}^{N}\pi_i^{(0)}, \quad (\because \sum_{i=1}^{N}\pi_i^{(0)} = 1) \\ &= \pi_j^{(\infty)}\end{aligned}$$

이다. 3)에 대한 증명으로 불변분포의 정의 $\boldsymbol{\pi}^{(\infty)}\varPi = \boldsymbol{\pi}^{(\infty)}$임을 보이면 된다. 여기서 $\rho = \boldsymbol{\pi}^{(\infty)}\varPi$라 정의하자. 그러면 각 $1 \le j \le N$에 대하여

$$\begin{aligned}\rho_j = \sum_{i=1}^{N}\pi_i^{(\infty)}p_{ij} &= \sum_{i=1}^{N}\lim_{n\to\infty}p_{ki}^{(n)}\,p_{ij}, \quad (\lim_{n\to\infty}p_{ki} = \pi_i^{(\infty)}\text{이므로}) \\ &= \lim_{n\to\infty}\sum_{i=1}^{N}p_{ki}^{(n)}\,p_{ij} = \lim_{n\to\infty}p_{kj}^{(n+1)} = \pi_j^{(\infty)}\end{aligned}$$

을 만족하여 $\boldsymbol{\pi}^{(\infty)} = \left\{\pi_1^{(\infty)}, \pi_2^{(\infty)}, \cdots, \pi_N^{(\infty)}\right\}$는 불변분포이다.

예제 4.9 마르코프 체인의 전이행렬이 다음과 같을 때 극한 분포가 존재하는지 결정하여라.

1) $\varPi = \begin{pmatrix}\frac{1}{2} & \frac{1}{2}\\ \frac{1}{2} & \frac{1}{2}\end{pmatrix}$ 2) $\varPi = \begin{pmatrix}0 & 1\\ 1 & 0\end{pmatrix}$

풀이 1) $\varPi^2 = \begin{pmatrix}\frac{1}{2} & \frac{1}{2}\\ \frac{1}{2} & \frac{1}{2}\end{pmatrix}\begin{pmatrix}\frac{1}{2} & \frac{1}{2}\\ \frac{1}{2} & \frac{1}{2}\end{pmatrix} = \begin{pmatrix}\frac{1}{2} & \frac{1}{2}\\ \frac{1}{2} & \frac{1}{2}\end{pmatrix}$ 이고 $\varPi^n = \varPi = \begin{pmatrix}\frac{1}{2} & \frac{1}{2}\\ \frac{1}{2} & \frac{1}{2}\end{pmatrix}$이므로

극한분포가 존재하고 $\pi_0^{(\infty)} = \pi_1^{(\infty)} = \frac{1}{2}$임을 알 수 있다.

2) 반면 $\varPi^2 = \begin{pmatrix}0 & 1\\ 1 & 0\end{pmatrix}\begin{pmatrix}0 & 1\\ 1 & 0\end{pmatrix} = \begin{pmatrix}1 & 0\\ 0 & 1\end{pmatrix}$ 이고 $\varPi^3 = \varPi^2\begin{pmatrix}0 & 1\\ 1 & 0\end{pmatrix} = \begin{pmatrix}0 & 1\\ 1 & 0\end{pmatrix}$가 되고 일반적으로 n이 짝수일 때 $\varPi^n = \begin{pmatrix}1 & 0\\ 0 & 1\end{pmatrix}$이고, n이 홀수일 때 $\varPi^n = \begin{pmatrix}0 & 1\\ 1 & 0\end{pmatrix}$가 된다. 따라서 이 경우 극한분포가 존재하지 않는다.

마르코프 체인을 통신이론에 접목하여 가장 큰 엔트로피를 갖는 모델에 적용하기 위해 이중

마르코프 확률과정에 대해 간단히 설명하고 이 절을 마친다. 다음 장에서 배우게 될 내용이지만 이산형 확률변수에 대해 가장 큰 엔트로피는 균등분포를 따를 때이다. 따라서 마르코프 체인의 각 X_n이 불변분포이면서 균등분포를 가질 때라는 것을 알 수 있을 것이다. 특히 전이행렬의 각 행의 합과 각 열의 합이 각각 모두 1이 되는 이중 확률과정(doubly stochastic process)이 핵심이다. 다음 장에서 이를 응용하는 것을 소개하겠다.

정리 4.15 상태공간 $S=\{1,2,\cdots,N\}$에서 전이행렬이 Π인 마르코프 체인이 균등 불변분포를 가질 필요충분조건은 Π가 이중 확률과정이다.

증명 전이행렬이 Π인 마르코프 체인이 균등 불변분포를 가진다고 하자. 그러면 각 $1 \le j \le N$에 대하여 $\rho_j = \dfrac{1}{N}$이고

$$\rho_j = \sum_{i=1}^{N} \rho_i\, p_{ij} = \frac{1}{N}\sum_{i=1}^{N} p_{ij} = \frac{1}{N}$$

을 만족한다. 따라서 $\sum_{i=1}^{n} p_{ij} = 1$이 되어 이중 확률과정이 된다. 역으로 Π를 이중 확률과정의 전이행렬이라 하자. 모든 $1 \le j \le N$에 대해 $\sum_{i=1}^{N} p_{ij} = 1$이다. 즉 정의에 의해 각 j열의 합이 1이다. 따라서

$$\sum_{i=1}^{N} \frac{1}{N} p_{ij} = \frac{1}{N}\sum_{i=1}^{N} p_{ij} = \frac{1}{N}$$

으로 $\rho_j = \dfrac{1}{N}$이 된다. 따라서 $\rho = \left(\dfrac{1}{N}, \dfrac{1}{N}, \cdots, \dfrac{1}{N}\right)$이 불변균등분포가 된다.

4.2 연습문제

1. 전이행렬이 다음과 같이 주어진 마르코프 체인이 불변분포를 가지는지 판정하고, 존재하면 불변분포를 구하여라.

(1) $\begin{pmatrix} 0.2 & 0.6 & 0.2 \\ 0.1 & 0 & 0.9 \\ 0 & 0.4 & 0.6 \end{pmatrix}$ (2) $\begin{pmatrix} 0.4 & 0.6 \\ 0.7 & 0.3 \end{pmatrix}$

2. 전이행렬이 아래와 같이 주어진 마르코프체인에 대하여 물음에 답하여라.

$$\Pi = \begin{pmatrix} 1-p & p \\ p & 1-p \end{pmatrix},\ 0 \le p \le 1$$

(1) 수학적 귀납법을 사용하여

$$\Pi^n = \begin{pmatrix} 1/2+1/2(2p-1)^n & 1/2-1/2(2p-1)^n \\ 1/2-1/2(2p-1)^n & 1/2+1/2(2p-1)^n \end{pmatrix}$$

임을 보여라.

(2) 만약 상태공간 $S=\{0,1\}$이고 $p=0.2$일 때 $P(X_{10}=1 \mid X_0=0)$을 구하여라.

(3) 주어진 전이행렬에 대한 마르코프 체인의 극한분포를 구하여라.

3. 다음 주어진 마르코프 체인의 극한분포가 존재하는지 알아보고, 존재한다면 고정극한분포를 구하여라.

(1) $\Pi = \begin{pmatrix} 1/2 & 1/2 & 0 \\ 0 & 1/3 & 2/3 \\ 0 & 1/2 & 1/2 \end{pmatrix}$ (2) $\Pi = \begin{pmatrix} 0.2 & 0.8 & 0 & 0 \\ 0 & 0 & 0.1 & 0.9 \\ 0 & 0 & 0.2 & 0.8 \\ 0.7 & 0.3 & 0 & 0 \end{pmatrix}$

CHAPTER

05

PROBABILISTIC APPROACH TO INFORMATION THEORY

정보론과 엔트로피

5.1 정보와 엔트로피

이 장에서 주로 다루고자하는 정보의 수학적 이론은 정보의 측면에서 '놀람(surprise)'에 근간을 두고 있다. 정보이론은 원래 공학적 대상인 놀람의 요소로 통신공학의 주요내용으로 발전되어왔다. 둘째로 '의미'는 지금까지 수학적으로 증명하기가 너무 어려운 개념이었다. 이런 이유로 이 장에서 다루고자하는 '정보'는 '놀람의 척도(measure of surprise)'로서 기술적으로 제한된 의미를 가지고 있다.

정보는 물질, 에너지와 비견되는 것으로 공학을 받치고 있는 가장 근본적인 3개의 개념 중의 하나로 연구의 대상이다. 따라서 정보라는 것이 실제 존재하는 물리량이라면 당연히 측정할 수 있는 것이어야 한다. 이 장에서는 어떻게 양적으로 측정할 것인가에 대해서 설명한다.

$(\Omega, B(\Omega), P)$를 확률공간이라 하고, 표본공간의 수는 $\#(\Omega) = n$이며 부울대수는 $B(\Omega) = P(\Omega)$로 간주한다. 사건 $A \in B(\Omega)$에 대한 **정보량(Information content)** $I(A)$를 측정하고자 한다. 우리가 어떤 정보를 접했을 때, 쉽게 일어나는 사건은 놀람의 측면에서 그 가치가 없다. 즉 일어날 사건에 대한 확률값이 크다면 정보로서 가치가 떨어지기 때문에 정보로서 중요성이 떨어진다. 이런 측면에서 논의하면 정보량 I는 사건 A에 대한 확률 $P(A)$ 값에 대해 감소함수로 가정할 수 있다.

정의 5.1 확률공간 $(\Omega, B(\Omega), P)$에 대하여 다음 네 조건을 만족하는 집합함수 $I(A)$를 사건 $A \in B(\Omega)$의 **정보량(information content)**이라 한다.

1) A, $B \in B(\Omega)$이고 $P(A) \le P(B)$이면, $I(A) \ge I(B)$이다.

2) A, $B \in B(\Omega)$이고 $P(A) \le P(B)$이면, $I(A \cap B) \ge I(A) \ge I(B)$.

3) A, $B \in B(\Omega)$이고 서로 독립이면, $I(A \cap B) = I(A) + I(B)$.

4) 모든 $A \in B(S)$에 대하여 $I(A) \geq 0$.

정보량에 대한 정의 1)과 2)는 위에서 언급한 것처럼 확률에 대해 감소함수임을 설명하고 있고, 3)은 독립사건에 대한 정보량 $I(A \cap B)$은 A와 B의 정보량의 합이다. 그리고 4)는 상식적으로 음의 정보량은 존재하지 않는다는 결론을 부여할 수 있다.

그러면 1), 2), 3)과 4)를 동시에 만족하는 수학적 함수를 살펴보자. 사실 이런 조건을 만족하는 가능한 함수식은

$$I(A) = -K\log_a(P(A)) \tag{5.1}$$

을 찾아 볼 수 있다. 여기서 a와 K는 상수이다. 물론 $P(A) = 0$인 사건에 대해 $I(A) = \infty$로 간주한다. 비록 이 경우 정의 5.1의 4)는 만족하지 않지만 이는 바람직한 결과로 여길 수 있다. 즉, 불가능한 사건에 대한 정보를 얻는 것은 쉽지 않음을 보여준다. 특히, 식 (5.1)은 만약 분명한 사건 A 즉 $P(A) = 1$이면 $\log_a(1) = 0$으로 아무 정보도 포함하고 있지 않다는 바람직한 성질을 갖고 있다.

로그식 $\log_a(y) = \dfrac{\log_b(y)}{\log_b(a)}$이므로 a의 선택은 상수 K의 선택에 영향을 주며, 단지 측정되는 정보량 $I(A)$의 단위만을 변화시킨다. 전기적 신호인 0과 1을 중심으로 통신이론이 전개되기 때문에 일반적인 상수를 택하는 대신 다루기 쉬운 상수 $K = 1$과 $a = 2$을 선택한다. 따라서 사건 A에 대한 정보량은

$$I(A) = -\log_2(P(A)) \tag{5.2}$$

로 정의한다. 여기서 $K = 1$은 편의성에 의해 선택되었다. $a = 2$의 선택은 다음 간단한 상황에서 의해 유발되었다. 0과 1의 값을 취하는 대칭인 베르누이 확률변수 X에 대해 윗 식 (5.2)에 의하면

$$I(X=0) = I(X=1) = -\log_2\left(\frac{1}{2}\right) = 1$$

을 구할 수 있다. 정보량의 단위는 **비트(bits)**이다. 그래서 두 개의 동등한 양자택일 사이에서 1비트의 정보를 얻을 수 있다. 좀 더 쉽게 논리적으로 전개하기 위해 밑이 2인 로그에서 밑 2를 생략하여 $\log_2(x) = \log(x)$로 쓴다. 따라서 직접적으로 정보량을 계산할 때 밑을 변환하여 $\log_2(x) = \dfrac{\ln(x)}{\ln(2)}$의 식을 사용하고, 상용로그와 혼돈하지 않기 바란다.

예제 5.1 주사위를 던졌을 때 짝수 눈이 나타날 사건을 A, 눈 2가 나타날 사건을 B, 주사위 눈이

어느 것인지 알 수 없다는 사건을 C라 할 때 각각의 정보량을 구하여라.

풀이 (1) 짝수의 경우는 확률이 $P(A)=\frac{1}{2}$이고 정보량은

$$I(A)=-\log(\frac{1}{2})=1\text{비트}$$

(2) 눈이 2인 경우 $P(B)=\frac{1}{6}$이고 정보량은

$$I(B)=-\log(\frac{1}{6})=2.584962\text{비트}$$

가 되어 분명히 $I(B)$가 $I(A)$보다 크다.

(3) 주사위 눈이 어느 것인지 알 수 없다는 것은 곧 주사위의 눈이 1, 2, 3, 4, 5, 6 중에 어느 하나일 것이라는 사실은 누구나 알 수 있다. 그러므로 이 사건의 확률 $P(C)=1$이고, 정보량은

$$I(C)=-\log(1)=0\text{비트}$$

가 되어 정보량은 0비트이다.

이 예제를 좀 더 분석해보면 (i) $P(A)=1$이면 정보량 $I(A)=0$, (ii) 발생할 확률이 큰 사건의 정보량은 작고, 반대로 발생확률이 작은 사건의 정보량은 크다는 것을 알 수 있다. 한 사건의 정보량은 단지 확률에 의존한다는 것을 살펴봤다.

다음은 이산형 확률변수 X로 치역은 $R_X=\{x_1,x_2,\cdots,x_n\}$고 확률분포는 $\{p_1,p_2,\cdots,p_n\}$이라고 할 때 야기되는 사건 $(X=x_1),\cdots,(X=x_n)$에 대한 정보량은 다음과 같이 정의한다.

$$I(p_j)=I(P(X=x_j)), \qquad (1\le j\le n). \tag{5.3}$$

주어진 이산형 확률변수 X에 대하여 어떤 x_1, x_2, $\cdots$, x_n 값들이 일어날지 확실하게 알 수는 없다. 결과적으로 우리는 수신하게 되는 정보량 $I(p_1)$, $I(p_2)$, $\cdots,I(p_n)$이 얼마나 되는지 모른다. 그래서 X의 정보량 그 자체를 하나의 확률변수 $I(X)$로 간주할 수 있다. 분명히 $I(X)$의 치역은 $\{I(p_1),\ I(p_2),\cdots,I(p_n)\}$이다. $I(X)$의 기댓값(평균)을 **엔트로피(entropy)**라 하고 $H(X)$로 나타내며

$$H(X)=E(I(X))=-\sum_{j=1}^{n}p_j\log(p_j) \tag{5.4}$$

이다. 이 정의에서 $p_j=0$이면 $p_j\log(p_j)$는 잘 정의되지 않는다. 그래서 이 경우 0으로 정의하거나 보다 정확하게 $p\log(p)$를 볼 때마다 함수 $\phi:[0,1]\to[0,\infty)$의 의미로

$$\phi(p)=p\log(p), \qquad p\neq 0$$

$$\phi(0)=0$$

로 정의한다.

원래 열역학과 통계물리에 그 기원을 두고 있는 '엔트로피'란 용어의 사용은 몇 가지 측면에서 설명할 만하다. 이 에피소드는 David Applebaum의 [1]저서에 소개된 내용의 일부이다. 이 용어는 정보이론의 창시자인 Claude Shannon에 의해 처음 도입하였다. 그가 식 (5.4)의 중요성을 처음 알게 되었을 때, 식 (5.4)에 대한 적절한 이름을 붙이기 위해 당대 최대의 수학자인 John Von Neumann에게 조언을 받았다. Myron Tribus에 의하면 "본 노이만은 두 가지 이유에서 그것은 'entropy'라고 불러야 한다고 했다. 그 첫 번째 이유는 정의된 함수는 열역학에서 그 이름으로 이미 사용하고 있으며, 두 번째로 더 중요한 것은 대다수의 사람들은 엔트로피가 진정 무엇인지 잘 모른다는 것이다. 그래서 토론할 때마다 '엔트로피'란 말을 하면 항상 이기게 될 것이다."라고 전한다.

엔트로피에 대한 근원적인 특성을 이해하기 위해 다음 몇 가지 예제를 살펴보자.

예제 5.2 모수가 p인 베르누이 확률변수에 대한 엔트로피 $H_b(p)$를 구하여라.

풀이 엔트로피의 정의에 의해

$$H_b(p) = -p\log(p) - (1-p)\log(1-p)$$

이다.

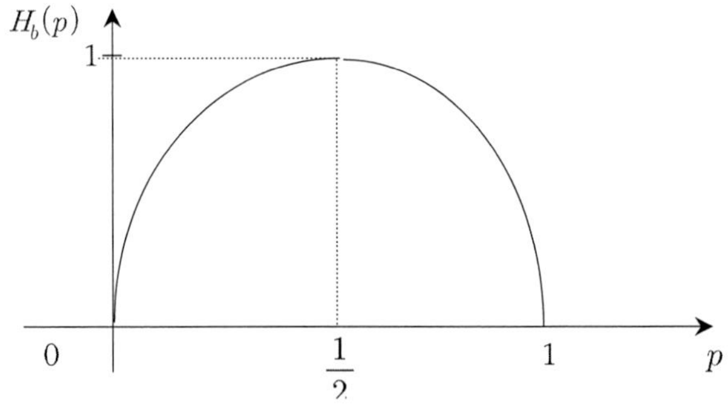

〈그림 5.1〉 베르누이 확률변수에 대한 엔트로피

〈그림 5.1〉은 엔트로피 함수의 개략적인 모양을 나타낸 것이다. $p=0$, 혹은 1이라면, 정보원의 출력 심벌은 확실히 1 또는 0이다. 이때 정보원 출력 심벌이 무엇인가 하는 것이 명백하기 때문에 정보량은 0이다. 따라서 $p=0$, 혹은 1에서 $H(p)=0$이 되는 것은 당연하다. 반면 $p=1/2$에서 $H(p)$는 최댓값 1을 갖는다. 이때 정보원의 출력 심벌이 0인지, 1인지 전혀 예상할 수 없다. 한편 $p\neq 1/2$일 때는 정보량은 그 값이 0과 1인지에 달려있다. $0<p<\frac{1}{2}$이면, 0이

1) Probability and information (An integrated approach), p 108.

발생할 확률이 $\frac{1}{2}$보다 작기 때문에 정보원의 출력 심벌이 0이라면 그것을 알았을 때 얻는 정보량 1비트보다 크다. 그러나 출력심벌이 1이라면 그것을 알았을 때 얻는 정보량은 1비트 보다 작다. 이것을 발생확률로 평균을 취하면 결국 1비트보다 작게 된다. 따라서 $H(p)$가 $p=\frac{1}{2}$이 아닌 곳에서 1보다 작게 되는 것이다.

예제 5.3 앞면이 나올 확률이 각각 i) 0.9, ii) 0.65, iii) 0.5로 편향된 동전 던지기에서 각 경우의 엔트로피를 구하여라.

풀이 예제 5.2.에서 구한 식 $H_b(p)=-p\log(p)-(1-p)\log(1-p)$에서

i) $H_b(0.9)=0.469$ 비트

ii) $H_b(0.65)=0.934$ 비트

iii) $H_b(0.5)=1.000$ 비트

예제 5.3에서처럼 편향된 동전을 갖고 있는 사람의 관점에서 이 동전을 던져 내기를 해 보자. 각 동전 던지기에서 그 사람이 얼마나 확실하게 승리할 수 있을까? i)의 경우는 그 사람이 확실히 이길 것이므로 엔트로피는 매우 작다. 그리고 ii)의 경우는 이길 확률이 조금 불확실해 엔트로피는 i)보다 크다. 반면, iii)인 경우 최대의 불확실성을 견지하고 있어 엔트로피는 최대값을 취한다. 이로써 엔트로피에 대한 결론을 한마디로 말하면

"엔트로피는 불확실성에 대한 척도이다."

일반적인 엔트로피에 대한 성질을 알아보자. 이를 위해서 우선 아래 〈그림 5.2〉에서 보는 것처럼 x의 자연 로그함수(natural logarithm)와 $x-1$인 직선과의 관계를 알아보자.

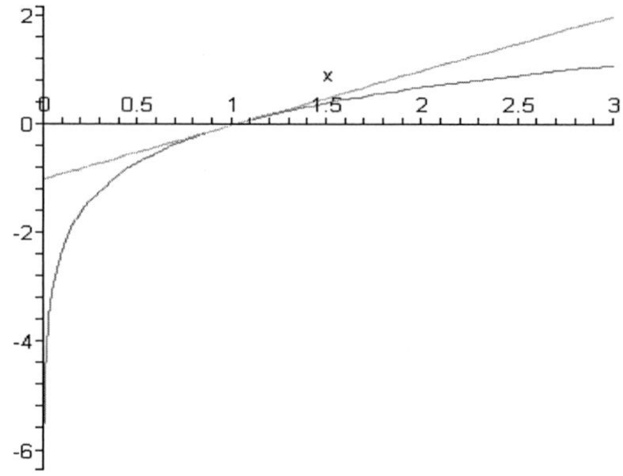

〈그림 5.2〉 x의 자연로그함수와 $x-1$의 그래프 관계

이 그림에서 기하학적인 측면에서 분명히 $\ln x$는 직선 $x-1$인 직선보다 항상 아래에 있다. 즉,

$$\ln x \leq x-1 \tag{5.5}$$

이다. 또한 등호가 성립하는 것은 $x=1$일 때 임을 알 수 있다. 이를 증명하기 위해서 $0<t\leq 1$에서는 $\frac{1}{t}\geq 1$이고, $t>1$에서는 $\frac{1}{t}<1$로 이 구간에서 적분하면 부등식 (5.5)을 쉽게 구할 수 있다.

정리 5.2 이산형 확률변수 X의 치역은 $R_X=\{x_1,x_2,\cdots,x_n\}$이고 확률분포는 $\{p_1,p_2,\cdots,p_n\}$이라고 할 때,

1) $H(X)\geq 0$이고 $H(X)=0$일 필요충분조건은 X가 적어도 하나의 확실한 값을 취할 때이다.
2) $H(X)\leq \log(n)$이고 등호일 필요충분조건은 X가 균등분포일 때이다.

증명 1) 이를 간단히 살펴보면 엔트로피의 정의 (5.4)에 의해 $H(X)$는 음의 값을 취하지 않는다. 즉 모든 $1\leq j\leq n$에 대해 $-p_j\log p_j>0$이고 $0\log 0=0$이다. 다음으로 $H(X)=0$이면, 각 $1\leq j\leq n$에 대해 $p_j\log(p_j)=0$이다. 그러므로 어떤 $k(1\leq k\leq n)$에 대해 $p_j=0(j\neq k)$, $p_k=1$이다.

2) 먼저 $p_j>0(1\leq j\leq n)$이라 가정하자. 엔트로피의 정의 (5.4)에 의해

$$H(X)-\log(n)=-\frac{1}{\ln(2)}\left(\sum_{j=1}^{n}p_j\ln(p_j)+\ln(n)\right)$$

$$=-\frac{1}{\ln(2)}\left(\sum_{j=1}^{n}p_j[\ln(p_j)+\ln(n)]\right)$$

$$= -\frac{1}{\ln(2)}\left(\sum_{j=1}^{n} p_j \ln(p_j n)\right) \qquad (*)$$

$$= \frac{1}{\ln(2)}\left(\sum_{j=1}^{n} p_j \ln\left(\frac{1}{p_j n}\right)\right)$$

$$\leq \frac{1}{\ln(2)}\left(\sum_{j=1}^{n} p_j\left(\frac{1}{p_j n} - 1\right)\right) \qquad \text{(5.5)에 의해}$$

$$\leq \frac{1}{\ln(2)}\left(\sum_{j=1}^{n}\left(\frac{1}{n} - p_j\right)\right) = 0$$

따라서 $H(X) \leq \log(n)$이다. 위 부등식 (5.5)에 의해 등호일 필요충분조건은 $\frac{1}{p_j n} - 1 = 0$, 즉, 요구하는 것처럼 각 $p_j = \frac{1}{n}$일 때이다. 한편 어떤 k에 대해 $p_k = 0$이라 가정하자. 그러면 위의 증명에서 (*)로 다시 돌아가 $-p_k \ln(p_k n) = 0 < \frac{1}{n} - p_k$로 결과는 사실이다.

정리 5.2의 결과는 다시 한 번 우리에게 엔트로피는 불확실성에 대한 척도임을 보여준다. 위 정리에서 1)의 의미는 불확실성이 0일 때 $H(X)$는 분명하게 0이다. 2)는 최대의 불확실성을 가질 때, 즉, 모든 옵션이 균등할 때 엔트로피는 최대임을 보여준다. 지금 부터 치역의 크기가 n인 균등분포의 엔트로피를 H_n으로 쓰자. 그러면 이 경우 위의 정리에서 바로

$$H_n = \log(n)$$

이 된다. 만약 $m \leq n$, $\log(m) \leq \log(n)$이면 $H_m \leq H_n$이 된다. 다시 이것은 작은 집단에서 어떤 대상을 선택할 때보다 큰 집단에서 균등하게 분포된 집단에서 선택하는 경우가 더 불확실성이 크다는 것을 입증해 준다.

확률론에서 엔트로피의 중요성은 불확실성의 척도가 아니라 단지 확률측도(probability measure)가 될 수 있는 적합한 대상에 지나지 않는다. 이 결과를 받혀주는 '유일성 정리'는 매우 어렵기 때문에 이 장의 마지막에서 살펴보거나 처음 배우는 경우는 그냥 넘어가기 바랍니다.

컴퓨터 과학에서 비트(bit)는 0과 1의 값을 가질 수 있는 대상을 말하는데, 정보론에서는 확률변수의 엔트로피가 비트로 측정된다. 엄밀하게 이 두 가지 의미를 구별해야한다.

5.1 연습문제

1. 확률변수 X의 치역이 $R_X=\{1,2,3\}$이고 확률분포가 각각 $\{0.6, 0.3, 0.1\}$이라 할 때 다음 물음에 답하여라.
   1) 각 사건에 대한 정보량을 구하여라.
   2) 엔트로피 $H(X)$를 구하여라.

2. 코드의 어느 하나의 단어는 6자리의 이진수로 구성되어있다. 각 자리수를 독립적으로 랜덤하게 선택하며 특정 자릿수가 1인 확률이 0.55라고 할 때 각 사건에 대한 정보량을 구하여라.
   1) 적어도 3개의 1을 선택할 사건
   2) 많아야 4개의 1을 선택할 사건
   3) 정확히 3개의 0을 선택할 사건

3. 확률변수 X의 치역이 $R_X=\{a,b,c,d\}$이고 확률분포가 각각 $\left\{\frac{1}{2},\frac{1}{4},\frac{1}{8},\frac{1}{8}\right\}$이라 할 때 $H(X)$를 구하여라.

4. 베르누의 확률변수 X에 대하여 $P(X=1)=p$이고 $P(X=0)=1-p$라고 한다. 엔트로피는 $H_b(p)=-p\log(p)-(1-p)\log(1-p)$임을 알고 있다.
   1) $H_b(0)=H_b(1)=0$임을 보여라.
   2) 그림처럼 $H_b(p)$의 그래프는 $p=\frac{1}{2}$에 대해 대칭임을 보여라. 즉
   $$H_b\left(\frac{1}{2}-q\right)=H_b\left(\frac{1}{2}+q\right),\ 0\le q\le\frac{1}{2}.$$
   3) $p=\frac{1}{2}$에서 $H_b(p)$는 최댓값 1을 가짐을 보여라.

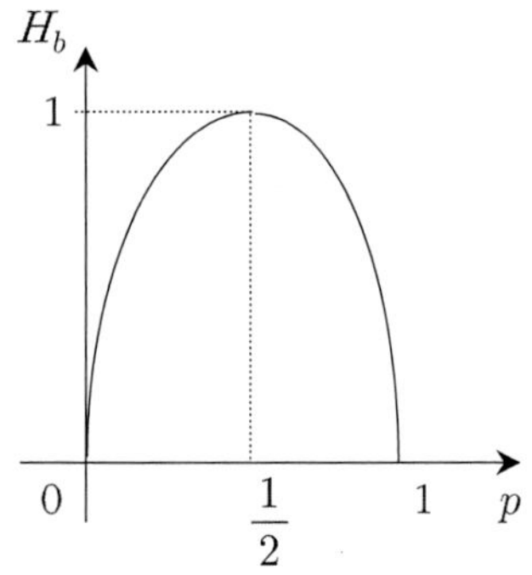

5. 확률변수 X의 치역은 $R_X=\{x_1,x_2,\cdots,x_n\}$이고 확률분포는 $\{p_1,p_2,\cdots,p_n\}$라 할 때 $2^{-H(X)}=p_1^{p_1}p_2^{p_2}\cdots p_n^{p_n}$임을 보여라.

6. 모수가 n과 p인 이항분포를 따르는 확률변수 X는 모든 $0 \le k \le n$에 대해 $P(X=k)=\binom{n}{k}p^k q^{n-k}$, $0<p<1$이고 $q=1-p$이다. 이 때 다음을 보여라.

$$H(X) \le -n(p\log p + q\log q)$$

5.2 결합과 조건부 엔트로피

X와 Y를 동일 확률공간 $(\Omega, B(\Omega), P)$에서 정의된 두 확률변수라 하자. 확률변수 X의 치역은 $R_X = \{x_1, x_2, \cdots, x_n\}$이고 확률분포는 $\{p_1, p_2, \cdots, p_n\}$이며, 확률변수 Y의 치역은 $R_Y = \{y_1, y_2, \cdots, y_m\}$이고 확률분포를 $\{q_1, q_2, \cdots, q_m\}$라 하자.

정의 5.3 두 확률변수의 **결합 엔트로피(joint entropy)**, $H(X, Y)$를

$$H(X,Y) = -\sum_{j=1}^{n}\sum_{k=1}^{m} p_{jk}\log(p_{jk}). \tag{5.6}$$

와 같이 정의한다. 여기서 $p_{jk} = P(X = x_j,\ Y = y_k)$, $(1 \le j \le n,\ 1 \le k \le m)$이다.

분명히 $H(X, Y)$는 두 확률변수 X와 Y가 결합된 불확실성에 대한 척도로 이 정의를 다시 보면 $H(X, Y) = H(Y, X)$이다. 두 확률변수에 대한 결합 엔트로피의 정의는 하나의 확률변수에 대한 엔트로피의 정의와 유사하다.

종속성과 엔트로피의 관계를 주의 깊게 탐구하기 위해 또 다른 엔트로피에 대한 개념이 필요하다. 우선 먼저 몇 가지 표현으로 $p_j(k) = P(Y = y_k \mid X = x_j)$를 $X = x_j$에 대한 $Y = y_k$의 조건부확률(conditional probability)이라 하자. 그러면 **$X = x_j$에 대한 Y의 조건부 엔트로피(conditional entropy of Y given that $X = x_j$)**를 다음과 같이 정의한다.

$$H_j(Y) = -\sum_{k=1}^{m} p_j(k)\log(p_j(k)). \tag{5.7}$$

여기서 우리는 $p_j(k) > 0$임을 알 수 있다. 이 정의에서 우리는 $H_j(Y)$는 사건 $(X = x_j)$가 일어난 것을 알고 있을 때 Y의 불확실성에 대한 척도이다. 특히 주목할 것은 만약 $p_j = 0$이면 $p_j(k)$가 정의되지 않으므로 $H_j(Y) = H(Y)$로 정의한다.

지금부터는 치역이 $\{H_1(Y), H_2(Y), \cdots, H_n(Y)\}$이고 그 확률분포가 $\{p_1, p_2, \cdots, p_n\}$로 $H_-(Y)$가 X에 대한 함수가 되는 확률변수 $H_-(Y)$를 생각해 보자.

정의 5.4 주어진 X에 대한 **Y의 조건부 엔트로피(conditional entropy of Y given that X)**, $H(Y|X)$를 다음과 같이 정의한다.

$$H(Y|X) = E(H_{-}(Y)) = \sum_{j=1}^{n} p_j H_j(Y) \quad (5.8)$$

그래서 $H(Y|X)$는 X가 일어났다는 것을 알고 있을 때 Y에 대한 것으로 어떤 값이 취해졌는지 알지 못하는 불확실성에 대한 척도이다. 이런 의미에서 $H(Y|X)$를 **애매도(equivocation)** 라고 불리기도 한다.

정리 5.5 X와 Y를 동일 확률공간에서 정의된 두 개의 확률변수라 할 때

$$H(Y|X) = -\sum_{j=1}^{n}\sum_{k=1}^{m} p_{jk} \log(p_j(k)) \quad (5.9)$$

이다.

증명 이 등식은 식 (5.7)과 (5.8)를 결합하여 다시 정리하면 다음과 같다.

$$\begin{aligned} H(Y|X) &= -\sum_{j=1}^{n} p_j H_j(Y) \\ &= -\sum_{j=1}^{n} p_j \left(\sum_{k=1}^{m} p_j(k) \log(p_j(k))\right) \\ &= -\sum_{j=1}^{n}\sum_{k=1}^{m} p_j\, p_j(k) \log(p_j(k)), \quad \because\ p_j\, p_j(k) = p_{jk} \text{ 이므로} \\ &= -\sum_{j=1}^{n}\sum_{k=1}^{m} p_{jk} \log(p_j(k)). \end{aligned}$$

예제 5.4 두 확률변수 X와 Y의 결합분포가 다음과 같을 때 물음에 답하여라.

Y \ X	1	2	3	4
1	0.125	0.0625	0.03125	0.03125
2	0.0625	0.125	0.03125	0.03125
3	0.0625	0.0625	0.0625	0.0625
4	0.25	0	0	0

1) $H(X)$ 2) $H(X, Y)$ 3) $H(Y|X)$

풀이 주변확률질량함수 $p(1)=0.5,\ p(2)=0.25,\ p(3)=0.125,\ p(4)=0.125$이다. 따라서

$$H(X)=-0.5\log 0.5-0.25\log 0.25-0.125\log 0.125-0.125\log 0.125$$
$$=1.75\,bits$$

한편 $H(X,Y)=-\sum_{j=1}^{n}\sum_{k=1}^{m}p_{jk}\log(p_{jk})=3.375bits$ 임을 알 수 있다. 마지막으로 $H(Y|X)$는 정의 5.4의 식 (5.8)에 의해

$$H(Y|X)=E(H_{-}(Y))=\sum_{j=1}^{n}p_jH_j(Y)$$

이므로

$$H_1(Y)=-\sum_{k=1}^{4}p_1(k)\log p_1(k)$$
$$=-0.25\log 0.25-0.125\log 0.125-0.125\log 0.125-0.5\log 0.5$$
$$=1.75bits$$

같은 방법으로 $H_2(Y)=1.5bits,\ H_3(Y)=1.5bits,\ H_4(Y)=1.5bits$임을 알 수 있다. 그러므로

$$H(Y|X)=0.5H_1(Y)+0.25H_2(Y)+0.125H_3(Y)+0.125H_4(Y)$$
$$=0.5\times 1.75+0.25\times 1.5+2\times 0.125\times 1.5$$
$$=1.625bits$$

임을 알 수 있다.

정리 5.6 만약 X와 Y가 서로 독립이면, $H(Y|X)=H(Y)$이다.

증명 X와 Y가 서로 독립이면 $1\le j\le n,\ 1\le k\le m$에 대해 $p_j(k)=q_k=P(Y=k)$이므로 위 등식 (5.9)에 대입하면

$$H(Y|X)=-\sum_{j=1}^{n}\sum_{k=1}^{m}p_{jk}\log(p_j(k)),\quad \because\quad p_{jk}=p_j\,q_k \text{ 이므로}$$
$$=-\sum_{j=1}^{n}\sum_{k=1}^{m}p_jq_k\log(q_k)=H(Y)$$

가 성립한다.

예제 5.5 아래에서 보는 그림처럼 한 입자가 트리를 따라 움직인다. 확률변수 X는 1초 후 그 입자

의 위치를 나타내고 그 움직이는 방향은 a와 b의 두 가지이며 확률변수 Y는 1, 2 ,3, 4의 네 가지로 2초 후에 위치를 나타낸다.

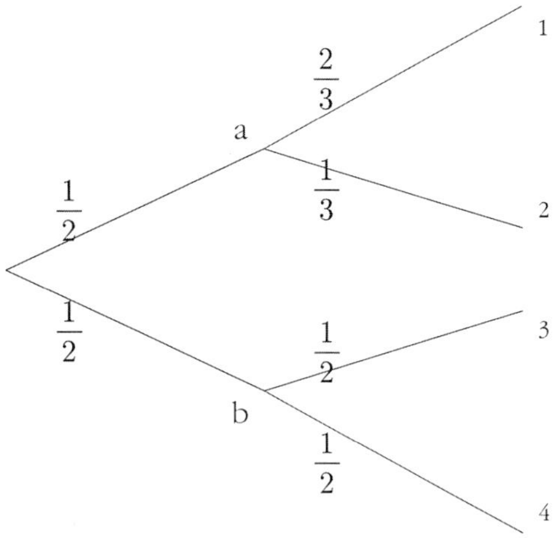

X는 대칭인 베르누이 확률변수이고 트리그림에서 주어진 것처럼 Y에 대해 조건부확률은 $p_a(1) = \frac{2}{3}$, $p_a(2) = \frac{1}{3}$, $p_b(3) = p_b(4) = \frac{1}{2}$이다. 단, $p_a(1) = P(Y=1|X=a)$을 의미한다. 이때 각각 다음을 구하여라.

1) $H_a(Y)$, 2) $H_b(Y)$, 3) $H(Y|X)$, 4) $H(X,Y)$

풀이 1) 조건부 엔트로피의 정의 (5.7)을 이용하여

$$H_a(Y) = -\frac{2}{3}log(\frac{2}{3}) - \frac{1}{3}log(\frac{1}{3}) = 0.918\text{비트}.$$

2) 동일하게 계산하면

$$H_b(Y) = -2 \times \frac{1}{2}log(\frac{1}{2}) = 1.000\text{비트}.$$

3) 등식 (5.8)에 의해 $H(Y|X) = \frac{1}{2}H_a(Y) + \frac{1}{2}H_b(Y) = 0.959$비트.

4) 조건부 확률의 정의에 의해 결합 확률들의 값은 $p(a,1) = \frac{1}{3}$, $p(a,2) = \frac{1}{6}$,

$p(b,3) = p(b,4) = \frac{1}{4}$이므로 등식 (5.6)에 의해 $H(X,Y) = 1.959$비트가 된다.

위 예제에서 우리는 다음과 같은 등식이 성립함을 알 수 있다.

$$H(X,Y) - H(Y|X) = 1 = H(X).$$

보다 일반적으로 우리는 다음과 같은 정리를 유추할 수 있다.

정리 5.7 두 확률변수 X와 Y에 대하여 다음 등식이 성립한다.

$$H(X,Y)=H(X)+H(Y|X) \tag{5.10}$$

증명 결합 엔트로피의 정의 (5.6)에 의해

$$\begin{aligned} H(X,Y) &= -\sum_{j=1}^{n}\sum_{k=1}^{m} p_{jk}\log(p_{jk}) \\ &= -\sum_{j=1}^{n}\sum_{k=1}^{m} p_{jk}\log(p_j(k)p_j), \quad \because\ p_{jk}=p_j\,p_j(k) \text{ 이므로} \\ &= -\sum_{j=1}^{n}\sum_{k=1}^{m} p_{jk}\log(p_j(k)) - \sum_{j=1}^{n}\sum_{k=1}^{m} p_{jk}\log(p_j) \\ &= H(X)+H(Y|X) \end{aligned}$$

를 얻을 수 있다.

위 정리 5.7은 X와 Y의 결합된 불확실성은 X 전체의 엔트로피와 X가 이미 설명된 후 Y에 따르는 엔트로피의 합으로 쉽게 해석된다. 그리고 $H(X,Y)=H(Y,X)$이므로 정리 5.7에서 X 대신 Y로 대치하면

$$H(X,Y)=H(Y)+H(X|Y) \tag{5.11}$$

임을 알 수 있다.

따름정리 5.8 만약 두 확률변수 X와 Y가 서로 독립이면 다음이 성립한다.

$$H(X,Y)=H(X)+H(Y).$$

조건부 엔트로피 $H(Y|X)$는 X에 포함되지 않는 Y의 정보량의 척도이다. 그러므로 X에 포함된 Y의 정보량은 $H(Y)-H(Y|X)$이 된다.

정의 5.9 두 확률변수 X와 Y의 **상호 정보량(mutual information)**은 $I(X;Y)$로 나타내고, X에 포함된 Y의 정보량은 $H(Y)-H(Y|X)$으로 정의한다.

$$I(X;Y)=H(Y)-H(Y|X). \tag{5.12}$$

다음 정리에서 상호 정보량의 기본 성질들을 탐구해 보자.

정리 5.10 두 확률변수 X와 Y에 대하여

1) $I(X;Y)=\sum_{j=1}^{n}\sum_{k=1}^{m}p_{jk}\log(\frac{p_{jk}}{p_j q_k})$.

2) $I(X;Y)=I(Y;X)$.

3) 만약 X와 Y가 서로 독립이면, $I(X;Y)=0$이다.

4) $I(X;X)=H(X)$

5) $I(X;Y)=H(X)+H(Y)-H(X,Y)$

증명 1)에 대한 증명으로 $\sum_{j=1}^{n}p_{jk}=q_k$이므로 엔트로피의 정의에 의하면

$$H(Y)=-\sum_{k=1}^{m}q_k\log(q_k)=-\sum_{j=1}^{n}\sum_{k=1}^{m}p_{jk}\log(q_k)$$

이다. 그러므로

$$\begin{aligned}I(X;Y)&=H(Y)-H(Y|X)\\&=-\sum_{j=1}^{n}\sum_{k=1}^{m}p_{jk}\log(q_k)+\sum_{j=1}^{n}\sum_{k=1}^{m}p_{jk}\log(p_j(k)).\\&=\sum_{j=1}^{n}\sum_{k=1}^{m}p_{jk}\log\frac{p_{jk}}{p_j q_k}\end{aligned}$$

이다. 여기서 물론 $p_j(k)=\frac{p_{jk}}{p_j}$이다.

2)는 1)에 의해 곧 증명된다. 3)은 상호 정보량의 정의 5.12)와 정리 5.6에 의해 쉽게 구해진다.

4)는 상호정보량의 정의에 의하면, $I(X;X)=H(X)-H(X|X)$이고, 모든 $1\le j,k\le n$에 대해 조건부 확률과 결합확률분포가 각각 다음과 같다.

$$p_j(k)=P(X=k|X=j)=\begin{cases}1 & \text{if } j=k\\0 & \text{if } j\neq k\end{cases},$$

$$p_{jk}=P(X=j,X=k)=\begin{cases}p_j, & \text{if } j=k\\0, & \text{if } j\neq k\end{cases}$$

따라서

$$\begin{aligned}H(X|X)&=-\sum_{j=1}^{n}\sum_{k=1}^{n}p_{jk}\log(p_j(k))\\&=-\sum_{j=1}^{n}p_j\log(1)-\sum_{j\neq k}0\log(0)\\&=0\end{aligned}$$

이다. 그러므로 $I(X;X) = H(X)$임을 알 수 있다.
5)에 대한 증명으로 $I(X;Y) = H(Y) - H(Y|X)$이고, 정리 5.7의 식 (5.11)에 의해 $H(X,Y) = H(X) + H(Y|X)$이다. 따라서 이 두 식으로부터

$$I(X;Y) = H(X) + H(Y) - H(X,Y)$$

임을 알 수 있다.

아래 주어진 〈그림 5.3〉에서 두 확률변수 X와 Y에 대한 (결합)엔트로피, 조건부 엔트로피, 상호 정보량의 관계를 지금까지 배운 정리들을 그림으로 보여 주고 있다.

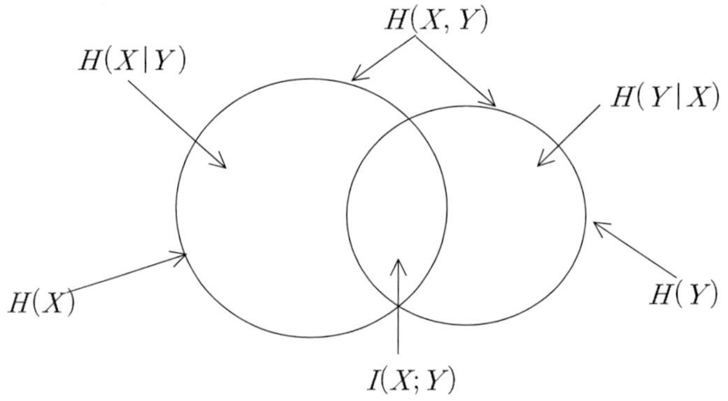

〈그림 5.3〉 두 확률변수에 대한 엔트로피와 상호정보량의 관계도

정리 5.10에 의해 우리는 $I(X;Y)$는 Y에 포함되어 있는 X에 대한 정보의 척도라는 것을 알 수 있다. 이 개념에 대해서는 다음 장 정보의 전달에서 깊게 공부할 것이다.

예제 5.6 예제 5.4에서 주어진 데이터로부터 $I(X;Y)$를 구하여라.

풀이 $q_1 = p_1 \times p_a(1) = \frac{1}{2} \times \frac{2}{3} = \frac{1}{3}$ 이고 같은 방법으로 $q_2 = \frac{1}{6}$, 그리고 $q_3 = q_4 = \frac{1}{4}$를 구할 수 있다. 그러므로 $H(Y) = H(X,Y) = 1.959$비트이다. 상호 정보량의 정의 (5.12)에 의하면 $I(X;Y) = 1.959 - 0.959 = 1$비트이다.

예제 5. 6의 결과를 분석해 보면 Y는 X에 대한 정보를 포함하고 있거나 혹은 X에 포함되어 있는 정보의 어떠한 것도 Y에 의해 손실되지 않는다. 마지막으로 상호 정보량의 정의 (5.12)로부터 간단한 부등식을 살펴볼 수 있다. 즉 $I(X;Y) = H(Y) - H(Y|X)$에서 $H(Y|X) = H(Y) - I(X;Y)$이고 $I(X;Y) \geq 0$이므로 항상

$$H(Y|X) \le H(Y)$$

임을 알 수 있다.

엔트로피와 유사하게 조건부 상호정보량이라 부르는 상호정보량의 조건부 버전을 정의할 수 있다. 확률공간 $(\Omega, B(\Omega), P)$에서 정의되는 확률변수 X, Y와 Z들의 치역을 각각 $R_X = \{x_1, x_2, \cdots, x_n\}$, $R_Y = \{y_1, y_2, \cdots, y_m\}$ 그리고 $R_Z = \{z_1, z_2, \cdots, z_\ell\}$라 하고, 한편 이에 대응되는 확률분포를 각각 $\{p(x_1), p(x_2), \cdots, p(x_n)\}$, $\{p(y_1), p(y_2), \cdots, p(y_m)\}$ $\{p(z_1), p(z_2), \cdots, p(z_\ell)\}$라 하자.

정의 5.11 확률변수 X, Y와 Z에 대하여 Z에 대한 X와 Y의 조건부 사이의 **조건부상호정보량** (conditional mutual information)을 다음과 같이 정의한다.

$$I(X; Y \mid Z) = \sum_{i,j,k} p(x_i, y_j, z_k) \log \frac{p(x_i,\ y_j | z_k)}{p(x_i | z_k) p(y_j | z_k)} \tag{5.13}$$

여기서 $p(x_i, y_j, z_k) = P(X = x_i, Y = y_j, Z = z_k)$로 결합분포이다.

조건부 상호정보량에 대한 식 (5.13)은 다시 정의하면 확률분포에 대한 기댓값으로

$$I(X; Y \mid Z) = E \log \left(\frac{p(X, Y | Z)}{p(X|Z) p(Y|Z)} \right)$$

와 같다. 특히 $I(X; Y|Z) = I(Y; X|Z)$로 X와 Y에 대해 대칭이다. 왜냐하면 위 식 (5.13)에서 모든 $1 \le i \le n$, $1 \le j \le m$와 $1 \le k \le \ell$에 대하여

$$p(x_i, y_j | z_k) = \frac{p(x_i, y_j, z_k)}{p(z_k)} = p(y_j, x_i | z_k)$$

이 성립함을 알면 쉽게 이해할 수 있다. 또한 조건부 엔트로피의 정의와 같이 조건부 상호정보량에 대해서도 유사하게

$$I(X; Y|Z) = \sum_{k=1}^{\ell} p(z_k) I(X; Y | Z = z_k) \tag{5.14}$$

로 쓸 수 있다. 여기서 $I(X; Y | Z = z_k) = \sum_{i,j} p(x_i, y_j | z_k) \log \frac{p(x_i, y_i | z_k)}{p(x_i | z_k) p(y_j | z_k)}$이다.

식 (5.13)에서 나온 식을 풀어 정리해 보면 다음과 같다.

$$p(x_i, y_j, z_k)\log\frac{p(x_i, y_j|z_k)}{p(x_i|z_k)p(y_j|z_k)} = p(x_i, y_j, z_k)\log\frac{\dfrac{p(x_i, y_j, z_k)}{p(z_k)}}{\dfrac{p(x_i, z_k)}{p(z_k)}\dfrac{p(y_j, z_k)}{p(z_k)}}$$

$$= p(x_i, y_j, z_k)\log\frac{p(x_i, y_j, z_k)p(z_k)}{p(x_i, z_k)p(y_j, z_k)}$$

$$= p(x_i, y_j, z_k)[\log p(x_i, y_j, z_k) + \log p(z_k)$$

$$- \log p(x_i, z_k) - \log p(y_j, z_k)] .$$

확률변수 X, Y와 Z에 대한 조건부 상호정보량에 대하여 다음과 같이 정리할 수 있다. 이에 대한 모든 증명은 연습문제로 남겨 놓고 몇 가지만 증명해 보자.

정리 5.12 확률변수 X, Y와 Z에 대한 조건부 상호정보량의 관계는 다음과 같다.

1) $I(X;X|Z) = H(X|Z)$

2) $I(X;Y|Z) = H(X|Z) - H(X|Y,Z)$

3) $I(X;Y|Z) = H(Y|Z) - H(Y|X,Z)$

4) $I(X;Y|Z) = H(X|Z) + H(Y|Z) - H(X,Y|Z)$

증명 1) 조건부 상호정보량의 정의에 의해 다음과 같이 증명된다.

$$I(X;X|Z) = \sum_i\sum_j\sum_k p(x_i, x_j, z_k)\log\frac{p(x_i, x_j|z_k)}{p(x_i|z_k)p(x_j|z_k)}$$

$$\because\ p(x_i, x_j, z_k) = \begin{cases} p(x_i, z_k), & \text{if } i = j \\ 0, & \text{if } i \neq j \end{cases},$$

$$= \sum_{i,k} p(x_i, z_k)\log\frac{p(x_i, x_i|z_k)}{p(x_i|z_k)^2}, \quad \because\ (p(x_i, x_i|z_k) = p(x_i|z_k))$$

$$= \sum_{i,k} p(x_i, z_k)\log\frac{1}{p(x_i|z_k)} = H(X|Z).$$

2)에 대한 증명으로

$$I(X;Y|Z) = \sum_{i,j,k} p(x_i, y_j, z_k)\log\frac{p(x_i, y_j|z_k)}{p(x_i|z_k)p(y_j|z_k)}$$

$$= \sum_{i,j,k} p(x_i, y_j, z_k)[\log p(x_i, y_j, z_k) + \log p(z_k)$$

$$- \log p(x_i, z_k) - \log p(y_j, z_k)]$$

$$= -\sum_{i,j,k} p(x_i, y_j, z_k) \log \frac{p(x_i, z_k)}{p(z_k)} + \sum_{i,j,k} p(x_i, y_j, z_k) \log \frac{p(x_i, y_j, z_k)}{p(y_j, z_k)}$$

$$= -\sum_{i,k} p(x_i, z_k) \log \frac{p(x_i, z_k)}{p(z_k)} + \sum_{i,j,k} p(x_i, y_j, z_k) \log \frac{p(x_i, y_j, z_k)}{p(y_i, z_k)}$$

$$= H(X|Z) - H(X|Y, Z)$$

와 같다.

다음은 두 확률분포 p와 q에 대한 **상대적 엔트로피**(relative entropy) 또는 **정보 격차**(informational divergence)에 대하여 간단히 살펴보자. 즉 상대 엔트로피는 확률분포가 p일 때 또 다른 분포가 q라고 가정할 경우 비효율성에 대한 측도를 나타낸다.

정의 5.13 확률변수 X에 대한 두 확률분포 p와 q에 대한 **상대 엔트로피**(relative entropy)를 다음과 같이 정의한다.

$$d(p \| q) = \sum_{i=1}^{n} p(x_i) \log \frac{p(x_i)}{q(x_i)} \tag{5.15}$$

여기서 일반적으로 $0\log\frac{0}{0} = 0$, $0\log\frac{0}{q} = 0$, 그리고 $p\log\frac{p}{0} = \infty$로 정의한다. 따라서 만약 $x_i \in R_X$에 대하여 $p(x_i) > 0$이고 $q(x_i) = 0$이면 $d(p \| q) = \infty$가 된다.

예제 5.7 확률변수 X의 치역 $R_X = \{0,1\}$이고 $p(0) = 1-p$, $p(1) = p$ 그리고 두 $q(0) = 1-q$, $q(1) = q$와 같이 확률분포 p와 q를 정의하자. 그러면

$$d(p \| q) = (1-p)\log \frac{1-p}{1-q} + p\log \frac{p}{q}$$

그리고

$$d(q \| p) = (1-q)\log \frac{1-q}{1-p} + q\log \frac{q}{p}$$

가 된다. 따라서 $p = q$이면 $d(p \| q) = d(q \| p) = 0$이 된다. 그러나 $p = \frac{1}{4}$, $q = \frac{1}{2}$이면

$d(p \| q) = \frac{3}{4} log \frac{3/4}{1/2} + \frac{1}{4} log \frac{1/4}{1/2} = \frac{3}{4} log 3 - 1 = 0.1887 bits$가 되고,

반면에 $d(q \| p) = \frac{1}{2} log \frac{1/2}{3/4} + \frac{1}{2} log \frac{1/2}{1/4} = 1 - \frac{1}{2} log 3 = 0.2075 bits$가 된다. 따라서 일반적으로

$d(p \| q) \neq d(q \| p)$임을 알아두기 바란다.

확률변수에 대한 엔트로피, 결합엔트로피, 조건부 엔트로피 등 지금까지 설명한 내용에 대한 대소 관계에 대해 알아보기 위해 몇 가지 중요한 부등식들을 소개하고 적용하고자 한다. 먼저 깁슨 부등식(Gibbs inequality)을 중심으로 전개해 보자.

정리 5.14 (Gibbs inequality) 두 확률분포 $\{p_1, p_2, \cdots, p_n\}$과 $\{q_1, q_2, \cdots, q_n\}$에 대하여

$$-\sum_{j=1}^{n} p_j \log(p_j) \leq -\sum_{j=1}^{n} p_j \log(q_j) \tag{5.16}$$

이고, 등식이 성립할 필요충분조건은 $p_j = q_j\,(1 \leq j \leq n)$일 때이다.

증명 연습문제 5.2에서 보인 것처럼 모든 $x \geq 0$에 대해 $\ln(x) \leq x - 1$임을 적용해 보자. 모든 $1 \leq j \leq n$에 대해 $p_j > 0$이라 하면

$$\begin{aligned}
-\sum_{j=1}^{n} p_j \log p_j + \sum_{j=1}^{n} p_j \log q_j &= \sum_{j=1}^{n} p_j \log \frac{q_j}{p_j} \\
&= \frac{1}{\ln(2)} \sum_{j=1}^{n} p_j \ln\left(\frac{q_j}{p_j}\right) \quad \left(\because \ln\left(\frac{q_j}{p_j}\right) \leq \left(\frac{q_j}{p_j} - 1\right)\right) \\
&\leq \frac{1}{\ln(2)} \sum p_j \left(\frac{q_j}{p_j} - 1\right) \\
&= \frac{1}{\ln(2)} \left(\sum_{j=1}^{n} q_j - \sum_{j=1}^{n} p_j\right) \\
&= 0
\end{aligned}$$

따라서 부등식 $-\sum_{j=1}^{n} p_j \log(p_j) \leq -\sum_{j=1}^{n} p_j \log(q_j)$을 만족한다. 그리고 나머지 등식에 대해서는 연습문제로 남겨 놓는다.

이 Gibbs 부등식을 이용하면 상대적 엔트로피가 $d(p \| q) \geq 0$, 즉 항상 영보다 크거나 같음을 보일 수 있다.

정리 5.15 (Divergence inequality) 동일한 치역을 갖는 임의의 두 확률분포 p와 q에 대해 $d(p \| q) \geq 0$이고, 등식이 성립할 필요충분조건은 $p_j = q_j (1 \leq j \leq n)$이다.

증명 모든 $1 \leq j \leq n$에 대하여 $R_X = \{x_1, x_2, \cdots, x_n\} = R_Y$라 할 때, 정리 5.14의 Gibbs 부등식을

적용하기 위해

$$
\begin{aligned}
-d(p \| q) &= -\sum_{j=1}^{n} p(x_j) \log \frac{p(x_j)}{q(x_j)} \\
&= -\sum_{j=1}^{n} p(x_j) \log p(x_j) + \sum_{j=1}^{n} p(x_j) \log q(x_j) \\
&\le 0
\end{aligned}
$$

따라서 $d(p \| q) \ge 0$이고 Gibbs 부등식에서 등식은 $p_j = q_j (1 \le j \le n)$이다.

이 절의 마지막으로 로그-합 부등식(log-sum inequality)을 소개하고 마친다.

정리 5.16 (Log-sum inequality) 임의의 양수 $a_1, a_2, \cdots$와 음이 아닌 수 $b_1, b_2, \cdots$에 대하여 만약 $\sum_i a_i < \infty$이고 $0 < \sum_i b_i < \infty$이면

$$
\sum_i a_i \log \frac{a_i}{b_i} \ge \left(\sum_i a_i\right) \log \left(\frac{\sum_i a_i}{\sum_i b_i} \right) \tag{5.17}
$$

이 성립한다. 더구나 등식이 성립할 필요충분조건은 모든 i에 대해 a_i / b_i =상수이다.

증명 $\sum_i a_i < \infty$이고 $0 < \sum_i b_i < \infty$이므로 새로운 수 $\alpha_i = a_i / \sum_j a_j$와 $\beta_i = b_i / \sum_{j=1} b_j$라 정의하자. 그러면 $\{\alpha_i\}$와 $\{\beta_i\}$는 확률분포이다. 따라서 위 divergence 부등식을 이용하면

$$
\begin{aligned}
0 &\le \sum_i \alpha_i \log \frac{\alpha_i}{\beta_i} \\
&= \sum_i \left(\frac{a_i}{\sum_j a_j} log \left(\frac{a_i / \sum_j a_j}{b_i / \sum_j b_j} \right) \right) \\
&= \frac{1}{\sum_j a_j} \left[\sum_i a_i \log \frac{a_i}{b_i} - \left(\sum_i a_i\right) \log \frac{\sum_j a_j}{\sum_j b_j} \right]
\end{aligned}
$$

임을 알 수 있다. 또한 등식이 성립할 필요충분조건은 모든 i에 대해 $\alpha_i = \beta_i$ 또는 $\frac{a_i}{b_i} = c$일 때이다.

5.2 연습문제

1. X와 Y가 베르누이 확률변수이고 $P(X=1)=\dfrac{1}{3}$라고 한다. 각각의 조건부확률 $P(Y=0|X=0)=\dfrac{1}{4}$, $P(Y=1|X=1)=\dfrac{3}{5}$라고 할 때 다음을 구하여라.

   1) $H(Y)$ 2) $H(Y|X)$ 3) $H(X, Y)$
   4) $H(X|Y)$ 5) $I(X;Y)$

2. 모든 $0<t\le 1$에 대하여 $1/t \ge 1$이고, $t>1$에 대해 $1/t<1$이라는 사실과 적분을 이용하여 모든 $x \ge 0$에 대하여 $\ln(x) \le x-1$임을 보여라.

3. 두 확률변수 X와 Y가 같은 치역 $R_X=\{1,2,3,4,5\}=R_Y$를 갖고 결합분포가

Y \ X	1	2	3	4	5
1	1/25	1/25	1/25	1/25	1/25
2	2/25	1/25	2/25	0	0
3	2/25	0	1/25	1/25	1/25
4	0	3/25	0	2/25	0
5	0	0	1/25	1/25	3/25

   와 같을 때 물음에 답하여라.

   1) $H(X)$ 2) $H(Y)$ 3) $H(X|Y)$
   4) $H(Y|X)$ 5) $I(X;Y)$

4. 확률변수 X의 치역은 $R_X=\{x_1,x_2,\cdots,x_n\}$, 분포를 $\{p_1,p_2,\cdots,p_n\}$이고, Y의 치역은 $R_Y=\{y_1,y_2,\cdots,y_m\}$, 분포를 $\{q_1,q_2,\cdots,q_m\}$라고 할 때

   1) $H(X+Y|X)=H(Y|X)$임을 보여라
   2) 일반적으로 $g:\boldsymbol{R}^2\to\boldsymbol{R}$인 함수에 대하여 $H(g(X,Y)|X)\ne H(Y|X)$를 보여라.

5. 확률변수 $X\sim b(n,p)$인 이항분포를 따르고 $0\le k\le n$에 대해

$$P(X=k)=\binom{n}{k}p^k q^{n-k}$$

이다. 여기서 $0<p<1$이고 $q=1-p$을 만족한다. 이 때

$$H(X) \le -n(p\log p + q\log q)$$

임을 증명하여라.

6. 확률변수 X와 Y에 대하여 $H(Y|X)=0$이면 Y는 X의 함수이다. 즉 모든 $1 \le i \le n$에 대해 $p(x_i)>0$이면 $p(x_i;y_j)>0$을 만족하는 가능한 y_j가 한 개 존재한다.

7. 확률변수 X와 Y에 대하여 Gibbs 부등식을 이용하여

$$H(Y|X) \le H(Y)$$

임을 보여라. 위 식에서 등식이 성립할 필요충분조건은 확률변수 X와 Y가 독립이다.

8. 확률변수 X의 분포가 $\{p_1, p_2, \cdots, p_n\}$이고, Y의 분포가 $\{q_1, q_2, \cdots, q_{n-1}\}$라 하고 $q_j=\frac{p_{j+1}}{1-p_1}(1 \le j \le n-1)$이라하자. 이 때

$$H(X)=H_b(p_1)+(1-p_1)H(Y)$$

임을 보여라. 여기서 $H_b(p_1)=-p_1\log(p_1)-(1-p_1)\log(1-p_1)$이다.

9. 두 확률변수 X와 Y에 대하여 상호정보량 $I(X,Y)=d(p(x,y)\,\|\,p(x)p(y))$임을 보여라.

10. 확률변수 X는 세 가지 가능한 결과로 치역 $\{0,1,2\}$을 가진다. 그리고 이 확률변수에 대해 두 확률분포가 아래와 같다. 물음에 답하여라.

결과 (outcome)	$p(x)$	$q(x)$
0	$\frac{1}{2}$	$\frac{1}{3}$
1	$\frac{1}{4}$	$\frac{1}{3}$
2	$\frac{1}{4}$	$\frac{1}{3}$

1) $H(p)$와 $H(q)$

2) $d(p\,\|\,q)$와 $d(q\,\|\,p)$

3) $d(p\,\|\,q) \ne d(q\,\|\,p)$임을 보여라.

5.3 마르코프체인에서 엔트로피

시간이 흐름에 따라 정보의 변화를 어떻게 이해할 수 있을까에 대한 의문을 갖게 한다. 만약 상태공간 $S=\{1,2,\cdots,N\}$에서 $(X_n, n\in Z_+)$를 이산형으로 시간에 따른 확률과정이라 하자. 불확실성에 대한 측도로서 엔트로피 $H(X_n)$만으로 생각하기에는 다소 무리가 따른다. 두 확률변수에 대한 결합 엔트로피의 정의와 같이 유사하게 도입하여 정리해보자. 간단하게 표기하기 위해

$$P(X_0=i_0, X_1=i_1, \cdots, X_n=i_n)=p(i_0, i_1, \cdots, i_n)$$

이라 정의하자.

정의 5.18 확률변수 $X_1, X_2, \cdots, X_n$에 대한 결합엔트로피(joint entropy)

$$^{2)}H(X_1,\cdots,X_n)=-\sum_{i_1,\cdots,i_n=1}^{N} p(i_1,i_2,\cdots,i_n)\log(p(i_1,i_2,\cdots,i_n)) \tag{5.18}$$

으로 정의한다. 마찬가지로 다변량 확률변수 $X_1, X_2, \cdots, X_n$와 Y에 대하여 조건부 엔트로피

$$H(Y\mid X_1, X_2,\cdots,X_n)=-\sum_{j,i_1,\cdots,i_n=1}^{N} P(Y=j, X_1=i_1,\cdots,X_n=i_n) \tag{5.19}$$

$$\times\log(P(Y=j\mid X_1=i_1,\cdots,X_n=i_n))$$

로 정의한다.

정리 5.19 (엔트로피 연쇄법칙) 확률변수 $X_1, X_2, \cdots, X_n$에 대하여 다음이 성립한다.

$$H(X_1,X_2,\cdots,X_n)=\sum_{i=1}^{n} H(X_i\mid X_1,X_2,\cdots,X_{i-1}) \tag{5.20}$$

증명 수학적 귀납법을 사용하여 증명하면 $n=2$에 대해 결합엔트로피에 의해

$$H(X_1,X_2)=H(X_1)+H(X_2\mid X_1)$$

를 만족하여 성립한다. (5.20)은 n개의 확률변수에 대한 결합엔트로피가 성립한다고 가정하자.

---

2) 여기서 $\sum_{i_0,i_1,\cdots,i_n=1}^{N}=\sum_{i_0=1}^{N}\sum_{i_1=1}^{N}\cdots\sum_{i_n=1}^{N}$을 의미한다.

$$H(X_1,X_2,\cdots,X_{n+1}) = H(X_1,X_2,\cdots,X_n) + H(X_{n+1} \mid X_1,X_2,\cdots,X_n)$$

$$= \sum_{i=1}^{n} H(X_i \mid X_1,X_2,\cdots,X_{i-1}) + H(X_{n+1} \mid X_1,X_2,\cdots,X_n)$$

$$= \sum_{i=1}^{n+1} H(X_i \mid X_1,\cdots,X_{i-1}).$$

따라서 수학적 귀납법에 의해 임의의 n개의 결합엔트로피에 대한 식 (5.20)은 성립한다.

이 정리에 대한 증명으로 정의 5.18을 사용하여 증명하면 다음과 같다.

$$H(X_1,\cdots,X_n) = -\sum_{i_1,i_2,\cdots,i_n=1}^{N} p(i_1,i_2,\cdots,i_n)\log(p(i_1,i_2,\cdots,i_n))$$

$$= -\sum_{i_1,\cdots,i_n=1}^{N} p(i_1,i_2,\cdots,i_n)\log(P(X_n = i_n | X_1 = i_1,\cdots,X_{n-1} = i_{n-1}))$$

$$- \sum_{i_1,i_2,\cdots,i_n=1}^{N} p(i_1,i_2,\cdots,i_n)\log(p(i_1,i_2,\cdots,i_{n-1})).$$

여기서 주변확률분포를 고려하면

$$\sum_{i_1,i_2,\cdots,i_n=1}^{N} p(i_1,i_2,\cdots,i_n)\log(p(i_1,i_2,\cdots,i_{n-1})$$

$$= \sum_{i_1,i_2,\cdots,i_{n-1}=1}^{N} p(i_1,i_2,\cdots,i_{n-1})\log(p(i_1,i_2,\cdots,i_{n-1})$$

이므로 위의 식은 다음과 같다.

$$H(X_1,X_2,\cdots,X_n) = H(X_1,X_2,\cdots,X_{n-1}) + H(X_n \mid X_1,X_2,\cdots,X_{n-1}). \quad (5.21)$$

위의 정리를 직접 증명하는 방법으로는

$$p(i_1,i_2,\cdots,i_n) = \prod_{k=1}^{n} P(X_k = i_k \mid X_{k-1} = i_{k-1},\cdots,X_1 = i_1) \quad (5.22)$$

$$= \prod_{k=1}^{n} p(i_k \mid i_{k-1},i_{k-2},\cdots,i_1)$$

임을 이용하면 또한 쉽게 증명할 수 있다.

따름정리 5.20 확률변수 $X_1,X_2,\cdots,X_n$에 대하여 다음 부등식이 성립한다.

$$H(X_1, X_2, \cdots, X_n) \le H(X_1, X_2, \cdots, X_{n+1}). \tag{5.23}$$

증명 정리 2.19의 증명에서처럼 식 (5.21)은

$$H(X_1, X_2, \cdots, X_{n+1}) = H(X_1, X_2, \cdots, X_n) + H(X_{n+1} \mid X_1, X_2, \cdots, X_n)$$

임을 알 수 있고, 더불어 조건부 엔트로피 $H(X_{n+1} \mid X_1, X_2, \cdots, X_n) \ge 0$이므로

$$H(X_1, X_2, \cdots, X_{n+1}) \ge H(X_1, X_2, \cdots, X_n)$$

임을 알 수 있다.

다음은 엔트로피에 대한 조건부 버전의 연쇄법칙을 알아보자.

정리 5.21 확률변수 $X_1, X_2, \cdots, X_n$와 Y에 대하여 다음이 성립한다.

$$H(X_1, X_2, \cdots, X_n \mid Y) = \sum_{i=1}^{n} H(X_i \mid X_1, \cdots, X_{i-1}, Y). \tag{5.24}$$

증명 조건부 엔트로피의 정의와 위 정리 5.19의 식 (5.20)에 의해

$$\begin{aligned} H(X_1, X_2, \cdots, X_n \mid Y) &= \sum_{j=1} p(y_j) H(X_1, X_2, \cdots, X_n \mid Y = y_j) \\ &= \sum_{j=1} p(y_j) \sum_{i=1}^{n} H(X_i \mid X_1, \cdots, X_{i-1}, Y = y_j) \\ &= \sum_{i=1}^{n} \sum_{j=1} p(y_j) H(X_i \mid X_1, X_2, \cdots, X_{i-1}, Y = y_j) \\ &= \sum_{i=1}^{n} H(X_i \mid X_1, \cdots X_{i-1}, Y) \end{aligned}$$

와 같이 증명된다.

정보이론에서 종종 사용되는 상호 정보량에 대한 연쇄법칙과 조건부 상호정보량의 연쇄 법칙을 두 확률변수에서 보다 많은 임의의 n개의 변수까지 확장할 수 있다.

정리 5.22 (상호정보량의 연쇄법칙) 확률변수 $X_1, X_2, \cdots, X_n$와 Y에 대하여 다음이 성립한다.

$$I(X_1, X_2, \cdots, X_n ; Y) = \sum_{i=1}^{n} I(X_i ; Y \mid X_1, X_2, \cdots, X_{i-1}). \tag{5.25}$$

증명 두 확률변수에 대한 상호 정보량에 대한 정리 5.9에 의해 다음과 같이 증명된다.

$$I(X_1, X_2, \cdots, X_n; Y) = H(X_1, X_2, \cdots, X_n) - H(X_1, X_2, \cdots, X_n \mid Y)$$
$$= \sum_{i=1}^{n} [H(X_i \mid X_1, \cdots, X_{i-1}) - H(X_i \mid X_1, \cdots X_{i-1}, Y)]$$
$$= \sum_{i=1}^{n} I(X_i; Y \mid X_1, X_2, \cdots, X_{i-1}).$$

여기서 두 번째 등식은 정리 5.19에 의해 유도되고, 세 번째 등식은 정리 21에 의해 유도된다.

정리 5.23 (조건부 상호정보량의 연쇄법칙) 확률변수 $X_1, X_2, \cdots, X_n$, Y와 Z에 대하여 다음 연쇄법칙이 성립한다.

$$I(X_1, X_2, \cdots, X_n; Y \mid Z) = \sum_{i=1}^{n} I(X_i; Y \mid X_1, \cdots, X_{i-1}, Z) \tag{5.26}$$

증명 정리 5.21에서 증명한 것처럼 유사하게 다음과 같이 증명할 수 있다.

$$I(X_1, X_2, \cdots, X_n; Y \mid Z) = \sum_{k=1}^{\ell} p(z_k) I(X_1, \cdots, X_n; Y \mid Z = z_k)$$
$$= \sum_{k=1}^{\ell} p(z_k) \sum_{i=1}^{n} I(X_i; Y \mid X_1, X_2, \cdots, X_{i-1}, Z = z_k)$$
$$= \sum_{i=1}^{n} \sum_{k=1}^{\ell} p(z_k) I(X_i; Y \mid X_1, X_2, \cdots, X_{i-1}, Z = z_k)$$
$$= \sum_{i=1}^{n} I(X_i; Y \mid X_1, \cdots, X_{i-1}, Z).$$

앞 절에서 엔트로피는 영보다 크거나 같음을 증명하였다. 지금부터 이산형 확률변수들에 대한 모든 Shannon의 정보 측도, 조건부 엔트로피, 상호정보량, 조건부 상호 정보량은 항상 음이 아님을 알아보자. 그러나 마지막 장에서 소개되는 연속형 확률변수에서는 음인 Shannon의 측도가 존재한다.

정리 5.24 확률변수 X, Y와 Z에 대하여

$$I(X; Y \mid Z) \ge 0 \tag{5.27}$$

이고, $I(X; Y \mid Z) = 0$일 필요충분조건은 Z 조건하에서 X와 Y는 서로 독립($X \perp Y \mid Z$)일 때 이다.

증명 조건부 상호정보량의 정의에 의해

$$I(X;Y|Z) = \sum_{i,j,k} p(x_i, y_j, z_k) \log \frac{p(x_i, y_j | z_k)}{p(x_i | z_k) p(y_j | z_k)}$$

$$= \sum_{k=1} p(z_k) \sum_{i,j} p(x_i, y_j | z_k)) \log \frac{p(x_i, y_j | z_k)}{p(x_i | z_k) p(y_j | z_k)}$$

$$= \sum_{k=1} p(z_k) d(p_{XY|z_k} \| p_{X|z_k} p_{Y|z_k})$$

이 된다. 여기서 $p_{XY|z_k} = \{p(x_i, y_j | z_k) : (x_i, y_j) \in R_X \times R_Y\}$이고, 고정된 $z_k \in R_Z$에 대해 $p_{XY|z_k}$와 $p_{X|z_k} p_{Y|z_k}$는 둘 다 $R_X \times R_Y$에서 결합확률분포이다. 따라서 정리 5.15의 divergence 부등식에 의해 $d(p_{XY|z_k} \| p_{X|z} p_{Y|z_k}) \geq 0$이다. 따라서 $I(X;Y|Z) \geq 0$이다.

마지막으로 $I(X;Y|Z) = 0$일 필요충분조건은 정의에서 모든 $z_k \in R_Z$에 대하여

$$p(x_i, y_j | z_k) = p(x_i | z_k) p(y_j | z_k)$$

이거나 모든 $x_i \in R_X$, $y_j \in R_Y$에 대하여

$$p(x_i, y_j, z_k) = p(x_i, z_k) p(y_j | z_k)$$

일 때이다. 즉 Z에 대한 조건하에서 X와 Y는 서로 독립일 때이다.

엔트로피와 조건부 엔트로피에 대해서는 연습문제와 5.1절에서 언급했지만 음이 아님을 직접적으로 쉽게 증명할 수 있다. 모든 $x_i \in R_X$에 대해서 $0 < p(x_i) \leq 1$, $\log p(x_i) \leq 0$이므로 엔트로피의 정의에 의해 $H(X) \geq 0$이 된다. 그리고 모든 $x_i \in R_X$에 대하여 $H(Y|X = x_i) \geq 0$이기 때문에 $H(Y|X) \geq 0$이 된다.

확률변수 X, Y와 Z에 대해 정보량에 대한 기본적인 부등식에 대해서 알아봤는데, 지금까지 알아본 사실로부터 Shannon의 정보량에 대한 등식을 유추할 수 있다.

$$H(X|Y) = H(X, Y) - H(Y) \tag{5.28}$$

$$I(X;Y) = H(X) + H(Y) - H(X, Y) \tag{5.29}$$

$$I(X;Y|Z) = H(X, Z) + H(Y, Z) - H(X, Y, Z) - H(Z) \tag{5.30}$$

임을 유도할 수 있다. 세 번째 등식을 증명해 보면

$$I(X;Y|Z) = H(X|Z) + H(Y|Z) - H(X, Y|Z)$$

$$= H(X, Z) - H(Z) + H(Y, Z) - H(Z) - H(X, Y, Z) + H(Z)$$

$$= H(X, Z) + H(Y, Z) - H(X, Y, Z) - H(Z)$$

와 같다. 이 등식으로부터

$$H(Y|X) = H(Y) - I(X;Y) \le H(Y) \tag{5.31}$$

임을 증명할 수도 있다.

같은 방법으로 $H(Y|X,Z) \le H(Y|Z)$임도 보일 수 있다. 조건부 엔트로피는 감소함을 다음과 같이 보일 수 있다.

위의 등식에서

$$I(X;Y|Z) = H(X,Z) + H(Y,Z) - H(X,Y,Z) - H(Z) \ge 0$$

이므로

$$H(X,Y,Z) - H(X,Z) \le H(Y,Z) - H(Z)$$

가 되고 이 부등식의 좌변은 $H(Y|X,Z)$이고, 우변은 $H(Y|Z)$이다. 따라서

$$H(Y|X,Z) \le H(Y|Z)$$

임을 알 수 있다. 이 정리를 확장하면 임의의 확률변수 $X_1, X_2, \cdots, X_n, X_{n+1}$에 대하여

$$H(X_{n+1}|X_1, X_2, \cdots, X_n) \le H(X_{n+1}|X_2, X_3, \cdots, X_n) \tag{5.32}$$

임을 보일 수 있다. 이에 대한 증명은 연습문제로 남겨 놓는다.

정리 5.25 임의의 확률변수 $X_1, X_2, \cdots, X_n$에 대하여

$$H(X_1, X_2, \cdots, X_n) \le \sum_{i=1}^{n} H(X_i) \tag{5.33}$$

이고, 등식이 성립할 필요충분조건은 X_i, $i = 1, 2, \cdots, n$이 서로 독립이다.

증명 엔트로피에 대한 연쇄법칙에 의해

$$H(X_1, X_2, \cdots, X_n) = \sum_{i=1}^{n} H(X_i \mid X_1, \cdots, X_{i-1})$$

$$\le \sum_{i=1}^{n} H(X_i) \ (\because H(X_i|X_1, \cdots, X_{i-1}) \le H(X_i))$$

이 된다. 이 부등식이 같게 되는 경우는 모든 $1 \le i \le n$에 대해

$$H(X_i|X_1, X_2, \cdots, X_{i-1}) = H(X_i)$$

일 때이다. 이것은 각각의 i에 대하여 X_i는 $X_1, X_2, \cdots, X_{i-1}$와 서로 독립일 때이다. 그러면

$$p(x_1, x_2, \cdots, x_n) = p(x_1, \cdots, x_{n-1}) p(x_n)$$
$$= p(x_1, x_2, \cdots, x_{n-2}) p(x_{n-1}) p(x_n)$$
$$\vdots$$
$$= p(x_1) p(x_2) \cdots p(x_n)$$

즉, $X_1, X_2, \cdots, X_n$이 모두 서로 독립일 때이다.

지금까지 일반적인 확률과정을 정보론에 접목하여 엔트로피와 상호정보량에 대해 알아봤다. 지금부터는 4장에서 정의한 마르코프 체인과 그 성질들을 정보론에 적용하여 확장해보자. 정의 4.1에 의하면 확률과정 $(X_n, n \in \boldsymbol{Z}_+)$이 모든 $k_1, \cdots, k_{n+1} \in S$이고 $n \in \boldsymbol{N}$에 대해

$$P(X_{n+1} = k_{n+1} \mid X_n = k_n, X_{n-1} = k_{n-1}, \cdots, X_1 = k_1)$$
$$= P(X_{n+1} = k_{n+1} \mid X_n = k_n)$$

을 만족할 때 **마르코브 체인**(Markov chain)이라 정의했다. 앞으로 정보론에 접목하여 유한개의 확률변수가 시간적 순서에 따른 마르코프 체인임을 표현하기 위해 $n \geq 3$, $X_1 \to X_2 \to \cdots \to X_n$으로 나타낸다.

같은 정의로 위 식을 결합확률질량함수에 대해서 다음과 같다. 즉 확률변수 $X_1, X_2, \cdots, X_n$에 대해 $X_1 \to X_2 \to \cdots \to X_n$가 마르코프체인일 필요충분조건은 모든 $x_1, x_2, \cdots, x_n \in S$,

$$p(x_1, x_2, \cdots, x_n) p(x_2) p(x_3) \cdots p(x_{n-1}) \tag{5.34}$$
$$= p(x_1, x_2) p(x_2, x_3) \cdots p(x_{n-1}, x_n).$$

또한 만약 $p(x_1), p(x_2), \cdots, p(x_{n-1}) > 0$일 때

$$p(x_1, x_2, \cdots, x_n) = p(x_1) p(x_2 | x_1) p(x_3 | x_2) \cdots p(x_n | x_{n-1}). \tag{5.35}$$

식 (5.34)과 (5.35)는 마르코프의 정의와 정리 4.3에 의해 쉽게 증명할 수 있다.

확률변수 X, Y와 Z에 대하여 마르코프 체인 $X \to Y \to Z$ 이면 확률변수 Z의 조건부 분포는 Y에 의존하고, X와는 조건부 독립이다. 즉 $X \perp Z \mid Y$로 결합분포는 식 (5.35)에 의해

$$p(x_i, y_j, z_k) = p(x_i) p(y_j \mid x_i) p(z_k \mid y_j) \tag{5.36}$$

이 되고, 조건부 결합분포는

$$p(x_i, z_k \mid y_j) = \frac{p(x_i, y_j, z_k)}{p(y_j)} = \frac{p(x_i, y_j)p(z_k|y_j)}{p(y_j)} = p(x_i|y_j)p(z_k|y_j) \tag{5.37}$$

을 만족한다. 또한 마르코프 체인의 기본성질의 하나로 $X \to Y \to Z$이면 $Z \to Y \to X$ 순서로도 마르코프 체인이 된다. 이는 마르코프 체인의 대칭성에 의해 쉽게 증명된다.

정리 5.26 확률변수 X, Y와 Z에 대하여 마르코프 체인 $X \to Y \to Z$이면

$$1)\ I(X;Z) \le I(X;Y) \tag{5.38}$$

$$2)\ I(X;Z) \le I(Y;Z) \tag{5.39}$$

을 만족한다.

증명 확률변수 X, Y와 Z에 대하여 $X \to Y \to Z$ 즉, $X \perp Z \mid Y$이라 가정하자. 그러면 정리 5.24에 의해 $I(X;Z \mid Y) = 0$이다. 또한 상호정보량의 확장 정리 5.22에 의해

$$I(X;Y,Z) = I(X;Z) + I(X;Y|Z)$$

가 되고 1)에 대한 증명으로

$$\begin{aligned} I(X,Z) &= I(X;Y,Z) - I(X;Y|Z) \quad (\because\ I(X;Y|Z) \ge 0) \\ &\le I(X;Y,Z) \\ &= I(X;Y) - I(X;Z|Y) \\ &= I(X;Y) \end{aligned}$$

로 증명된다. 한편 2)에 대한 증명으로는 마르코프 체인 $Z \to Y \to X$이고 상호정보량은 두 확률변수에 대해 대칭 즉, $I(X;Z) = I(Z;X)$이기 때문에 같은 방법으로 증명할 수 있다. 이에 대한 증명은 연습문제로 남겨 놓는다.

마르코프 체인에 대해 시간의 변화에 따라 정보량의 변화를 어떻게 이해할 수 있을까에 대한 이해를 마지막으로 이 장을 마무리하고자 한다. 가장 간단한 접근방법은 마르코프 체인에 대한 시간의 함수로 엔트로피 $H(X_n)$을 생각할 수 있다. 그러나 한 순간의 정보 또는 엔트로피로 간주하기에는 다소 무리가 있다. 그래서 시간의 흐름에 따라 중복되지 않는 정보량을 고려하는 것이 바람직하고, 우리는 결합엔트로피 $H(X_1, X_2, \cdots, X_n)$을 생각할 수 있다. 다만 무한대의 수열을 다루는 일이 복잡할 수 있다.

정의 5.27 확률과정 $X = (X_n, n \in Z_+)$에 대하여 다음 극한이 존재할 때

$$h(X) = \lim_{n \to \infty} \frac{1}{n} H(X_0, X_1, \cdots, X_{n-1}) \tag{5.40}$$

$h(X)$을 **엔트로피 비율(entropy rate)**이라 한다.

예제 5.8 서로 독립이고 동일분포(i.i.d)를 갖는 확률변수 $X_1, X_2, \cdots$에 대하여

$$h(X) = \lim_{n \to \infty} \frac{H(X_1, X_2, \cdots, X_n)}{n} = \lim_{n \to \infty} \frac{nH(X_1)}{n} = H(X_1)$$

엔트로피 비율을 구할 수 있다.

정의 5.28 확률과정 $X = (X_n, n \in Z_+)$에 대하여 다음 극한이 존재할 때

$$h'(X) = \lim_{n \to \infty} H(X_n | X_0, X_1, \cdots, X_{n-1}) \tag{5.41}$$

즉, $h'(X)$을 과거 확률변수들에 대한 최종 확률변수의 **조건부 엔트로피**로 정의한다.

정의 5.28에서 정의한 $h'(X)$의 존재성에 대해서는 고정 확률과정에서 찾아 볼 수 있다.

정리 5.29 고정 확률과정 $X = (X_n, n \in Z_+)$에 대하여 $H(X_n | X_0, X_1, \cdots, X_{n-1})$은 감소수열이고, 극한값 $h'(X)$가 존재한다.

증명 모든 $n \in Z_+$에 대하여 식 (5.23)에서처럼 조건부 엔트로피는 감소한다는 사실과 고정 확률과정의 정의에 의해

$$\begin{aligned} H(X_n | X_0, X_1, \cdots, X_{n-1}) &\le H(X_n | X_1, X_2, \cdots, X_{n-1}) \\ &\le H(X_{n-1} | X_0, X_1, \cdots, X_{n-2}). \end{aligned}$$

따라서 아래로 유계(≥ 0)인 감소수열이기 때문에 수렴한다. 즉, 극한값 $h'(X)$이 존재한다.

정리 5.30 고정 확률과정 $X = (X_n, n \in Z_+)$에 대하여 엔트로피 비율 $h(X)$가 존재하고 , 그 극한값은

$$h(X) = \lim_{n \to \infty} H(X_{n-1} | X_0, X_1, \cdots, X_{n-2}) = h'(X) \tag{5.42}$$

이다.

증명 정리 5.29에서 조건부 엔트로피 $H(X_n | X_0, X_1, \cdots, X_{n-1})$는 감소수열이고 극한이 존재함을 증명하였다. 확률과정 $X = (X_n, n \in Z_+)$이 고정적이기 때문에 모든 $n \in \boldsymbol{N}$에 대해

$$H(X_{n+1} | X_1, X_2, \cdots, X_n) = H(X_n | X_0, X_1, \cdots, X_{n-1})$$

이고 이 사실과 조건부 엔트로피가 감소수열임을 고려하면

$$H(X_{n+1}|X_1,X_2,\cdots,X_n) \le H(X_n|X_0,X_1,\cdots,X_{n-1})$$

이 된다. 즉, $a_n = H(X_n|X_0,X_1,\cdots,X_{n-1})$이라 하면 수열 (a_n)은 아래로 유계(≥ 0)인 감소수열이고 위 정리 5.29의 증명에서처럼 $\lim_{n\to\infty} a_n$이 존재한다. 더구나 극한이 존재하는 수열에 대해

$$\lim_{n\to\infty} a_n = \lim_{n\to\infty} \frac{1}{n}\sum_{i=0}^{n} a_i$$

라는 사실과 엔트로피의 연쇄법칙(정리 5.19)을 이용하면

$$\begin{aligned} h(X) &= \lim_{n\to\infty} \frac{1}{n} H(X_0,X_1,\cdots,X_{n-1}) = \lim_{n\to\infty} \frac{1}{n}\sum_{i=1}^{n-1} H(X_i|X_0,X_1,\cdots,X_{i-1}) \\ &= \lim_{n\to\infty} H(X_{n-1}|X_0,X_1,\cdots,X_{n-2}) = h'(X) \end{aligned}$$

임을 증명할 수 있다.

지금부터는 조건을 좀 더 강화하여 전이행렬 Π와 초기분포 $\pi^{(0)}$를 갖는 고정 마르코프 체인 $X=(X_n, n\in Z_+)$으로 불변분포를 따른다고 하자. 위 정리 5.30에서 엔트로피 비율 $h(X)$가 존재함을 보였다. 그러나 고정마르코프 체인에 대해서는 보다 간단한 식으로 $h(X)$를 구할 수 있다.

정리 5.31 상태공간 S에서 정의되는 $X=(X_n, n\in Z_+)$을 전이행렬 Π와 초기분포 $\pi^{(0)}$를 갖는 고정 마르코프 체인이라하면

$$h(X) = -\sum_{i,j=1}^{N} \pi_i^{(0)} p_{ij} \log(p_{ij}) \tag{5.43}$$

이다. 여기서 모든 $1 \le i,j \le N$에 대해 $p_{ij} = P(X_1 = j \mid X_0 = i)$이다.

증명 마르코프체인의 정의$(p(i_n|i_0,i_1,\cdots,i_{n-1}) = p(i_n|i_{n-1}))$임을 이용하면 됨.)에 의해

$$H(X_{n-1}|X_0,X_1,\ \cdots,X_{n-2}) = H(X_{n-1}|X_{n-2})$$

임을 쉽게 보일 수 있고, 고정적(stationary) 성질에 의해

$$H(X_{n-1}|X_{n-2}) = H(X_1|X_0)$$

임을 알 수 있다. 그러므로

$$\begin{aligned} h(X) &= \lim_{n\to\infty} H(X_{n-1}|X_0,X_1,\cdots,X_{n-2}) \\ &= \lim_{n\to\infty} H(X_{n-1}|X_{n-2}) = H(X_1|X_0) \end{aligned}$$

이다. 따라서

$$\begin{aligned} h(X) &= H(X_1|X_0) \\ &= -\sum_{i,j}^{N} P(X_0 = i, X_1 = j)\log(P(X_1 = j|X_0 = i)) \\ &= -\sum_{i,j}^{N} P(X_0 = i)P(X_1 = j|X_0 = i)\log(P(X_1 = j|X_0 = i)) \\ &= -\sum_{i,j}^{N} \pi_i^{(0)} p_{ij}\log(p_{ij}) \end{aligned}$$

와 같이 증명된다.

예제 5.9 상수 $0 < \alpha, \beta < 1$에 대하여 전이행렬 $\Pi = \begin{pmatrix} 1-\alpha & \alpha \\ \beta & 1-\beta \end{pmatrix}$이고 불변분포를 갖는 고정적 마르코프 체인의 엔트로피 비율을 구하여라.

풀이 불변분포의 성질에 의하여 확률벡터 $\boldsymbol{\rho} = (\rho_0, \rho_1)$에 대하여 $\rho_0\alpha = \rho_1\beta$를 만족하고, 이 식으로부터 $\frac{\rho_1}{\rho_0} = \frac{\alpha}{\beta}$임을 알 수 있다. 그리고 $\rho_0 + \rho_1 = 1$이므로 불변분포는 $\rho_0 = \frac{\beta}{\alpha+\beta}$와 $\rho_1 = \frac{\alpha}{\alpha+\beta}$이다. 따라서 초기분포 $\pi^{(0)} = \boldsymbol{\rho}$를 택하고 정리 5.31의 식 (5.43)에 대입하면 엔트로피 비율은 베르누이 엔트로피 H_b로 표현하면

$$\begin{aligned} h(X) &= -\frac{\beta}{\alpha+\beta}[(1-\alpha)\log(1-\alpha) + \alpha\log(\alpha)] \\ &\quad -\frac{\alpha}{\alpha+\beta}[\beta\log(\beta) + (1-\beta)\log(1-\beta)] \\ &= \frac{1}{\alpha+\beta}[\beta H_b(\alpha) + \alpha H_b(\beta)]. \end{aligned}$$

예제 5.10 전이행렬 $\Pi = \begin{pmatrix} 0 & 1 & 0 \\ 0 & \frac{2}{3} & \frac{1}{3} \\ \frac{1}{6} & \frac{5}{6} & 0 \end{pmatrix}$이고 불변분포를 갖는 고정적 마르코프 체인의 엔트로피 비율 $h(X)$를 구하여라.

풀이 정리 3.31의 식 (5.43)에 대입하여 구하려면 먼저 불변분포임을 이용하여 초기 확률분포 $\pi^{(0)} = (\pi_0^{(0)}, \pi_1^{(0)}, \pi_2^{(0)}) = (\rho_0, \rho_1, \rho_2) = \boldsymbol{\rho}$를 구해야한다. 불변분포 $\boldsymbol{\rho}$는

$$\Pi^T \boldsymbol{\rho}^T = \boldsymbol{\rho}^T$$

를 만족하는 열벡터로 이는 4장에서처럼 고유치 1에 대한 고유벡터를 정규화한 단위벡터이다. 이를 구하

면 $\rho = (\rho_0, \rho_1, \rho_2) = (\frac{1}{25}, \frac{18}{25}, \frac{6}{25})$임을 구할 수 있다. 따라서 식 (5.43)에 대입하여 정리하면 다음과 같다.

$$\begin{aligned} h(X) &= -\sum_{i,j=0}^{2} \pi_i^{(0)} p_{ij} \log(p_{ij}) \\ &= -\frac{18}{25} \times \frac{2}{3} log(\frac{2}{3}) - \frac{18}{25} \times \frac{1}{3} log(\frac{1}{3}) - \frac{6}{25} \times \frac{1}{6} log(\frac{1}{6}) - \frac{6}{25} \times \frac{5}{6} log(\frac{5}{6}) \\ &= -\frac{12}{25} log(\frac{2}{3}) - \frac{6}{25} log(\frac{1}{3}) - \frac{1}{25} log(\frac{1}{6}) - \frac{5}{25} log(\frac{5}{6}) \\ &= 0.8172. \end{aligned}$$

이 절의 내용을 일반적인 마르코프 체인에 대한 정보량의 측도까지 좀 더 확장하여 정리할 수 있으나, 학부과정에서 다룰 수 있는 주제로 한정하였기 때문에 여기서 논의를 줄인다. 이에 대해 더 많은 관심과 연구를 원하는 독자들은 참고문헌에 수록된 다양한 저서들을 찾아보기 바란다.

5.3 연습문제

1. 임의의 이산형 확률변수 X에 대하여 $H(X^2|X)=0$임을 보여라. 그러나 $H(X|X^2)$은 항상 0은 아니라는 사실을 반례를 들어 생각해 보아라.

2. 확률변수 X는 치역 $R_X=\{1,2,\cdots,2N\}$에서 값을 갖고, 각각의 $1\le j\le 2N$에 대하여 $P(X=j)=\dfrac{1}{2N}$인 균등분포를 따른다고 한다. 새로운 확률변수 Y는

$$Y=\begin{cases}0, & X=even\\ 1, & X=odd\end{cases}$$

라고 할 때, $H(X|Y)=\dfrac{1}{2}H(X)$이고, $H(Y|X)=0$임을 보여라.

3. 서로 독립이고 동일분포를 갖는 확률변수 $X_1,X_2,\cdots,X_n$들에 대하여

$$H(X_1,X_2,\cdots,X_n)=nH(X_1)$$

임을 보여라.

4. 확률변수 $X_1,X_2,\cdots$과 임의의 확률변수 Y에 대하여 다음을 증명하여라.

1) $H(X_1,X_2,\cdots,X_n|Y)\le H(X_1,X_2,\cdots,X_{n+1}|Y)$.

2) $H(Y|X_1,X_2,\cdots,X_{n+1})\le H(Y|X_1,X_2,\cdots,X_n)$.

5. 확률변수 X, Y 그리고 Z에 대하여 다음을 증명하여라.

1) $H(Y,Z|X)\le H(Y|X)+H(Z|X)$

2) $H(Y,Z|X)\ge H(X|Z)$

3) $H(X,Y,Z)-H(X,Y)\le H(X,Z)-H(X)$

6. 확률과정 $X=(X_n, n\in Z_+)$를 마르코프 체인이라 할 때, 정리 5.31의 증명을 참고하여 다음을 유도하여라.

$$H(X_n|X_0,X_1,\cdots,X_{n-1})=H(X_n\mid X_{n-1}).$$

7. 확률과정 $X=(X_n, n\in Z_+)$를 고정적이라 할 때, 모든 $n\in \boldsymbol{N}$에 대하여 다음 등식들을 증명하여라.

1) $H(X_{n+1}|X_1, X_2, \cdots, X_n) = H(X_n|X_0, X_1, \cdots, X_n)$

2) $H(X_n|X_{n-1}) = H(X_1|X_0)$

3) $H(X_n|X_0, X_1, \cdots, X_{n-1}) \le \dfrac{1}{n+1} H(X_0, X_1, \cdots X_n)$

4) $\dfrac{1}{n} H(X_0, X_1, \cdots, X_{n-1}) \le \dfrac{1}{n-1} H(X_0, X_1, \cdots, X_{n-2})$

8. 전이행렬 Π가 다음과 같고, 불변분포를 갖는 마르코프 체인에 대한 엔트로피 비율을 구하여라.

1) $\begin{pmatrix} \frac{7}{10} & \frac{3}{10} \\ \frac{2}{5} & \frac{3}{5} \end{pmatrix}$ 2) $\begin{pmatrix} \frac{1}{2} & \frac{3}{4} & \frac{1}{4} \\ \frac{1}{8} & \frac{1}{2} & \frac{3}{8} \\ \frac{3}{8} & \frac{1}{4} & \frac{3}{8} \end{pmatrix}$ 3) $\begin{pmatrix} 0.1 & 0.2 & 0.7 \\ 0.2 & 0.2 & 0.6 \\ 0.6 & 0.1 & 0.3 \end{pmatrix}$

9. 상태공간 $S=\{0,1,2\}$에서 정의 되는 마르코프 체인의 전이행렬 Π가 아래와 같이 주어질 때 물음에 답하여라.

$$\Pi = \begin{pmatrix} \frac{1}{2} & \frac{1}{4} & \frac{1}{4} \\ \frac{1}{4} & \frac{1}{2} & \frac{1}{4} \\ \frac{1}{4} & \frac{1}{4} & \frac{1}{2} \end{pmatrix}$$

1) 불변분포 $\rho=(\rho_0, \rho_1, \rho_2)$를 구하여라.

2) $X=(X_n, n\in Z_+)$는 고정적인가?

3) 엔트로피 비율 $h(X) = \lim\limits_{n\to\infty} \dfrac{1}{n} H(X_0, X_1, \cdots, X_{n-1})$를 구하여라.

5.4 최대 엔트로피와 유일성

이 절은 선택적이며 5.2절의 마지막 부분에 엔트로피의 유일성은 어려운 수학적 지식이 요구되기 때문에 미뤄왔다. 이 부분은 앞으로 나오는 어떤 내용과도 연결되지 않기 때문에 수학적 배경이 부족하거나 처음 접하는 독자들은 아무런 부담없이 생략해도 무방하다. 이 증명은 원래 C. Shannon에 의해 주어졌지만 그 후 A.I. Khintchin에 의해 보다 구체적으로 정리되었다. 이 정리의 증명은 David Applebaum의 저서[3)]에서 주어진 내용을 참고하였다.

사건들에 대한 정보가 전혀 없는 상황, 즉 최대의 불확실성을 가질 때, 우리는 사건들이 균등분포를 따른다고 가정하였다. 그리고 정리 5. 2에서 최대의 불확실성은 균등분포일 때이고, 엔트로피는 유일한 불확실성의 측도라고 증명 없이 언급했다. 그래서 대칭성의 원리를 '최대 엔트로피의 원리'로 고쳐 말할 수 있다. 이것은 새로운 원리가 이전 것보다 더 강력하다는 것을 제외하고는 단순히 의미론적 연산에 지나지 않으며, 사건에 대한 부분적인 정보를 알고 있을 때 확률부여에 대한 메커니즘을 제공해 준다. 실제로 이 원리를 설명하기 위해 처음 제안한 E. T, Jaynes의 중요한 예제를 통해 설명할 것이다.

확률변수 X의 치역이 $R_X = \{x_1, x_2, \cdots, x_n\}$이고 미지의 확률분포가 $\{p_1, p_2, \cdots, p_n\}$라 하자. X에 대한 어떤 정보 즉, 주어진 상수 A에 대하여 $E(X) = A$를 가지고 있다고 하자. 만약 A가 균등분포에 대한 기댓값이 아니라고 하면 확률변수 X는 균등분포가 아니라는 것을 알 수 있다. 그러면 어떤 확률분포가 이 확률변수에 해당할까? 라그랑쉬 승수(Lagrange multipliers)의 기법을 이용하여 아래의 두 가지 조건이 제시된 상황에서 엔트로피 $H(X)$를 최대화 하여 계산해 보자.

$$\text{(i)} \ \sum_{j=1}^{n} p_j = 1 \quad \text{그리고} \quad \text{(ii)} \ \sum_{j=1}^{n} x_j p_j = A.$$

그러면 λ와 μ가 라그랑쥐 승수일 때, 아래에서 주어진 $(n+2)$개 변수들의 함수에 대한 최댓값을 찾아야만 한다.

$$L(p_1, p_2, \cdots, p_n : \lambda, \mu) = -\sum_{j=1}^{n} p_j \log(p_j) + \lambda\left(\sum_{j=1}^{n} p_j - 1\right) + \mu\left(\sum_{j=1}^{n} x_j p_j - A\right).$$

편미분하면 다음과 같은 $n+2$개의 미지수를 포함한 $n+2$개의 연립 방정식

3) Probability and Information An integrated Approach PP. 115-123.

$$\frac{\partial L}{\partial p_j} = -\frac{1}{\ln(2)}(\ln(p_j)+1)+\lambda+\mu x_j = 0, \quad (1 \le j \le n)$$

과 두 조건 (i)과 (ii)를 얻을 수 있다. 각 p_j에 대해 풀면, 우리는 다음과 같은 n개의 식을 구할 수 있다.

$$p_j = \exp(\lambda' + \mu' x_j), \quad (1 \le j \le n)$$

여기서 $\lambda' = \ln(2)\lambda - 1$과 $\mu' = \ln(2)\mu$이다. (i)로부터 $\sum_{j=1}^{n} p_j = \sum_{j=1}^{n} \exp(\lambda' + \mu' x_j) = 1$이므로 $Z(\mu') = \sum_{j=1}^{n} \exp(\mu' x_j)$로 정의하면 $\lambda' = -\ln(Z(\mu'))$를 구할 수 있다. 따라서 라그랑쥐 승수법에 의해 엔트로피를 극대화하는 확률은 $1 \le j \le n$에 대해

$$p_j = \frac{\exp(\mu' x_j)}{Z(\mu')} \tag{5.44}$$

을 구할 수 있다. λ를 제거하면 단지 μ의 값을 찾는 식만 남는데 이는 (ii) 의해 결정된다. 이때, 확률분포 (5.44)를 **깁스 분포(Gibbs distribution)**라고 한다.

다음은 확률변수 X에 대한 엔트로피의 유일성에 대한 증명이다. 어려운 수학적 사실을 포함하고 있기 때문에 생략해도 된다. 그러나 보다 호기심이 많은 독자를 위해 앞에서 언급한 것처럼 David Applebaum의 저서에서 주어진 증명 방법을 참고하였다.

X를 확률분포 $\{p_1, p_2, \cdots, p_n\}$를 가지는 확률변수라 하자. 우리는 아래 주어진 조건들을 만족할 때, 실수값 함수 $U(X)$를 (적절한 곳에서는 $U(p_1, p_2, \cdots, p_n)$으로 쓰기도 한다.) **불확실성의 측도(measure of uncertainty)**라고 한다. :

(1) 확률변수 X가 균등분포일 때 $U(X)$는 최대이다.

(2) 만약 Y가 또 다른 확률변수이면, $U(X, Y) = U(Y|X) + U(X)$.

(3) $U(p_1, p_2, \cdots, p_n, 0) = U(p_1, p_2, \cdots, p_n)$.

(4) $U(p_1, p_2, \cdots, p_n)$는 모든 변수에 대해 연속이다.

엔트로피의 유일성을 증명하기 전에 위에서 기술한 4가지 조건들에 대한 설명이 필요하다. 이미 엔트로피의 성질들로부터 (1)과 (2)는 유추해 볼 수 있고, 왜 이 둘이 불확실성의 측도에 대한 성질들인지 논의할 수 있다. (3)은 우리가 불가능한 사건을 고려할 때 불확실성이 변하지 않는다는 것을 단순하게 기술하고 있으며, (4)는 유용하고 테크니컬한 성질이다. 또한 (2)의 의미에 대해 몇 가지 언급할 필요가 있다. 주어진 확률변수 X와 Y에 대해 사건 $X = x_j$가 주어진

상황에서 Y의 불확실성 $U(Y|X=x_j)$를 다음과 같이 정의한다.

$$U(Y|X=x_j)=U(p_j(1),p_j(2),\cdots,p_j(m)).$$

여기서 $p_j(k)$는 일반적인 조건부 확률 $P(Y=y_k \mid X=x_j)$이다. 그러면 우리는

$$U(Y|X)=\sum_{j=1}^{n} p_j U(Y|X=x_j)$$

로 정의할 수 있다. 그리고 X와 Y가 서로 독립일 때 $U(Y|X)=U(Y)$라는 것을 보이기는 어렵지 않다. 마지막으로 결합 불확실성 $U(X,Y)$는 X와 Y의 결합확률분포 p_{ij}에 대하여

$$U(X,Y)=U(p_{11},p_{12},\cdots,p_{nm})$$

으로 정의한다.

정리 5.32 $U(X)$가 불확실성의 측도일 필요충분조건은 상수 $K\geq 0$에 대하여 $U(X)=KH(X)$이다.

증명 우선 $A(n)=U(\frac{1}{n},\frac{1}{n},\cdots,\frac{1}{n})$이라 정의하자. 이해를 돕기 위하여 증명을 세부분으로 나누어 증명한다. 첫 번째로 $A(n)=K\log(n)$임을 보여, X가 균등분포일 경우 이 정리를 확인한다. 위의 불확실성의 정의에서 언급한 (1)과 (3)에 의해

$$A(n)=U(\frac{1}{n},\frac{1}{n},\cdots,\frac{1}{n},0)\leq A(n+1).$$

그러므로 A는 n에 관해 감소하지 않는 증가함수이다.

다음 $X_1,X_2,\cdots,X_m$을 서로 독립이고 동일분포(i.i.d)를 따르는 확률변수들이라 하고 치역은 각각 r개의 값을 가져 $U(X_j)=A(r)$, $(1\leq j\leq m)$라 하면 위의 성질 (2)에 의해

$$U(X_1,X_2)=U(X_1)+U(X_2)=2A(r)$$

이고, 수학적 귀납법에 의해

$$U(X_1,X_2,\cdots,X_m)=mA(r)$$

을 유도할 수 있다. 그러나 확률변수 벡터 $\boldsymbol{X}=(X_1,X_2,\cdots,X_m)$은 r^m개의 동등한 결과를 가지게 되므로

$$U(X_1,X_2,\cdots,X_m)=A(r^m)$$

을 만족한다. 그래서 우리는

$$A(r^m)=mA(r)$$

임을 알 수 있다. 이 결과는 서로독립이고 동일분포를 따르며, 크기가 s인 치역에 대해서도 다음이 성립한다.

$$A(s^n)=nA(s).$$

여기서 임의의 r, s, n을 선택하고 m을 다음 부등식이 성립하는 수라고 하자.

$$r^m \le s^n \le r^{m+1} \qquad (P_1)$$

(예를 들면, $r=2, s=3$ 그리고 $n=4$이면 $m=6$을 선택해야만 한다.)

A가 감소하지 않는 함수라는 사실을 이용하여

$$A(r^m) \le A(s^n) \le A(r^{m+1})$$

를 얻을 수 있다. 그러면

$$mA(r) \le nA(s) \le (m+1)A(r),$$

즉,

$$\frac{m}{n} \le \frac{A(s)}{A(r)} \le \frac{m}{n} + \frac{1}{n};$$

그래서

$$\left| \frac{A(s)}{A(r)} - \frac{m}{n} \right| \le \frac{1}{n}. \qquad (P_2)$$

(P_1)의 양변에 log를 취하면, 우리는 다음과 같은 부등식들을 구할 수 있다. 위에서와 같이 동일한 논리에 의해

$$\left| \frac{\log(s)}{\log(r)} - \frac{m}{n} \right| \le \frac{1}{n} \qquad (P_3)$$

을 구할 수 있다. 임의의 두 실수에 대해 삼각부등식 을 사용하면,

$$\begin{aligned}\left| \frac{A(s)}{A(r)} - \frac{\log(s)}{\log(r)} \right| &= \left| \left(\frac{A(s)}{A(r)} - \frac{m}{n}\right) + \left(\frac{m}{n} - \frac{\log(s)}{\log(r)}\right) \right| \\ &\le \left| \frac{A(s)}{A(r)} - \frac{m}{n} \right| + \left| \frac{\log(s)}{\log(r)} - \frac{m}{n} \right| \\ &\le \frac{2}{n} \quad (P_2)\text{와 } (P_3)\text{에 의해.}\end{aligned}$$

n을 원하는 만큼 크게 하면 우리는

$$\frac{A(s)}{A(r)} = \frac{\log(s)}{\log(r)}$$

를 구할 수 있고 우리는 $A(s) = K\log(s)$임을 유도할 수 있다. A가 감소하지 않는 함수라는 사실로부터 $K \ge 0$임을 알 수 있다.

두 번째로 각각의 p_j가 유리수인 경우에 이 정리를 증명한다. 그래서

$$p_j = \frac{m_j}{m}\text{이고 } \sum_{j=1}^{n} m_j = m.$$

새로운 확률변수 Y는 m개의 값을 가지며 다음과 같이 n개의 집단으로 나눈다.

$$y_{11}, y_{12}, \cdots, y_{1m_1}, y_{21}, y_{22}, \cdots, y_{2m_2}, \cdots, y_{n1}, y_{n2} \cdots, y_{nm_n}.$$

이렇게 특이하게 모이게 하는 이유는 Y는 X에 의존하게 만들고 사건 $X = x_r$이란 조건하에서 아래와

같이 정의되는 조건부확률을 정의하기 위함이다. $1 \le r \le n$에 대하여

$$P_r(Y = y_{rk}) = \frac{1}{m_r} \quad (1 \le k \le m_r)$$

$$P_r(Y = y_{sk}) = 0 \qquad (1 \le k \le m_s,\ s \ne r)$$

그러면 첫 번째 증명에 의해 $U_r(Y) = K\log(m_r)$을 얻을 수 있다. 따라서

$$U_X(Y) = \sum_{r=1}^{n} p_r U_r(Y) = K \sum_{r=1}^{n} \frac{m_r}{m} log(m_r)$$

을 유도할 수 있다. 여기서 결합 확률 분포

$$P((X = x_r) \cap (Y = y_{sk})) = p_r P_r(Y = y_{sk}) = 0 \quad (s \ne r)$$

$$= \frac{m_r}{m} \times \frac{1}{m_r} = \frac{1}{m}, \qquad (\text{각 } 1 \le k \le m_r)$$

그러면 위 첫 번째 사실과 (P_3)에 의하여 우리는

$$U(X, Y) = K\log(m)$$

을 유추할 수 있다. 여기서 다시 (P_2)에 의해

$$U(X) = U(X, Y) - U_X(Y)$$

$$= K\log(m) - K\sum_{r=1}^{n} \frac{m_r}{m} log(m_r)$$

$$= -K\sum_{r=1}^{n} \frac{m_r}{m} log\left(\frac{m_r}{m}\right)$$

로 요구되는 사실을 얻을 수 있다. 여기서 $\sum_{r=1}^{n} \frac{m_r}{m} = 1$이라는 사실을 이용하였다.

마지막으로 확률들이 임의의 실수로서 각각의 p_j는 유리수의 수열 $p_j^{(N)}$에 의해 근사될 수 있고, 각각의 $p_j^{(N)}$들은 두 번째 증명에서 주어진 형태들로 쓸 수 있다. 그러면 $H^{(N)}(X)$를 이에 해당하는 엔트로피들의 수열이라 하고

$$H(X) = -\sum_{j=1}^{n} p_j \log(p_j)$$

라고 정의하면 우리는 $H(X) = \lim_{N \to \infty} H^{(N)}(X)$임을 구할 수 있다. 그러나 연속성에 대한 가정 (4)과 두 번째 증명에 의해 우리는

$$U(X) = \lim_{N \to \infty} H^{(N)}(X)$$

로 극한의 유일성에 의해 우리는 $U(X) = H(X)$임을 알 수 있다.

5.4 연습문제

1. 확률변수 X가 N개의 가능한 값을 가질 수 있고, 단지 $P(X=x_1)=p_1$만을 알고 있다고 하자. 최대 엔트로피 원리를 이용하여 미지의 $p_2, p_3, \cdots, p_n$을 유도하여라.

2. 확률변수 X에 대해 다음 제약조건을 만족하며 엔트로피 $H(X)$를 최대화하는 확률질량 함수를 구하여라.

$$\text{각 } n\text{에 대하여 } p(n)=P(X=n)\text{일 때, } E(X)=\sum_{n=0}^{\infty} np(n)=A.$$

3. 세 개의 입자는 각각 1, 2, 그리고 3J의 에너지를 가지고 있다고하자. 그들의 평균 에너지가 2.4J일 때 최대 엔트로피 원리를 사용하여 확률분포 $p_1, p_2,$ 그리고 p_3를 구하여라.

CHAPTER 06

PROBABILISTIC APPROACH TO INFORMATION THEORY

통신이론

6.1 정보의 전달

이 절에서는 정보를 전달하는 과정에서 송신자와 수신자의 중간 매개체인 통신로의 종류와 그 성질들을 규명한다. 정보원(information source)에서 통신로(information channel), 즉 정보의 발생에서 정보의 전송으로 통신로 상에서 제기되는 조건에 따른 정보의 손실과 송신자와 수신자간의 상호 정보량에 대한 논의로 전개하고자 한다. 학습 과정 중에 알게 되겠지만 정보를 전송하는 과정에서 어떤 요인에 의해 에러가 발생할 가능성이 있다는 것을 알게 될 것이다. 따라서 이런 에러가 정보의 전송에서 어떠한 의미를 가지는지 탐구해 나간다.

〈그림 6.1〉에서 보는 것처럼 기본적인 모델은 3가지, 즉, 정보원, 정보가 전송되는 통신로, 최종적으로 정보를 받는 수신자로 구성된다. 일상생활에서 예를 들어보면 정보원은 라디오 또는 TV의 송신소가 될 수 있을 것이고, 수신자는 라디오 또는 TV가 되며, 통신로는 전파 또는 방송파가 운송되는 대기환경을 들 수 있다. 또 다른 예로는 정보원은 컴퓨터 메모리, 수신자는 컴퓨터 터미널들이고, 통신로는 프로세서와 네트워크를 연결하는 전선이 될 수 있다. 이런 정보의 전달 과정 중, 수신자에게 잠재적으로 정보의 손실을 일으키는 바람직하지 못한 메시지 변형 효과가 발생하는데 이런 통제 불가능한 무작위성을 잡음(noise)이라한다.

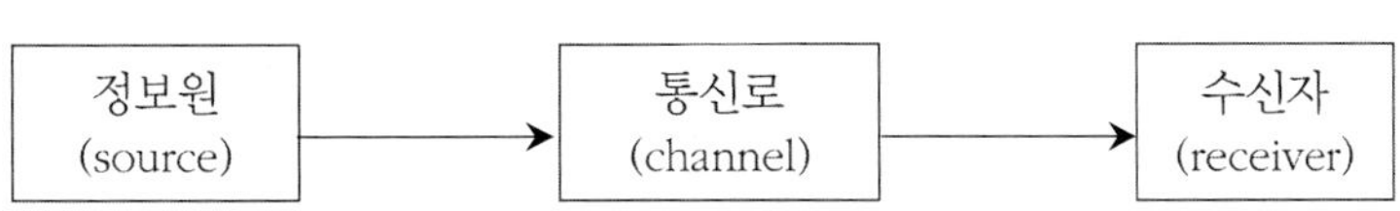

〈그림 6.1〉 기본 통신로 모형

정보원(source)은 **정보원 알파벳(source alphabet)** 또는 **입력 알파벳(input alphabet)**이라 불리는 값으로 $\{a_1, a_2, \cdots, a_n\}$이고 확률분포는 $\{p_1, p_2, \cdots, p_n\}$인 확률변수 S에 의해 모델화된다.

S(sender)가 랜덤하다는 사실은 송신자가 보내고자하는 메시지와 관련하여 불확실성에 기반을 두고 있음을 보여준다. 여기서 메시지는 송수신 당사자 간에 확률변수 S로부터 조합된 연속된 기호이다. 예를 들면, 영어로 된 메시지를 보내기 위해서는 26개의 알파벳, 단어들을 구별해주는 띄어쓰기 공간, 콤마, 마침표, 물음표, 감탄사 등 $n=31$개를 선택해야한다.

수신자 R(receiver)는 또 다른 확률변수로 **수신자 알파벳(receiver alphabet)** 또는 **출력 알파벳(output alphabet)**이라 부르고, 치역은 $\{b_1, b_2, \cdots, b_m\}$이 되며, 각각에 대응되는 확률분포는 $\{q_1, q_2, \cdots, q_m\}$이라 하자. 입력 알파벳과 출력 알파벳 사이에는 일반적으로 $m \geq n$인 관계식을 보여준다. 마지막으로 조건부 확률 $P(R=b_j | S=a_i)$을 $p_i(j)$로 간단히 표기하면, 조건부 확률들의 집합 $\{p_i(j) \mid 1 \leq i \leq n,\ 1 \leq j \leq m\}$으로 된 메시지들이 통신로 상에서 변조되는 효과를 모델화한다. 분명한 사실은 최적의 전송을 위해서는 $n=m$이고 입출력 알파벳의 동일한 경우로 $p_i(i)$는 가능한 1에 가깝게 하는 것이다.

C. Shannon은 통신로도 정보전송의 측면에서 보면 그 본질은 확률로 기술할 수 있다고 생각하여 다음과 같이 정의하였다.

정의 6.1 통신로는 정보원 알파벳 $\{a_1, a_2, \cdots, a_n\}$과 수신자 알파벳 $\{b_1, b_2, \cdots, b_m\}$ 및 a_i를 송신했을 때 수신자 측에서 b_j가 수신될 조건부확률 $p_i(j)$, 즉 통신로 행렬로 완전히 정하여진다. 특히, $p_i(j)$를 행렬의 모양으로 다음과 같이 배열한 것을 **통신로행렬(channel matrix)**이라 한다.

$$T=\begin{bmatrix} p_1(1) & p_1(2) & \cdots & p_1(m) \\ p_2(1) & p_2(2) & \cdots & p_2(m) \\ & & \vdots & \\ p_n(1) & p_n(2) & \cdots & p_n(m) \end{bmatrix} \tag{6.1}$$

통신로행렬의 각 행은 한 알파벳에 대하여 각 열은 하나의 출력알파벳에 대응된다. 행렬 T의 i행 j열을 해석해 보면 $S=a_i$가 송신되었을 때 $R=b_j$가 수신될 조건부 확률을 의미한다. 이런 관점에서 통신로행렬의 가장 기본적인 성질은 임의의 한 행을 생각할 때, 그 요소의 합이 1이 되는 것이다. 이것은 어떤 알파벳 a_i가 송신되었을 때 수신되는 것은 어떤 출력 알파벳이 생기는 것을 의미한다. 이 관계를 쓰면,

$$\sum_{j=1}^{m} p_i(j) = 1, \quad i=1,2,3,\cdots,n \tag{6.2}$$

로 된다.

또 일반적으로 이와 같은 통신로는 〈그림 6.2〉 (a)와 (b)의 그림으로 표시한다. 이것을 **통신로 다이어그램(channel diagram)**이라고 한다.

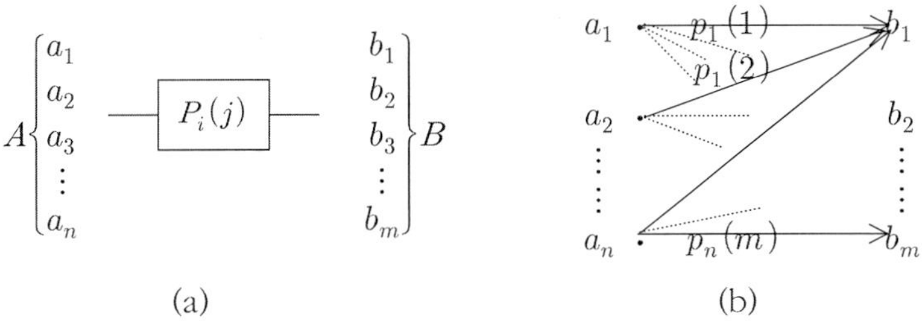

〈그림 6.2〉 통신로 그림

n개의 입력 알파벳과 m개의 출력 알파벳을 갖는 통신로를 생각하자. 이 통신로의 통신로 행렬은 다음 식으로 주어진다.

$$T=\begin{bmatrix} p_1(1)\ p_1(2)\ \cdots\ p_1(m) \\ p_2(1)\ p_2(2)\ \cdots\ p_2(m) \\ \vdots \\ p_n(1)\ p_n(2)\ \cdots\ p_n(m) \end{bmatrix} \tag{6.3}$$

여기서 입력 알파벳을 각각 $p(a_1)$, $p(a_2),\cdots,p(a_n)$의 확률로 선택하여 이 통신로 상으로 전송한다고 하자. 이 때 출력 알파벳도 어떤 확률로 나타난다. 이 확률들을 각각 $p(b_1)$, $p(b_2),\cdots,p(b_m)$라고 하자. 그러면 이들 입력 알파벳과 출력 알파벳 사이의 확률관계는 쉽게 구해진다. 예를 들면, 출력 알파벳 b_1을 생각하면, 이 알파벳이 수신되는 경우는 m가지이다. 우선 a_1이 보내졌을 때, b_1은 $p_1(1)$의 확률로 발생한다. a_2가 보내졌을 경우 b_1은 $p_2(1)$의 확률로 발생한다. 이와 같이하여

$$\begin{cases} p(a_1)p_1(1)+p(a_2)p_2(1)+\cdots \quad +p(a_n)p_n(1)=p(b_1) \\ p(a_1)p_1(2)+p(a_2)p_2(2)+\cdots \quad +p(a_n)p_n(2)=p(b_2) \\ \vdots \\ p(a_1)p_1(m)+p(a_2)p_2(m)+\cdots+p(a_n)p_n(m)=p(b_m). \end{cases} \tag{6.4}$$

이 식 (6.4)는 다음과 같이 나타낼 수 있다.

$$\begin{bmatrix} p(b_1) \\ p(b_2) \\ \vdots \\ p(b_m) \end{bmatrix} = \begin{bmatrix} p_1(1) & p_2(1) & \cdots & p_n(1) \\ p_1(2) & p_2(2) & \cdots & p_n(2) \\ \vdots & \vdots & & \vdots \\ p_1(m) & p_2(m) & \cdots & p_n(m) \end{bmatrix} \begin{bmatrix} p(a_1) \\ p(a_2) \\ \vdots \\ p(a_n) \end{bmatrix} = T^t \begin{bmatrix} p(a_1) \\ p(a_2) \\ \vdots \\ p(a_n) \end{bmatrix} \tag{6.5}$$

여기서 T는 통신로 행렬이고 T^t는 T의 전치행렬이다.

다음은 자주 사용되는 중요한 통신로 모델로 이진대칭 통신로, 완전 이진 비대칭 통신로,

이진소거 통신로를 알아보고 그에 대한 각각의 통신로 행렬들을 유추해보자.

1) 2진 대칭 통신로(binary symmetric channel)

통신 모델에서 가장 일반적으로 사용되는 통신로로 무기억성(memoryless)이며, 이론적으로나 실제 응용에서도 중요한 **2진 대칭 통신로(binary symmetric channel : BSC로 표기)**이다. 아래 그림은 BSC의 모델에 대한 설명도이다. 입력 알파벳과 출력 알파벳이 모두 2진원 알파벳 0과 1일 때, 이 통신로를 2진 대칭 통신로라고 한다.

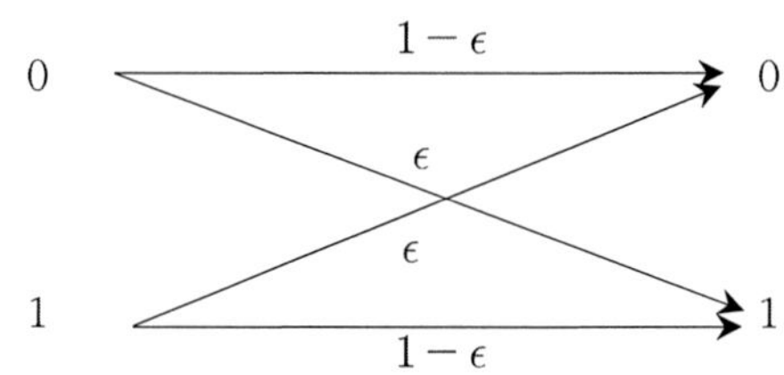

〈그림 6.3〉 2진 대칭 통신로

특히,

$$P_0(0) = P_1(1), \quad P_0(1) = P_1(0)$$

이 성립할 때, BSC라고 한다. BSC에서는 $P_0(1) = P_1(0)$을 **비트오류율(bit error rate)** 혹은 **소자 오류율(element error rate)**이라고도 한다. 비트오류율을 간단히 ϵ으로 나타내면 이 통신로의 통신로 행렬은

$$T = \begin{bmatrix} 1-\epsilon & \epsilon \\ \epsilon & 1-\epsilon \end{bmatrix} \tag{6.6}$$

으로 주어진다.

2) 완전 2진 비대칭 통신로(Completely binary nonsymmetric channel)

아래 〈그림 6.4〉는 완전 2진 비대칭 통신로의 모델링이고, 비대칭 통신로 행렬은 또한 그림에서 구현할 수 있듯이 다음과 같다.

$$T = \begin{bmatrix} 1-\epsilon & \epsilon \\ 0 & 1 \end{bmatrix} \tag{6.7}$$

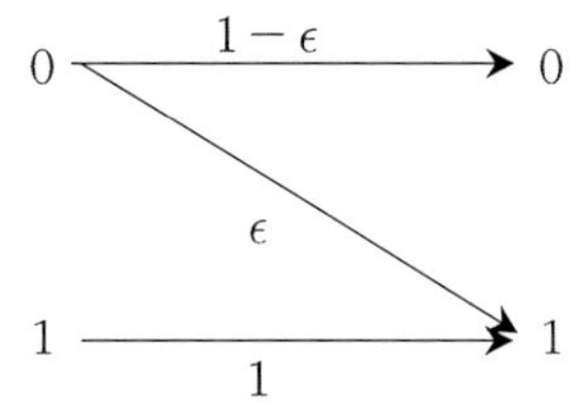

〈그림 6.4〉 완전비대칭 2진 대칭통신로

즉, $P_0(0) \neq P_1(1)$, $P_0(1) \neq P_1(0)$인 통신로 행렬을 갖는 2진 통신로를 **완전 2진 비대칭 통신로(Completely binary nonsymmetric channel)**라고 한다. 이 통신로의 특징적인 현상으로 잡음에 의해 0은 1로 전송되는 경향이 있지만 1은 절대로 0으로 변조되지 않는 통신로이다.

3) 2진 소거 통신로(binary erasure channel)

아래 〈그림 6.5〉는 2진 소거 통신로 모델에 대한 설명도이고, 그 통신로 행렬은 다음과 같이 주어진다.

$$T = \begin{bmatrix} 1-\epsilon & \epsilon & 0 \\ 0 & \epsilon & 1-\epsilon \end{bmatrix} \tag{6.8}$$

이 통신로는 송신측에서 송신한 0 또는 1이 ϵ만큼 소거되어 어떤 알파벳으로 되는지 알 수 없는 통신로로 0이 1로 전송되거나, 1이 0으로 전송되는 경우가 없는 통신로이다.

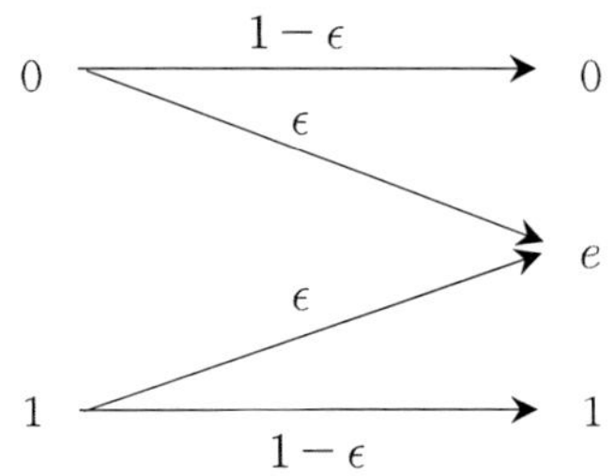

〈그림 6.5〉 2진 소거통신로

통신로를 통해 전달되는 정보의 흐름을 모델링하는 효과적인 개념이 두 사건 E와 F 사이의 **상호정보량(mutual information)**이다. 이것은 지난 4장에서 설명된 두 확률변수 간의 상호 정보량의 개념과 다르다. 그러나 전개과정에서 살펴보겠지만 대단히 연관되어 있음을 알게 될 것이다. 위에서 정의한 바와 같이 E는 사건 $S=a_j$, 확률 $p_j = P(S=a_j)$이고 F는 $R=b_k$가 일어날 사건, 확률 $q_k = P(R=b_k)$으로 정의하고 상호정보량의 기호 $I(a_j\,;\,b_k)$로 나타내자. 만

약 $p_j > 0$이면

$$I(a_j\,;\,b_k) = -\log(q_k) + \log(p_j(k)) \tag{6.9}$$

(만약, $p_j = 0$이면, $I(a_j;b_k) = 0$이라 한다.)

$-\log(q_k)$는 사건 $(R = b_k)$의 정보량인 것처럼 $-\log p_j(k)$는 $(S = a_j)$가 전송되었을 때, $(R = b_k)$를 특징지어주는 나머지 정보이다. 따라서 $I(a_j;b_k)$는 $(S = a_j)$에 포함되어 있는 $(R = b_k)$에 대한 정보이다. 다시 말하면, 그것은 통신로를 통해 전달된 정보량의 측도이다. 만약 통신로 상에서 잡음이 전혀 발생하지 않는 경우

$$I(a_j\,;\,b_k) = -\log(q_k) = I\,(q_k)$$

이는 b_k를 수신하기 위해 a_j가 송신되는 것과 같다. 다음 정리는 상호 정보량에 관한 유용한 성질들을 모아놓은 것이다.

정리 6.2 각 $1 \le j \le n$, $1 \le k \le m$에 대하여 다음을 만족한다.

(1) $I(a_j;b_k) = \log(\dfrac{p_{jk}}{p_j q_k})$.

(2) $I(a_j;b_k) = -\log(p_j) + \log(q_k(j))$, 여기서 $q_k(j) = P(S = a_j \mid R = b_k)$.

(3) $I(a_j;\,b_k) = I(b_k;\,a_j)$.

(4) 만약 사건 $(S = a_j)$과 $(R = b_k)$가 서로 독립이면 $I(a_j;b_k) = 0$.

(5) $I(S\,;R) = \sum_{j=1}^{n}\sum_{k=1}^{m} p_{jk} I(a_j;b_k)$.

증명 (1)은 $p_j(k) = \dfrac{p_{jk}}{p_j q_k}$에서 쉽게 유도된다. 여기서 $p_{jk} = P(S = a_j, R = b_k)$이다.

(2)는 (1)과 $q_k(j) = \dfrac{p_{jk}}{q_k}$에서 계산된다.

(3)과 (4)는 (1)로부터 즉시 유도된다.

(5)에 대한 증명은 상호정보량의 정의와 (1)에 의해

$$\begin{aligned} I(S\,;R) &= \sum_{j=1}^{n}\sum_{k=1}^{m} p_{jk} \log\frac{p_{jk}}{p_j\,q_k} \\ &= \sum_{j=1}^{n}\sum_{k=1}^{m} p_{jk} I(a_j\,;b_k) \end{aligned}$$

임을 증명할 수 있다.

위의 정리에서 (3)은 흥미롭게 해석할 수 있다. 만약 통신로가 뒤바뀌어 S가 수신자가 되고 R이 정보원이이 된다면 b_k에 포함되어 있는 a_j의 정보는 통신로가 정상적으로 작동될 때, a_j에 포함되어 있는 b_k의 정보량과 정확히 같다는 것을 설명해주고 있다. 성질 (4)는 각 개별 심벌들이 전송 가능한 모든 경우의 평균으로서 정보원과 수신자의 확률변수에 대한 상호정보량을 말해주고 있다.

예제 6.1 〈그림 6.3〉에서 모델링된 2진 대칭 통신로 상에서 정의되는 상호 정보량 $I(a_0,b_0)$, $I(a_0,b_1)$, $I(a_1,b_0)$, 그리고 $I(a_1,b_1)$을 구하여라.

풀이 주어진 예제에서 a_0, $b_0=0$이고 a_1, $b_1=1$이다. 따라서 정리 6.2과 2장 3절에서 구한 확률변수 R에 대한 분포에 의해

$$I(0\,;0) = -\log(1-\epsilon-p+2\epsilon p)+\log(1-\epsilon)$$

$$= \log(\frac{1-\epsilon}{1-\epsilon-p+2\epsilon p}).$$

같은 방법으로 구하면 다음과 같다.

$$I(1;1) = \log(\frac{1-\epsilon}{\epsilon+p-2\epsilon p}),$$

$$I(0;1) = \log(\frac{\epsilon}{\epsilon+p-2\epsilon p}),$$

$$I(1;0) = \log(\frac{\epsilon}{1-\epsilon-p+2\epsilon p}).$$

위 식에서 $\epsilon=0$으로 통신로에 잡음이 없다고 하자. 그러면 $I(0;0)=I(0)=-\log(1-p)$, $I(1;1)=I(1)=-\log(p)$가 되고, 또한 $I(0\,;1)=I(1\,;0)=-\infty$가 되어 우리가 기대했던 것처럼 완벽한 전송이 이루어진다. 같은 방법으로 $\epsilon=1$로 놓으면 이번에는 $I(0;1)=I(0)$와 $I(1;0)=I(1)$을 얻게 되는 것을 제외하고 같은 결론을 유도할 수 있다. 이 경우는 0의 모든 정보가 1로 1의 정보가 모두 0로 뒤바뀌어 전송되는 것 말고는 완전한 전송이 이루어진다. 반면 $\epsilon=\frac{1}{2}$이 되면 잡음은 최대의 불확실성을 유도하게 되고, 그 결과 $I(a_0,b_0)=I(a_0,b_1)=I(a_1,b_0)$ $=I(a_1,b_1)=0$이 되어 정보는 전달되지 않는다.

한편 S를 대칭인 베르누이 확률변수($p=\frac{1}{2}$)라 하자 그러면 위 공식에서

$$I(a_0,b_0)=I(a_1,b_1)=\log(2(1-\epsilon))=1+\log(1-\epsilon)$$

$$I(a_0,b_1)=I(a_1,b_0)=\log(2\epsilon)=1+\log(\epsilon).$$

만약 $0 < \epsilon < \frac{1}{2}$인 경우 $I(a_0, b_1)$과 $I(a_1, b_0)$는 둘 다 음수이고, $I(a_0, b_0)$와 $I(a_1, b_1)$는 둘 다 1보다 작다. 반면 $\frac{1}{2} < \epsilon < 1$인 경우 $I(a_0, b_0)$과 $I(a_1, b_1)$는 음수이고, $I(a_0, b_1)$과 $I(a_1, b_0)$는 둘 다 1보다 작다.

4장에서 이미 알고 있지만 상호정보량 $I(S, R) \geq 0$이다. 그런데 음수인 상호정보량은 잡음의 영향으로 인해 송출된 심벌들의 모든 정보량이 손실되었음을 말해주며, 전송된 정보에 대해 잡히는 신호보다는 잡음이 더 많다는 특징을 설명해준다.

위에서 설명한 것처럼 사건들 사이의 정보량은 음수가 될 수 있지만 정보원과 수신자 확률변수간의 상호정보량 $I(S, R)$은 결코 음수가 될 수 없다는 사실을 유의하기 바란다.

6.1 연습문제

1. 〈그림 6.5〉에서 주어진 2진 소거 통신로에 대한 각각의 상호 정보량을 각각 구하여라.
   1) $I(0;0)$, $I(0;e)$, $I(1;1)$
   2) 송신자와 수신자 상호간의 상호정보량 $I(S;R)$

2. 아래 그림에서 주어진 결합 2진에러 대칭소거 통신로에 대해 다음을 구하여라.

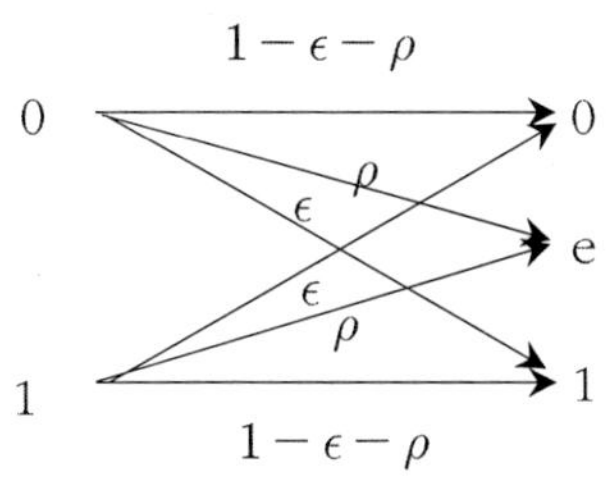

〈그림 6.6〉 결합 2진에러 대칭-소거통신로

   1) $H(R)$ 2) $H(R|S)$ 3) $I(S;R)$

3. 〈그림 6.4〉에서 주어진 완전비대칭 2진 대칭통신로에 대하여 물음에 답하여라. 여기서 $p(1)=p$, $p(0)=1-p$라고 한다.
   1) $I(0;0)$, $I(0;1)$,과 $I(1;1)$ 2) 송신자와 수신자 상호간의 상호정보량 $I(S;R)$

4.[4] 〈그림 2.8〉에서 주어진 2채널 2진대칭 통신로에 대하여 A에서 송신하고 B에서 수신한 것을 다시 두 번째 채널을 통해 C로 전송하는 모델이다. 만약 1이 송신될 확률을 $P(1)=0.4$라 하고 $\epsilon_1=0.14$, $\epsilon_2=0.21$라 하자. 상호정보량 $I(A;B)$와 $I(A;C)$를 각각 구하여라.

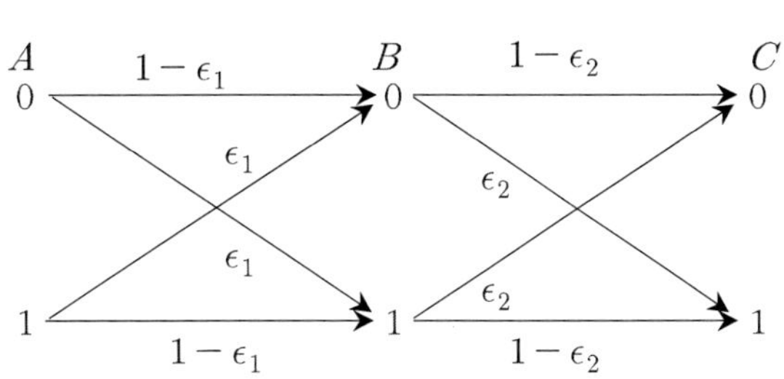

4) David Applebaum, Probability and Information pp151 참조.

6.2 통신로 용량(Channel Capacity)

앞 절에서는 각 사건들의 정보를 전달하기 위한 그들의 능력을 측정하는 관점에서 통신로의 정보전달 과정과 그 성질들을 살펴봤다. 보다 넓은 관점에서 상호정보량 $I(S,R)$은 정보원의 분포 $P(a_j)=p_j$, $j=1,2,\cdots,n$과 통신로의 분포 $P(b_k \mid a_j)=p_j(k)$, $j=1,2,\cdots,n$, $k=1,2,\cdots,m$의 두 가지에 의존한다.

입력 알파벳 $R_S=\{a_1,a_2,\cdots,a_n\}$, 출력 알파벳 $R_R=\{b_1,b_2,\cdots,b_m\}$과 통신로 행렬 $T=(p_j(k))$로 구성된 시스템을 **이산형 통신로(discrete channel)**라 한다. 또한 여러 단계의 통신로에서 각 단계의 출력 확률분포가 단지 그 시간대 입력에만 의존하고 바로 앞선 통신로의 입력이나 출력에는 조건부적으로 독립일 때 **무기억성 통신로(memoryless channel)**라고 한다.

통신로 행렬로 각각 조건부확률 분포 $\{p_j(k),\ 1 \le j \le n,\ 1 \le k \le m\}$를 따르는 통신로 상에서 전송하고자 하는 메시지를 가능한 최대의 정보량을 전달할 수 있는 통신용량을 알아보자. 그러면 여기서 고려해야 될 사항으로 남아있는 변수는 정보원의 확률분포 $\{p_1,p_2,\cdots,p_n\}$이다.

정의 6.3 **통신로 용량(channel capacity)** C는 다음 식으로 정의한다.

$$C=\max_{\sum_{j=1}^{n} p_j=1} I(S;R). \tag{6.10}$$

여기서 확률변수 S의 가능한 모든 확률분포에서 최댓값을 취한다.

식 (6.10)을 상호정보량의 또 다른 등식을 사용하여 좀 더 쉽게 풀어쓰면 다음과 같다.

$$C=\max_{\sum_{j=1}^{n} p_j=1} (H(R)-H(R|S)). \tag{6.11}$$

예제 6.2 2진 대칭 통신로에 대한 통신로 용량을 구하여라.

풀이 모수가 $x=\epsilon+p-2\epsilon p$인 베르누이 분포를 따르는 확률변수 R에 대한 최댓값을 구하고자 한다. R에 대한 엔트로피는 다음과 같다.

$$H(R)=H_b(x)=-x\log(x)-(1-x)\log(1-x)$$

전형적인 결합 확률을 계산하면

$$p_{00}=(1-p)(1-\epsilon),\ \ p_{01}=(1-p)\epsilon$$

$$p_{11} = p(1-\epsilon),\ \ p_{10} = p\epsilon$$

그러므로 조건부 엔트로피의 정의와 식 (6.10)에 의해

$$\begin{aligned} H(R \mid S) &= -(1-p)(1-\epsilon)\log(1-\epsilon) - (1-p)\epsilon\log(\epsilon) \\ &\quad - p(1-\epsilon)\log(1-\epsilon) - p\epsilon\log(\epsilon) \\ &= -(1-\epsilon)\log(1-\epsilon) - \epsilon\log(\epsilon) = H_b(\epsilon). \end{aligned}$$

$H(R \mid S)$은 분명히 p와 무관함으로 다음 결과를 얻을 수 있다.

$$\begin{aligned} C &= \max(H_b(x)) - H_b(\epsilon) \\ &= 1 - H_b(\epsilon). \end{aligned}$$

사실 $p = \frac{1}{2}$일 때 통신로 용량 C를 구할 수 있음을 보일 수 있다. 이 예제에서 C는 ϵ의 함수이고 아래 그림에서 그 관계를 보여주고 있다.

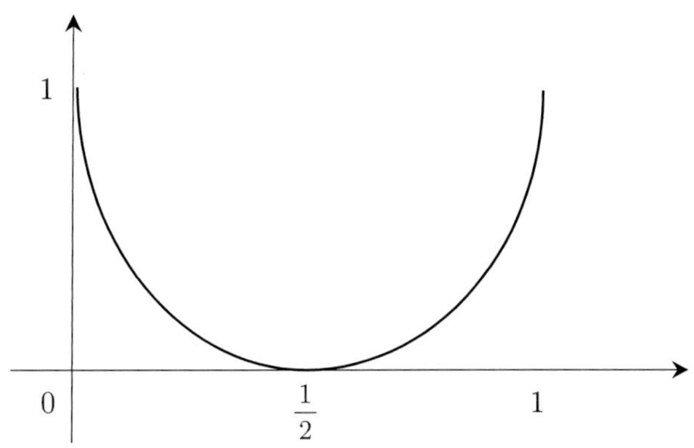

그림 6. 7 통신로 용량

예제 6.3 〈그림 6.5〉에서 주어진 2진 소거 통신로에 대한 통신로 용량 C를 구하여라.

풀이 통신로 용량의 정의에 의해

$$\begin{aligned} C &= \max_{\sum_j p_j = 1} I(S;R) \\ &= \max_{\sum_j p_j = 1} (H(R) - H(R \mid S)) \\ &= \max_{\sum_j p_j = 1} H(R) - H_b(\epsilon) \end{aligned}$$

여기서 $H(R|S) = -(1-\epsilon)\log(1-\epsilon) - \epsilon\log(\epsilon)$으로 $H(R|S) = H_b(\epsilon)$이고, $p_1 = p$라 하면 $p_0 = 1 - p$가 된다.

사건 $E=\{Y=e\}$라고 정의하자. 그러면 엔트로피의 정의에 의해

$$H(R)=H(R,E)=H(E)+H(R|E)$$

가 된다. 따라서

$$H(R)=H((1-p)(1-\epsilon),\ \epsilon,\ \epsilon(1-\epsilon))$$
$$=H_b(\epsilon)+(1-\epsilon)H_b(p)$$

그러므로 $p=\frac{1}{2}$일 때 $H_b(p)=1$로 최댓값을 가지므로 다음 같이

$$C=\max_{\sum_j p_j=1}H(R)-H_b(\epsilon)$$
$$=\max_p(1-\epsilon)H_b(p)+H_b(\epsilon)-H_b(\epsilon)$$
$$=\max_p(1-\epsilon)H_b(p)$$
$$=1-\epsilon$$

인 통신로 용량을 구할 수 있다.

지금까지 두 예제 6.2과 예제 6.3에서 2진 대칭통신로의 용량은 $C=1-H_b(p)$비트이고, 2진 소거 통신로 용량은 $C=1-\epsilon$비트임을 보았다. 그러면 다음과 같은 예제에서 주어지는 통신로 행렬

$$T=(p_j(k))=\begin{pmatrix}0.3 & 0.2 & 0.5\\ 0.5 & 0.3 & 0.2\\ 0.2 & 0.5 & 0.3\end{pmatrix}$$

를 생각해 보자. 이 행렬의 특징은 각 행들이 모두 순열이고 더불어 각 열도 순열이다. 이런 통신로를 대칭이라 하고, 4장에서처럼 이중 확률행렬이라고도 한다.

예제 6.4 S의 입력 알파벳과 R의 출력 알파벳이 $\{0,1,2\}$이고, 통신로 행렬이 $T=\begin{pmatrix}0.3 & 0.2 & 0.5\\ 0.5 & 0.3 & 0.2\\ 0.2 & 0.5 & 0.3\end{pmatrix}$에 대하여 대칭 통신로의 용량을 구하여라.

풀이 통신로 용량의 정의와 r을 통신로 행렬의 한 행의 원들이라 할 때,

$$
\begin{aligned}
I(S;R) &= H(R) - H(R|S) \\
&= H(R) - H(r) \\
&\le \log(m) - H(r)
\end{aligned}
$$

이 되고 3장에서처럼 최대 엔트로피는 균등분포일 때이므로 등식은 $q_k = \dfrac{1}{m}$ 이다. 따라서 채널 용량 C는

$$
C = \max_{\sum_{j=1}^{3} p_j = 1} I(S;R) = \log 3 - H(0.5, 0.3, 0.2) = 0.0995 bits
$$

가 된다.

지금까지 알아본 통신로 용량에 대한 기본 성질들을 요약하면 다음과 같다.

1) $I(S;R) \ge 0$이기 때문에 $C \ge 0$.

2) S의 알파벳의 수가 n이면 $C = \max I(S;R) \le \max H(S) = \log(n)$이므로 $C \le \log(n)$이다.

3) 같은 이유에서 R의 알파벳의 수가 m이면 $C \le \log(m)$이다.

그 외에도 몇 가지 더 있지만 지금까지 배운 사실만으로 요약하였다.

분명히 통신로 용량 C에 가까운 정보를 전달하고자 한다면, 이에 해당되는 확률들을 조정할 필요가 있다. 얼핏 보기에는 불가능할 것처럼 보인다. 그러나 메시지를 보낼 때 보다 확률적 성질을 잘 구현하는 방법으로 이 문제를 해결할 수 있다. 이것이 다음 절을 구성하게 되는 코딩이론이다.

6.2 연습문제

1. 아래 그림에서 주어진 2진 무잡음 통신로에 대한 통신로 용량 C를 구하여라.

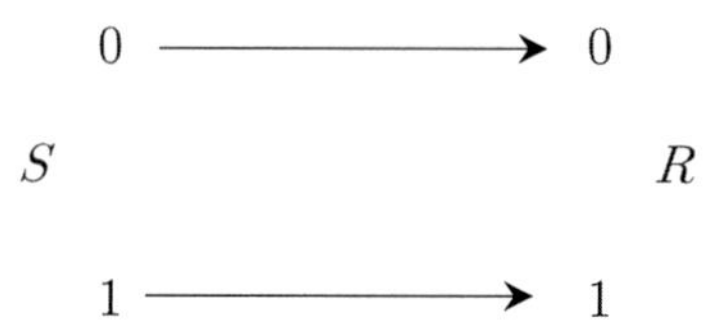

〈그림 6.8〉 무잡음 2진통신로

2. 〈그림 6.6〉에서 주어진 결합 2진에러 대칭-소거통신로에 대해 물음에 답하여라.
   1) 상수 ρ에 대하여 $f(y)=-y\ln(y)-(1-y-\rho)\ln(1-y-\rho)$를 미분하여 최댓값을 구하여라. 이 때 $p=\dfrac{1}{2}$일 때 최댓값을 가지게 된다.
   2) 주어진 통신로의 용량 C를 구하여라.
   3) $\rho=0$일 때 통신로 용량 C를 구하고 2진 대칭통신로 용량과 비교하여라.
   4) $\epsilon=0$일 때 통신로 용량 C를 구하고 2진 소거통신로 용량과 비교하여라.

3. S의 입력 알파벳과 R의 출력 알파벳이 $\{0,1,2\}$일 때 아래와 같이 주어진 통신로 행렬에 대한 통신로 용량을 구하여라.

   1) $P=\begin{pmatrix} \frac{1}{3} & \frac{1}{3} & \frac{1}{3} \\ \frac{1}{3} & \frac{1}{3} & \frac{1}{3} \\ \frac{1}{3} & \frac{1}{3} & \frac{1}{3} \end{pmatrix}$

   2) $P=\begin{pmatrix} \frac{1}{2} & \frac{1}{2} & 0 \\ 0 & \frac{1}{2} & \frac{1}{2} \\ \frac{1}{2} & 0 & \frac{1}{2} \end{pmatrix}$

6.3 코드

코딩에 대한 수학적 이론은 지난 20년간 심도 깊게 발전되어왔고 현대 추상 대수학의 세련된 기술이 적용되기까지 한층 심화되었다. 이 절의 목적은 동시복호 가능 코드에 대한 개념과 중요한 Kraft-McMillan 부등식을 증명하고 더불어 정보의 전달과정에 대한 독자들의 지식 기반을 넓히고자 호프만 코드를 포함한 몇 가지 중요한 코드를 소개한다.

코드 알파벳(code alphabet) C는 단순히 부호들의 집합 $\{c_1, c_2, \cdots, c_r\}$이고, 각 원소들은 **코드 심벌(code symbol)**이라 한다. **코드어(code word)**는 코드 문자들의 어떤 배열 $c_{i_1}c_{i_2}\cdots c_{i_n}$이다. 간단히 표현하기 위해 임의의 x에 대한 코드어를 $C(x)$로 표현하고 여기에 나타난 수를 코드어의 **길이(length)**라 하고 $\ell(x)$로 나타내자. 이해를 돕기 위해 만약 $C(x) = c_{i_1}c_{i_2}\cdots c_{i_n}$라고 하면 $\ell(x) = n$이다. 코드(code)는 모든 가능한 코드어의 집합이고, **코드 메시지(code message)**는 하나 또는 그 이상의 코드어의 연속된 배열이다. 한 언어를 코딩하는 과정은 그 언어의 알파벳 심벌들을 적절한 코드어로 대응시키는 함수이다. 영어에 대한 대표적인 코드의 예로는 두 개의 심벌 점(·)과 대시(−)로 구성된 모스(Morse) 코드를 들 수 있다.

예제 6.5 [이진코드] 컴퓨터를 작동하는데 가장 간단하고 중요한 코드이다.

$$C = \{0, 1\}.$$

코드어의 예들로서 다음을 생각할 수 있다.

$$x = 0011110,\ \ y = 11010,\ \ z = 101.$$

x는 길이 7이고, y는 길이 5, z는 길이 3이다. 만약 우리들이 사용하는 코드의 코드 길이가 6이하인 코드어로 구성되도록 한다면, 모두 126개의 가능한 코드어들이 있을 것이다. 그러나 실제 사용하는데 걸림돌은 이 코드어들을 그대로 사용한다면 한 코드어와 연속된 다른 코드어의 시작과 끝을 인식하여 복호하는데 문제가 발생할 수 있어 쉽게 코딩과 복호화할 수 있는 코드어가 필요하게 된다.

예제 6.6 정보원 S의 분포와 코드어가 다음과 같이 할당되었을 때

1) $P(S=1) = 0.5$, 코드어 $C(1) = 0$

2) $P(S=2) = 0.25$, 코드어 $C(2) = 10$

3) $P(S=3)=0.125$, 코드어 $C(3)=110$

4) $P(S=4)=0.125$, 코드어 $C(4)=111$

엔트로피는 $H(S)=1.75$ 비트가 되고, 각각의 코드 길이는 1, 2, 3, 3이 된다.

다음 표는 여러 가지 2진 블록 부호의 예를 제시해 주고 있다. 특히 정보원 심벌이 각각 독립적으로 코드 심벌 계열에 사상(mapping)되는 것과 같은 코드를 **블록 코드**(block code)라고 한다.

〈2진 블록 코드의 예〉

정보원 심벌	코드 C_1	코드 C_2	코드 C_3	코드 C_4	코드 C_5
A	0	0	00	0	0
B	01	01	01	01	10
C	10	11	10	011	110
D	01	10	11	0111	1110

코드 C_1을 예로 들어 보면 정보원의 심벌 B, D와 같은 01이라는 코드어가 할당되어 있어 수신자는 01을 받아도 B인지 D인지 구분할 수 없다. 이와 같이 코드 가운데 같은 코드어가 두 곳에서 사용되는 코드를 **특이 코드**(singular code)라고 한다.

코드 C_2에는 같은 코드어가 없다. 그러나 다음과 같이 ACA인 문자열과 BD인 문자열의 경우 코딩하면 동일한 코드메시지가 된다.

$$ACA \rightarrow 0110$$

$$BD \rightarrow 0110$$

서로 다른 정보원 계열이 동일한 코드 메시지로 대응하는 코드를 **유일복호 불가능 코드**(uniquely undecodeable code)라고 한다.

코드 C_3에서는 2비트마다 끊어서 그것들이 어느 것에 대응하는가를 조사하여 빠르고 정확하게 복호가 가능하다. 일반적으로 이런 코드를 **유일복호 가능 코드**(uniquely decodeable code)라고 한다. 특히 C_3에서는 모든 코드는 어떤 코드어와도 같은 코드 길이를 갖고 있기 때문에 **등거리 코드**(same length code)라고 한다.

코드 C_4 및 C_5도 한 번에 복호 가능한 코드라는 것을 쉽게 확인할 수 있으며, 이 두 코드는 비등거리 코드의 예들이다. 그런데 이 두 코드는 유사점이 많다. 중요한 차이 중의 하나는 C_4에서는 01을 수신했을 때 그것만으로 B라고 판단하지 않는다. 다음에 1이 오면 C 또는 D인지 알 수 없기 때문이다. 다음에 0이 나오면 비로소 B라고 판정한다. 즉 01이 B라고 해도 01을 수신한 끝 시점에서는 B라고 판정되지 않는다. 이런 의미에서 코드 C_4를 **동시복호 불가능 코드**(instantaneously undecodeable code) 혹은 **비동시 코드**(noninstantaneously code)라고 한다. 이에 반해 코드 C_5는 동시에 복호가능하다. 이런 코드를 **동시복호 가능 코드**(instantaneously decodeable code) 또는 **동시 코드**(instantaneous code)라고 한다. 특히, 이 부호의 0은 부호어를 구별하는 표시이고, 콤마의 역할을 발휘하고 있다. 그래서 **콤마부호**(comma code)라고도 한다.

지금까지 코드로서 가능한 모든 종류를 분류하였고 특히 일반적인 모든 코드, 유일 복호 가능코드와 동시복호 가능 코드 간의 포함관계를 살펴보면 그려보면 〈그림 6.9〉와 같다.

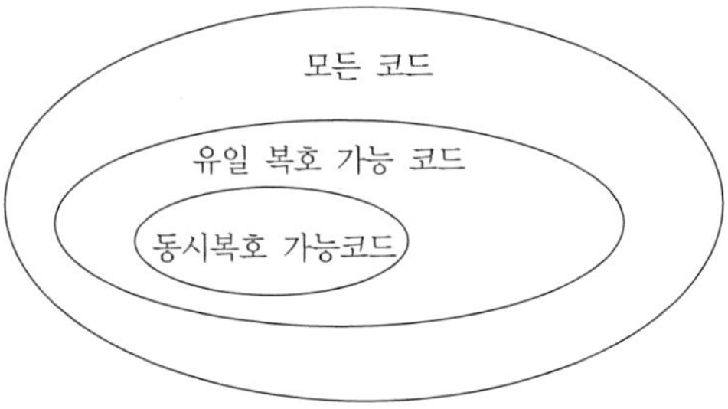

〈그림 6.9〉 코드의 포함관계

다음 우리의 목적은 통신로를 통해 정보가 전달되기 전에 정보원 메시지를 코딩하여 정보 전송하는 일련의 과정을 이해하는데 있다. 따라서 아래 그림에서 보는 것처럼 보다 정교한 통신로에 대한 모델이 필요하다.

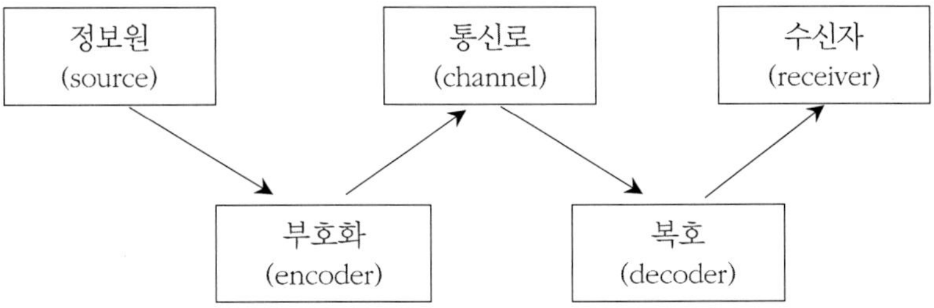

〈그림 6.10〉 통신로 모델

크기가 r인 코드 알파벳을 이용하여 크기 n인 정보원 알파벳을 전송할 때, 일반적으로 $r \le n$을 취한다.(예를 들면, 영어는 $n = 26$이고 모스코드 $r = 2$). 컴퓨터 시스템에 정보를 저장하는 전형적인 코드인 것처럼 알파벳이 $\{0,1\}$인 2진 코드를 사용한다. 그러면 앞에서 코드의 분류에서 살펴봤지만 우리에게 요구되는 바람직한 코드의 성질들을 생각해보자.

(i) 정보원 알파벳의 각 심벌은 유일한 코드어로 사상되어야 한다.

(ii) 코드는 유일하게 복호되어야하고, 이것은 어떤 코드어들의 유한개의 수열로 오직 하나의 메시지에 대응되어야한다.

예제 6.7 만약 정보원 알파벳 $\{a_1, a_2, a_3, a_4, a_5\}$를 2진 코드로 다음과 같이 코딩할 때 유일하게 복호가능한가?

$$a_1 \to 0,\ a_2 \to 1,\ a_3 \to 01,\ a_4 \to 10,\ a_5 \to 11$$

풀이 다음 메시지 0101110110을 생각해보자. 이 메시지는 여러 가지 서로 다른 변환을 가진다. 예를 들면, $a_1a_4a_2a_5a_1a_3a_4$와 $a_1a_2a_3a_5a_3a_4$의 두 가지 가능성이 있다. 이외에도 다른 경우를 찾을 수 있을 것이다.

유일 복호 코드가 분명히 바람직한 코드임에 틀림없지만 보다 더 바람직한 코드는 전체 메시지가 도달하기 전에 각 코드어가 도달하자마자 동시에 복호 가능한 코드이다. 이런 종류의 코드를 공식적으로 표현하는 개념이 프리픽스(prefix)이다. 이 개념을 설명하기 위해 $c_{i_1}c_{i_2}\cdots c_{i_n}$을 코드어라고 하고 어떤 $k<n$에 대해 $c_{i_1}c_{i_2}\cdots c_{i_k}$를 또 하나의 코드어라 하면 $c_{i_1}c_{i_2}\cdots c_{i_k}$를 **프리픽스(prefix)**라 부른다. 예를 들면 010은 01011의 프리픽스이다. 코드어가 다른 것들의 프리픽스가 안되는 코드를 **프리픽스 프리(prefix-free)**라 부른다.

예제 6.8 예제 6.7의 다섯 개의 정보원 알파벳에 대한 코딩을 생각할 때, 어느 것이 코드의 프리픽스 프리가 되는가?

(i) $a_1 = 00,\ a_2 = 01,\ a_3 = 110,\ \ a_4 = 010,\ \ a_5 = 01011,$

(ii) $a_1 = 0,\ a_2 = 10,\ a_3 = 110,\ \ a_4 = 1110,\ \ a_5 = 11110.$

풀이 분명히 (i)은 01은 010과 01011의 프리픽스가 됨으로 프리픽스 프리가 아니다. 그러나 이 코드도 유일하게 복호 가능함을 확인해 보기 바란다. 한편 (ii)는 분명히 프리픽스 프리이다.

정리 6.4 임의의 프리픽스 프리 코드는 유일하게 복호 가능한 코드이다.

증명 $d_1d_2\cdots d_n$을 코드어 $d_1, d_2, \cdots, d_n$에 의해 만들어진 코드 메시지라 하자. 그리고 이 메시지는 유일하게 복호 불가능하다고 가정하자. 더구나 복호과정 중에 모호함이 단순히 $d_{k-1}d_kd_{k+1}$, $(2 \le k \le n-1)$의 조합에서 발생하였고 또한 논리적 일관성을 잃지 않고 d_{k-1}과 d_{k+1} 둘 다 코드 심벌이라 가정하자. 그러면 우리는 $d_k = c_{k_1}c_{k_2}\cdots c_{k_m}$라 하면, $d_{k-1}d_kd_{k+1}$가 여러 가지 복호 가능하게 모호하다면 그것은 $d_{k-1}d_kd_{k+1}$ 자체가 코드어이거나 $d_{k-1}c_{k_1}c_{k_2}\cdots c_{k_j}$는 어떤 $1 \le j \le m$에 대한 하나의 코드어이다. 어느 경우이든 d_{k-1}은 프리픽스로 코드가 프리픽스 프리라는 가정에 모순이 된다.

프리픽스 프리 코드는 유일하게 복호 가능하다는 바람직한 성질을 가지고 있고 또한 동시 복호가능하다. 이것이 함의하고 있는 것을 프리픽스 프리가 아닌 예제 6.8(i)의 코드로 메시지 0101110110을 보낸다고 생각해보자. 이 메시지를 심벌 단위로 전송하고 그것이 도착할 때마다 각 코드어를 복호해보면 도착한 첫 번째 심벌은 0이고 이는 코드어가 아니다. 두 번째 심벌은 1이고 이 단계에서 01을 수신하게 된다. 지금 이것은 코드어 a_2이거나 a_4와 a_5의 프리픽스이다. 사실, 첫 번째 코드어를 명확히 복호하기 전에 전체 메시지가 도착할 때까지 기다려야만 한다. 그러나 프리픽스 프리 코드는 항상 동시에 복호가능하다. 예를 들면, 예제 6.8(ii)의 코드를 사용하여 코딩한 메시지 0101110110은 각 코드어가 도착하는 즉시 $a_1a_2a_4a_1a_3$로 복호 가능하다.

프리픽스 프리 코드의 바람직한 성질들을 확신하면서 다음으로 생각해야 될 문제는 과연 항상 이런 코드가 존재하는가에 대한 것이다. 이를 공식화하기 위하여 n개의 심벌로 구성된 정보원 알파벳과 r개로 된 코드 심벌을 가정하고, 각 정보원 심벌 a_i가 길이 l_i, $(1 \le i \le n)$인 코드어로 사상되는 프리픽스프리 코드를 찾고자 한다. 분명한 사실은 모든 정보원 심벌에 대해 짧은 코드어로 대응시킬 수는 없으며 또한 프리픽스 프리가 된다는 보장도 할 수 없을 것이다. 그런데 다음 부등식은 가능한 코드어의 길이를 가지는 코드로 동시 복호화 가능 코드의 존재성을 보여준다.

정리 6.5 (Kraft-McMillan inequality) 주어진 r개의 심벌의 코드 알파벳에 대하여 길이가 l_i $(1 \le i \le n)$인 코드어를 갖는 프리픽스 코드가 존재할 필요충분조건은 다음 부등식을 만족할 때이다.

$$\sum_{i=1}^{n} r^{-l_i} \le 1. \qquad (6.12)$$

증명 우선 부등식 (6.12)이 성립한다고 가정하자. 이 조건하에서 프리픽스 프리 코드를 만들 수 있다는 것을 보인다.

$L = \max\{l_i \mid 1 \le i \le n\}$라 하고 n_i를 길이가 i $(1 \le i \le L)$인 코드어의 수라고 하자. 그러면 부등식 (6.12)는 다음과 같이 쓸 수 있다.

$$\sum_{i=1}^{L} n_i r^{-i} \le 1.$$

그러면 이 부등식의 양변에 r^L을 곱하여 정리하면 다음 부등식을 얻을 수 있다.

$$\sum_{i=1}^{L} n_i r^{L-i} \le r^L.$$

전개하여 마지막 n^L에 대해 부등식을 계산하고 재배열하여 다시 쓰면

$$n_L \le r^L - n_1 r^{L-1} - n_2 r^{L-2} - \ \cdots \ - n_{L-1} r.$$

$n_L \ge 0$이기 때문에 이 부등식의 오른쪽 편은 음이 아니다. 그러므로 새로운 부등식을 아래와 같이 얻게 된다.

$$n_{L-1} r \le r^L - n_1 r^{L-1} - n_2 r^{L-2} - \ \cdots \ - n_{L-2} r^2.$$

즉,

$$n_{L-1} \le r^{L-1} - n_1 r^{L-2} - n_2 r^{L-3} - \ \cdots \ - n_{L-2} r.$$

또한 $n_{L-1} \ge 0$이므로 이 부등식의 오른쪽 편은 음이 아니다. 그러므로 위와 같은 방법을 적용하자. 계속해서 수학적 귀납법을 적용하여 구하면 $0 \le k \le L-1$에 대하여,

$$n_{L-k} \le r^{L-k} - n_1 r^{L-k-1} - n_2 r^{L-k-2} - \ \cdots \ - n_{L-k-1} r. \qquad (*)$$

특히 $k = L-1$까지 계속 대입해서 부등식을 계산하면 $n_1 \le r$이다.

지금부터 코드를 만들어가자. 코드어의 길이가 1인 것부터 시작한다. n_1개의 코드어와 r개의 코드 심벌을 사용할 수 있다. $n_1 \le r$이기 때문에 r개 중에서 임의로 n_1개를 선택할 수 있기 때문에 이런 것들을 선택하는데 자유롭다. 다음은 길이가 2인 코드어를 만들자. 코드가 프리픽스프리라는 것을 입증하기 위해 첫 번째 심벌이 선택된 이후 남아있는 $(r-n_1)$개의 문자들 중 하나로부터 첫 번째 심벌을 선택한다. 두 번째 심벌은 r가지 방법으로 선택할 수 있다. 이 때 경우의 수는 $(r-n_1)r$개의 가능한 길이 2인 코드어가 있다. 이들 중 n_2개를 선택한다. 그러나 부등식 (*)에 의해 $n_2 \le r^2 - n_1 r$이므로 자유롭게 이것들을 선택할 수 있다. 다음은 길이 3인 코드어를 만들자. 프리픽스 프리 조건을 만족하게 하기 위해 다시 경우의 수를 보면 $(r^2 - n_1 r - n_2)r$개가 이용 가능하다. 다시 부등식 (*)에 의해 $n_3 \le r^3 - n_1 r^2 - n_2 r$이므로 다시 자유롭게 이것들을 선택할 수 있다. 프리픽스 프리 코드를 만들기 위해 수학적 귀납법을 적용하여 계속 논의하면 된다.

역으로 프리픽스 코드가 만들어진다고 가정하자 그러면 부등식 (6.12)를 만족한다는 것을 증명해야한다. 위 증명의 역순으로 증명할 수 있지만 아래 그림6.11에서처럼 코드 트리를 이용하여 증명해 보자. r개의 마디가 있는 트리에서 그리고 각 마디에 r개의 작은 마디가 있다고 생각하자. 여기서 나무의 가지는 코드어의 심벌을 나타낸다고 하자. 예를 들면 뿌리로부터 자라온 r개의 가지들은 r개의 가능한 코드어의 첫 번째 심벌이다. 그러면 각 코드어는 나무의 잎으로 나타낼 수 있고, 뿌리로부터 잎에 이르기까지 코드어의 심벌을 따라갈 수 있다. 코드어의 프리픽스프리의 조건은 트리의 어떤 다른 코드의

앞에 오는 코드어가 없다는 것을 말한다. 그러므로 각 코드어는 가능한 코드어로서 후에 나타나는 것들을 없앤다.

여기서 다시 l_{max}를 주어진 코드어 중에서 최대 길이라고 하자. 그러면 l_{max} 레벨에서 트리의 모든 가지들을 생각해보자. 그들 중 몇 개는 코드어이고, 몇 개는 코드어의 후손, 또 몇 개는 아무것도 아닐 수 있다. l_i레벨에서 하나의 코드어는 l_{max} 레벨에서 $r^{l_{max}-l_i}$ 후손을 갖게 된다. 이 후손들의 각 집합은 교집합이 공집합으로 서로소(disjoint)이다. 또한 이들 집합의 전체 마디 수는 $r^{l_{max}}$보다 작거나 같다. 그러므로 모든 코드어들을 더하면

$$\sum r^{l_{max}-l_i} \le r^{l_{max}} \text{ 또는 } \sum r^{-l_i} \le 1$$

가 되어 위 부등식 (6.12)을 구할 수 있다.

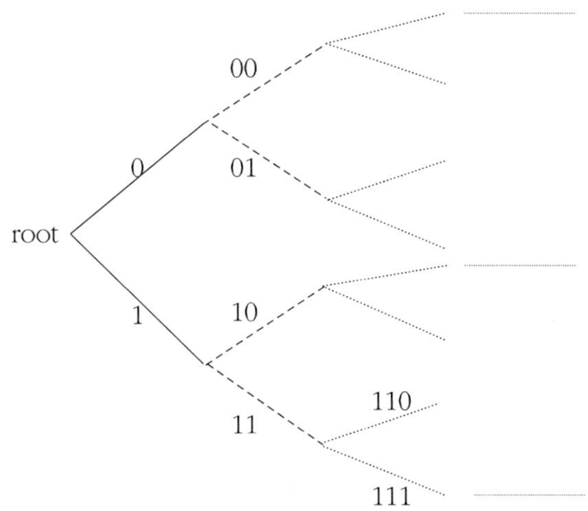

〈그림 6.11〉 Kraft부등식에 대한 2진 코드트리

예제 6.9 3진 알파벳을 사용하여 5개의 정보원 알파벳에 대해 코드어의 길이가 1, 2, 3, 4 그리고 5인 프리픽스 코드가 존재하는지 여부를 결정하여라.

풀이 $r=3$이므로 Kraft-McMillan 부등식을 적용하면

$$3^{-1}+3^{-2}+3^{-3}+3^{-4}+3^{-5}=\frac{121}{243}<1.$$

이다 따라서 정리 6.5에 의해 프리픽스 프리 코드가 존재한다. 예를 들면 0, 10, 210, 2210, 22210과 같이 쉽게 만들어 진다.

6.3 연습문제

1. 이진 코드 알파벳 $C=\{0,1\}$일 때 4개의 정보원 $\{a_1, a_2, a_3, a_4\}$에 대한 동시복호 가능 코드를 찾아보고 왜 그런지 설명하여라.

2. 이진 코드 알파벳 $C=\{0,1\}$일 때 2개의 정보원 $\{a_1, a_2\}$에 대해 다음과 같이 코드화 되었다고 하자.

$$a_1 \to 0,\ a_2 \to 01$$

이 코드는 동시복호화 가능 코드는 아니지만 유일 복호 가능 코드임을 보여라.

3. 코드어의 길이가 최대 7인 2진 동시 복호 가능코드에서 최대 코드어의 수는 얼마인지 구하여라.

4. 이진 코드 알파벳 $C=\{0,1\}$일 때 4개의 정보원 $\{a_1, a_2, a_3, a_4\}$에 대하여

$$a_1 \to 0,\ a_2 \to 1,\ a_3 \to 01,\ a_4 \to 10$$

으로 코드화 된다면 이 코드는 프리픽스 프리 코드가 아님을 보여라.

5. 3진 코드 알파벳은 $C=\{0,1,2\}$로 구성된다. 코드어의 길이가 각각 1, 2, 2, 2, 3, 3, 3, 3, 3, 4, 4, 5인 3진 코드가 존재하는지 증명하여라. 존재한다면 그런 코드를 만들어 보아라.

6.4 무잡음 코드

주어진 정보원 알파벳의 크기가 n이고, 코드 알파벳의 크기가 r일 때 정리 6.5의 Kraft-McMillan 부등식을 만족하면 프리픽스-프리 코드가 되는 수많은 코드를 선택할 수 있고, 그 코드어의 길이도 각기 다르게 할 수 있다. 당연히 의문을 갖게 되고 실생활에 적용하기 위해서 이러한 코드들 중에서 최적의 코드는 어떤 것인가? 이 질문을 보다 명확하게 이해하기 위해 정보원 알파벳 S에 대해 가능한 모든 프리픽스 코드들의 집합을 생각해 보자. 각 정보원 알파벳 집합 S에 대하여 각 코드에 대한 확률분포가 $\{p_1,p_2,\cdots,p_n\}$인 코드어의 길이가 $\{l_1,l_2,\cdots,l_n\}$인 확률변수 L의 치역으로 가정하자.

정의 6.6 정보원에 대한 코드어의 평균길이 또는 길이(expected length) $E(L)$을 통상적인 방법으로 다음과 같이 정의한다.

$$E(L)=\sum_{j=1}^{n} p_j\, l_j\,. \tag{6.13}$$

일반적으로 r-진(r-ary) 알파벳은 $r=\{0,1,2,\cdots,r-1\}$으로 나타낸다. 우리는 프리픽스프리 코드의 기댓값 $E(L)$이 최소가 될 때, **최적(optimal)**이라 말하고, 가장 좋은 프리픽스프리 코드는 가장 작은 평균 코드어의 길이를 갖는 코드들이다. 또한, 어느 정보원을 코드화하였을 때, $E(L)$이 최소가 되는 코드를 그 정보원에 대한 **콤팩트 코드(compact code)**라고도 한다. 위의 정의를 만족하는 $E(L)$의 기본적인 최적화 문제는 다음과 같다.

$$\text{Minimize } L=\sum_{j=1}^{n} p_j \ell_j \tag{6.14}$$

$$\text{subject to } \sum_{j=1}^{n} r^{-\ell_j}\le 1,\quad \text{모든 양의 정수 } \ell_1,\ell_2,\cdots,\ell_n.$$

미적분학의 라그랑지 승수법을 적용하여 제약된 최소화 문제로 쓰면

$$J=\sum_{j-1}^{n} p_j \ell_j+\lambda\Big(\sum_{j=1}^{n} r^{-\ell_j}\Big) \tag{6.15}$$

와 같고, ℓ_j에 대한 J의 편도함수

$$\frac{\partial J}{\partial \ell_j} = p_j - \lambda r^{-\ell_j} \ln(r)$$

에서 $j = 1, 2, \cdots, n$에 대하여 $\frac{\partial J}{\partial \ell_j} = 0$로부터

$$r^{-\ell_j} = \frac{p_j}{\lambda \ln(r)}$$

을 구할 수 있다. 라그랑지 승수 λ를 구하기 위해 주어진 제약조건을 등식으로 간주하여 대입 정리하면 $\lambda = \frac{1}{\ln(r)}$이고 각 p_j는 $p_j = r^{-\ell_j}$로 주어진다. 따라서 최적의 코드어의 길이는

$$\ell_j^* = -\log_r p_j$$

가 된다. 그러므로 이 정수가 아닌 코드어의 길이의 선택은 평균 코드어의 길이

$$L^* = \sum_j p_j \ell_j^* = -\sum_{j=1}^{n} p_j \log_r p_j = H(S) \tag{6.16}$$

가 됨을 알 수 있다. 코드어의 길이 ℓ_j는 항상 정수이기 때문에 $\ell_j^* = -\log_r p_j$ 대신에 근사한 ℓ_j를 선택하여야 한다.

Shannon에 의해서 증명된 다음 정리는 기댓값 $E(L)$의 최솟값은 정보원의 엔트로피 $H(S)$의 항목으로 나타내어진다는 것을 식 (6.16)에서 알 수 있지만 프리픽스 프리 코드에 대한 다음 정리를 직접 증명할 수 있다.

정리 6.7 (무잡음 코딩 정리(noiseless coding theorem))

(i) 임의의 프리픽스 프리 코드에 대하여

$$E(L) \geq \frac{H(S)}{\log(r)} \tag{6.17}$$

이고, 위 부등식 (6.17)에서 등호가 성립할 필요충분조건은 $p_j = r^{-\ell_j}$ $(1 \leq j \leq n)$이다.

(ii) 다음과 같은 부등식을 만족하는 프리픽스 프리 코드가 항상 존재한다.

$$\frac{H(S)}{\log(r)} \leq E(L) < \frac{H(S)}{\log(r)} + 1 \tag{6.18}$$

증명 (i)에 대한 증명으로, 정보원 알파벳에 대하여 새로운 확률분포 $\{q_1, q_2, \cdots, q_n\}$를 아래와 같이 정의하자.

$$q_j = \frac{r^{-\ell_j}}{\sum_{i=1}^{n} r^{-\ell_i}}, \quad j = 1,2,\cdots,n.$$

그러면 Gibbs 부등식에 의해

$$H(S) \leq -\sum_{j=1}^{n} p_j \log(q_j)$$

$$= -\sum_{j=1}^{n} p_j \log(r^{-\ell_j}) + \sum_{j=1}^{n} p_j \log(\sum_{i=1}^{n} r^{-\ell_i}).$$

한편 Kraft-McMillan 부등식 (6.12)과 log함수가 증가함수라는 사실에 의해

$$\log(\sum_{i=1}^{n} r^{-\ell_i}) \leq \log(1) = 0$$

을 얻게 된다. 그러므로 요구되는 부등식을 아래와 같이 구할 수 있다.

$$H(S) \leq \sum_{j=1}^{n} p_j l_j \log(r) = E(L)\log(r).$$

Gibbs 부등식에서 등식의 조건과 Kraft-McMillan 부등식에 의해 등식이 성립할 필요충분조건은 $p_j = r^{-\ell_j}$ 이다.

(ii)의 증명.

식 (6.19)의 오른쪽 부등식으로부터 각 코드어의 길이 ℓ_j $(1 \leq j \leq n)$가 부등식 $r^{-\ell_j} \leq p_j < r^{-\ell_j + 1}$을 만족하는 유일한 수를 선택하자. Kraft-McMillan 부등식을 만족한다는 사실은 쉽게 증명할 수 있으며, 이는 곧 프리픽스 프리 코드를 만들어 낸다. 부등식의 각각에 log를 취하면

$$-\ell_j \log(r) \leq \log(p_j) < (-\ell_j + 1)\log(r)$$

를 얻게 된다. 위 부등식의 양변에 p_j를 곱한 후 모두 더하면

$$H(S) = -\sum_{j=1}^{n} p_j \log(p_j) > \sum_{j=1}^{n} p_j (l_j - 1)\log(r)$$

$$= (E(L) - 1)\log(r)$$

를 구하여 원하는 부등식을 얻게 된다.

정리 6.7의 (i)로부터 만약 각각의 α_j가 자연수에 대한 정보원 확률들이 $p_j = r^{-\alpha_j}$, $(1 \leq j \leq n)$의 형태일 때, 최적의 코드는 코드 길이가 $\ell_j = \alpha_j (1 \leq j \leq n)$인 하나가 된다.

예제 6.10 확률분포가 각각 $\frac{1}{2}$, $\frac{1}{4}$, $\frac{1}{8}$, $\frac{1}{16}$ 그리고 $\frac{1}{16}$인 정보원 알파벳에 대한 2진 최적 코드를 만들어라.

풀이 위에서 언급한 것처럼 $j=1,2,3,4,$그리고 4에 대하여 각 확률들은 $p_j = 2^{-j}$의 형태이므로 최적 코드는 길이가 각각 1,2,3,4,그리고 4인 코드이다. 특히, 우리는

$$0,\ 10,\ 110,\ 1110,\ 1111$$

을 택할 수 있다. 최적의 코드는 유일하지 않으므로 0과 1의 역할을 바꿀 수도 있다.

만약 정보원 확률들이 최적의 형태가 아닐 때, 다음으로 우리가 만들 수 있는 가장 좋은 코드는 식 (6.18)를 만족하는 길이 $\ell_1,\ell_2,\cdots,\ell_n$인 프리픽스 프리 코드이다. 이것을 만들기 위해 정리 6.7 (ii)의 증명하는 과정에서 보는 것처럼 부등식 $r^{-\ell_j} \le p_j < r^{-\ell_j+1}$을 만족하는 유일한 자연수 ℓ_j를 선택하는 것이다. 즉, 부등식의 각 변에 log를 취하면

$$-\ell_j \log(r) \le \log(p_j) < (-\ell_j+1)\log(r)$$

즉,

$$-\frac{\log(p_j)}{\log(r)} \le \ell_j < 1 - \frac{\log(p_j)}{\log(r)}. \tag{6.19}$$

또는 $-\log_r(p_j) \le \ell_j < 1-\log_r(p_j)$가 된다. 식 (6.19) 처럼 얻어지는 코드를 **섀논–파노 코드(Shannon–Fano code)**라고 한다. 보다 구체적인 내용은 다음 절에서 소개한다.

예제 6.11 정보원 알파벳에 대한 확률이 0.14, 0.24, 0.33, 0.06, 0.11, 0.12이고 식 (6.19)을 만족하는 최적의 코드를 만들어라.

풀이

부등식 (6.19)에 의해 ℓ_1은 유일한 자연수로 다음을 만족하는 수이다.

$$-\log(0.14) \le \ell_1 < 1-\log(0.14).$$

그러면 $2.83 \le \ell_1 < 3.83$으로 $\ell_1 = 3$이다. 동일한 방법으로 계산하면,

$$\ell_2 = 3,\ \ell_3 = 2,\ \ell_4 = 5,\ \ell_5 = 4,\ \ell_6 = 4$$

가 된다. 그러므로 적절한 프리픽스 코드는 다음과 같다.

$$011,\ 110,\ 00,\ 01011,\ 111,\ 0100.$$

이 코드와 최적 코드의 편차를 계산해 보면

$$E(L) - H(S) = 3.02 - 2.38 = 0.64$$

가 된다.

6.4.1. 섀논-파노 코드(Shannon-Fano code)

증명되지는 않았지만 허프만 코드가 나오기 전까지 섀논-파노 코드가 최적이라고 생각하고 정보원 엔트로피 $H(S)$에 가까운 코드 길이를 줄 수 있는 것으로 알려져 있었다. 정리 6.7에서 $E(L) < \frac{H(S)}{\log(r)} + 1$인 평균 코드길이를 갖는 코드가 반드시 존재한다는 것을 보였고, 특히 2진 코드인 경우 $\log(2) = 1$이므로 이 식은 다시 $E(L) < H(S) + 1$이 된다. 식 (6.19)에서 섀논-파노 코드의 정의를 만족하는 부등식을 살펴봤다. 이 부호를 만드는 자세한 방법은 다음과 같다.

(i) 정보원 심벌을 확률 분포의 크기가 큰 순서대로 재배열한다. 지금 $s_1, s_2, \cdots, s_n$의 순서로 되어 있다고 하자.

(ii) 이 때 각 s_i, $(1 \le i \le n)$에 대해 다음 부등식을 만족하는 유일한 자연수 ℓ_i를 선택하자.

$$-\log(p_i) \le \ell_i < 1 - \log(p_i),$$

즉, $\ell_i = [\log\frac{1}{p_i}]$. 단, [ ]는 가우스 함수로 코드어의 길이를 나타낸다.

(iii) 다음에 $p_1, p_2, \cdots, p_n$로부터 $\alpha_1, \alpha_2, \cdots, \alpha_n$를 계산한다.

$$\begin{aligned}
&\alpha_1 = 0 \\
&\alpha_2 = p_1 \\
&\alpha_3 = p_1 + p_2 = \alpha_2 + p_2 \\
&\alpha_4 = p_1 + p_2 + p_3 = \alpha_3 + p_3 \\
&\vdots \\
&\alpha_{i+1} = \alpha_i + p_i \\
&\vdots
\end{aligned}$$

(iv) α_i를 2진 소수로 전개하여 소수점이하 ℓ_i자리 수를 정보원 심벌 s_i에 대응하는 코드어로 한다. 이 방법에서 $E(L) < H(S) + 1$임은 분명하다.

예제 6.12 정보원 심벌 $S = \{s_1, s_2, s_3, s_4\}$이고 각각의 확률분포가 $p_1 = 0.4$, $p_2 = 0.3$, $p_3 = 0.2$, $p_4 = 0.1$이라 할 때, 섀논-파노 코드를 만들어라.

풀이 처음부터 $p_1 > p_2 > p_3 > p_4$이기 때문에 이미 나열되어 있다. 코드어의 길이는 식 (6.19)에 의해

$$-\log(0.4) \le \ell_1 < 1 - \log(0.4)$$

를 만족하는 유일한 자연수로 $\ell_1 = 2$를 구할 수 있고 같은 방법으로 모든 $\ell_2 = 2$, $\ell_3 = 3$, $\ell_4 = 4$를 구할 수 있다.

다음으로 10진수를 2진수로 바꾸어 구하면

$\alpha_1 = 0 \ \rightarrow 0.00$

$\alpha_2 = 0.4 \ \rightarrow 0.01\cdots$

$$\alpha_3 = 0.7 \rightarrow 0.1011\cdots$$

$$\alpha_4 = 0.9 \rightarrow 0.1110\cdots$$

따라서 코딩하면

$$s_1 \rightarrow 00$$
$$s_2 \rightarrow 01$$
$$s_3 \rightarrow 101$$
$$s_4 \rightarrow 1110$$

가 된다. 이 경우 최적의 코드와는 동떨어져 있지만 $E(L) < H(S)+1$은 만족하고 있다.

6.4.2. 허프만 코드(Huffman code)

평균 코드어의 길이 $E(L)$은 $H(S)$에 얼마든지 근접시킬 수 있다는 것을 알았다. 그러면 무잡음 코드에서 정보원의 확대를 고려하지 않고 $E(L)$ 값이 가장 짧은 코드 즉, 최적의 코드를 어떻게 구성할 수 있을까?

이 문제에 대한 답을 허프만이 제시하였다. 허프만이 제시한 코드 구성법은 최적 코드를 만드는 방법 중의 하나에 지나지 않는다. 하지만 극히 간단한 최적 코드를 구현하는 대표적인 방법이라 할 수 있다.

허프만 코드는 다음과 같은 알고리즘으로 요약할 수 있다.

(i) 정보원 심벌 $a_1, a_2, \cdots, a_n$에 대한 확률분포를 크기순으로 재배열한다.
편의상 $p_n \le p_{n-1} \le \cdots \le p_2 \le p_1$이라 하면, $a_n, a_{n-1}, \cdots, a_2, a_1$으로 배열된다.

(ii) 여기서 심벌 a_n과 a_{n-1}의 끝에 0과 1을 각각 할당한다.

(iii) 여기서 심벌 a_n과 a_{n-1}에서 출현하여 확률 $p_n + p_{n-1}$인 새로운 심벌로 만들어져 새 정보원은 $n-1$개의 심벌을 갖게 된다. 그러면 다시 위 (i)의 순서를 따라 확률을 크기순으로 재배열하여 $a_{n-1}', a_{n-2}', \cdots, a_2', a_1'$로 만든다.

(iv) a_{n-1}'과 a_{n-2}'의 코드어 끝에 0과 1을 각각 할당한다. 이미 0이나 1이 할당되어 있으면 그 바로 뒤에 할당한다.

(v) 이 두 심벌을 합쳐서 다른 하나의 심벌이라 생각하고 다시 (i)의 순서를 반복한다.

이와 같이 몇 번이고 반복해서 마지막에 2심벌이 남고, 각각 0과 1을 할당할 때까지 계속하면 된다. 혼동하여도 걱정할 필요가 없다. '트리 그림(tree diagram)'의 도움을 받으면 허프만 코드를 쉽게 수행할 수 있다.

예제 6.13 예제 6.10에서 확률분포가 각각 $\frac{1}{2}$, $\frac{1}{4}$, $\frac{1}{8}$, $\frac{1}{16}$ 그리고 $\frac{1}{16}$인 정보원 알파벳에 대한 2진 허프만 코드를 구성하여라.

풀이 아래 〈그림 6.12〉에서 보여주는 것처럼 쉽게 이해할 수 있다. 위 알고리즘에서 묘사된 절차에 의해 왼쪽에서 오른쪽으로 한 번에 한 심벌씩 코드 알파벳을 줄여가고 0과 1를 부여한 후 오른쪽에서 왼쪽으로 뒤에서부터 코드를 읽어 가면 된다.

알고리즘을 설명하기 위해 확률분포의 크기 순으로 나열하면 a_5, a_4, a_3, a_2, a_1가 된다. a_5와 a_4의 분포를 합하면 $p_5 + p_4 = \frac{1}{8}$이 되고, 새로운 가지 a_4'를 만들고 다시 분포를 크기 순으로 재배열하면 $p_4' \le p_3 \le p_2 \le p_1$이 된다. a_4'의 분포와 a_3의 분포를 비교하여 같기 때문에 a_4'과 a_3를 합해 확률값이 $p_4' + p_3 = \frac{1}{8} + \frac{1}{8} = \frac{1}{4}$가 된다. 이와 같은 방법으로 계속 비교하여 트리 그림을 만들어 가면 된다. 따라서 다시 재배열하면 $p_3' \le p_2 \le p_1$이 된다. 알고리즘에 의해 $p_3' + p_2 = \frac{1}{2}$가 되고, 다시 재배열하면 $p_2' \le p_1$이 남게 된다. 이에 따른 트리 그림은 아래와 같다.

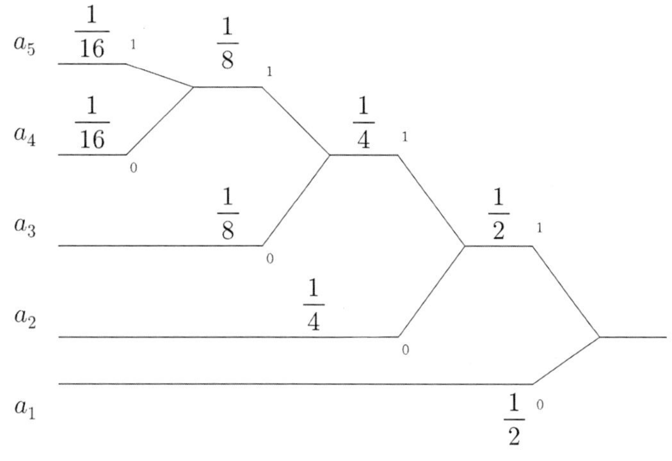

〈그림 6.12〉 허프만 코드 나뭇가지 그림

이 그림에서 우리는 다음과 같은 허프만 코드를 얻을 수 있다.

$$a_1 \to 0,\ a_2 \to 10,\ a_3 \to 110,\ a_4 \to 1110,\ a_5 \to 1111.$$

물론 순서를 1, 0 대신 0, 1을 각 가지 마디에 부여하면 다음과 같은 허프만 코드

$$a_1 \to 1,\ a_2 \to 01,\ a_3 \to 001,\ a_4 \to 0001,\ a_5 \to 0000$$

을 얻을 수도 있다.

이 예에서는 비교가 수월하여 쉽게 허프만 코드를 얻을 수 있었지만 일반적으로 나열 방법이 다르면 서로 길이가 다른 코드어 짝을 얻게 된다. 그러나 어느 방법이든지 간에 평균 코드어 길이는 같고, 가장 짧은 코드어인 것은 변하지 않는다. 다음은 좀 더 복잡한 형태의 허프만 코드를 만들어 보자.

예제 6.14 정보원 알파벳에 대한 확률이 0.14, 0.24, 0.33, 0.06, 0.11, 0.12인 경우 허프만 코드를 구성하여라.

풀이 〈그림 6.13〉의 트리 그림에서 우리는 허프만 코드를 만들 수 있다.

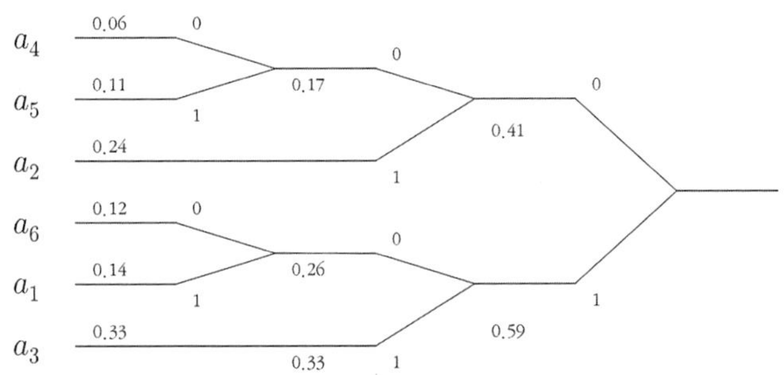

〈그림 6.13〉

이 트리 그림에서 우리는 허프만 코드를 다음과 같이 구할 수 있다.

$$a_1 \to 101,\ a_2 \to 01,\ a_3 \to 11,\ a_4 \to 000,\ a_5 \to 001,\ a_6 \to 100$$

이 경우 $E(L) - H(S) = 2.43 - 2.38 = 0.05$가 되어 앞에서 구한 섀논-파노 코드의 편차보다 월등히 적다는 것을 분명히 보여준다.

또 다른 허프만 코딩의 알고리즘을 통해 정보원 알파벳 $S = \{a_1, a_2, \cdots, a_n\}$의 동일한 확률분포 $\{p_1, p_2, \cdots, p_n\}$에 대해 다른 결과로 코드화가 되는 것을 보이면서 마무리한다.

트리 다이어그램과 달리 확률분포의 크기를 재배열하여 가장 큰 확률로부터 작은 순으로 나열한다. 여기서는 일관성을 잃지 않고 $p_1 \geq p_2 \geq \cdots \geq p_n$ 순서대로 나열되었다고 가정한다. 그러면 반복적인 방법으로 정보원 알파벳 $S_0, S_1, \cdots, S_{n-2}$는 $S_0 = S$이고 S_k는 S_{k-1}부터 만들어 지는데, S_{k-1}의 가장 작은 두 확률 값에 해당되는 두 심벌을 S_k의 하나의 심벌 b와 같게 놓는다. 즉 S_k에 속할 심벌 b의 확률은 S_{k-1}의 두 심벌의 확률의 합이 된다.

따라서 S_1은 S_0의 두 심벌 a_n과 a_{n-1}을 S_1의 하나의 b로 확률은 $p_n + p_{n-1}$이 된다. 각 단계마다 우리는 심벌의 개수가 1개씩 적은 정보원 알파벳들을 구할 수 있고, $n-2$단계까지 진행하면 단지 2개의 심벌로 구성된 정보원 알파벳 S_{n-2}를 얻게 된다. 이해를 좀 더 쉽게 하기 위해 i번째 단계의 정보원 알파벳 S_i의 코딩에 대하여 도표를 그려 설명하면 다음과 같다.

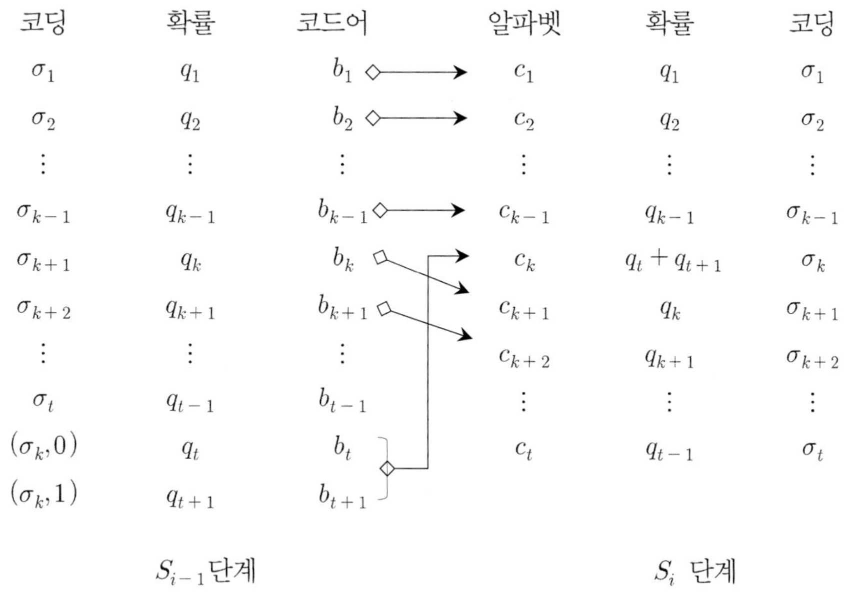

〈그림 6.14〉 허프만 코딩 과정

위 〈그림 6.14〉에서 보는 것처럼 S_{i-1}의 코딩을 찾는 절차는 다음과 같다. S_{i-1}의 알파벳들의 확률분포가 $q_1 \geq q_2 \geq \cdots \geq q_t$이고 S_{i-1}의 두 알파벳 b_t와 b_{t+1}로부터 만들어진 알파벳이 S_i의 c_k이다. 그러면 S_{i-1}에서 S_i로의 허프만 코드는

$$b_i \to \sigma_i \ (1 \leq i \leq k-1), \ b_i \to \sigma_{i+1} \ (k \leq i \leq t-1)$$

$$b_t \to (\sigma_k, 0), \quad b_{k+1} \to (\sigma_k, 1)$$

이 된다. 그러므로 S_{n-1}의 두 알파벳을 두 코드 0과 1로 코딩하여 역방향으로 거슬러 올라가면서 코딩하면 된다.

허프만 알고리즘의 최초 S_0에서 최종 S_n 단계를 적용하는 예제를 살펴보자.

예제 6.15 정보원 알파벳 $S = \{a_1, a_2, \cdots, a_5\}$에 대하여 확률분포가 0.5, 0.2, 0.15, 0.1, 0.05라고 할 때 위 알고리즘을 이용하여 허프만 코드를 구하여라.

풀이 확률을 크기순으로 배열하면 $0.5 > 0.2 > 0.15 > 0.1 > 0.05$로 이에 해당하는 정보원 알파벳도 a_1, a_2, a_3, a_4, a_5순이다. 따라서 위 그림 6.14와 같이 그리면

워드	확률	코드	워드	확률	코드	워드	확률	코드	워드	확률	코드
a_1	0.5	1	b_1	0.5	1	c_1	0.5	1	d_1	0.5	0
a_2	0.2	01	b_2	0.2	01	c_2	0.3	00	d_2	0.5	1
a_3	0.15	001	b_3	0.15	000	c_3	0.2	01			
a_4	0.1	0000	b_4	0.15	001						
a_5	0.05	0001									

따라서 각 알파벳에 대한 허프만 코드는

$$a_1 \to 1,\ a_2 \to 01,\ a_3 \to 001,\ a_4 \to 0000,\ a_5 \to 0001$$

이 된다.

이 절에서 가장 중요한 역할을 담당했던 $\dfrac{H(S)}{\log(r)}$의 표현에 대한 간단한 코멘트로 마무리하고자 한다. $H_r(S) = \dfrac{H(S)}{\log(r)}$로 정의하고 $r-$진 엔트로피라 하면 $H_2(S) = H(S)$가 된다. 따라서

$$H_r(S) = -\sum_{j=1}^{n} p_j \frac{\log(p_j)}{\log(r)} = -\sum_{j=1}^{n} p_j \log_r(p_j) \tag{6.20}$$

로 $H_r(S)$는 모든 질문은 r개의 가능한 답을 가지는 것에 대한 엔트로피의 자연스러운 측도이다. 그러면 정리 6.7 (ii)로부터 $H_r(S)$를 정보원의 정보량을 전달하기 위해 요구되는 $r-$진 코드에서 최소의 평균 코드어 길이가 된다. 이것이 또 다른 엔트로피에 대한 영감을 우리에게 보여준다.

6.4.3. 길버트–무어 코드(Gilbert–Moore code)

새논-파노 코드에서는 정보원 심벌에 대한 확률분포를 크기가 큰 순서로 재배열한다. 그리고 그에 따른 코드어의 길이를 계산하였다. 이 때문에 심벌의 순서는 코드어를 2진수로 생각하여 비교할 때의 순서와 반드시 일치하지는 않는다.

길버트-무어는 이 심벌의 순서와 코드어의 순서가 일치하고, 더욱이 평균 코드길이가 비교적 짧은 코드를 만드는 방법을 발견하였다. 길버트-무어 코드의 알고리즘은 다음과 같다.

(i) 심벌을 알파벳 순서 그대로 나열한다. 즉 심벌 순서는 확률의 분포와 관련이 없다는 의미가 내포되어 있다.

(ii) 각각의 i번째 심벌 s_i에 대하여

$$\ell_i = \lceil 1 - \log p_i \rceil$$

인 코드어의 길이를 할당한다. 여기서, [ ]는 가우스 함수이다.

(iii) 확률분포 $p_1, p_2, \cdots, p_n$로부터 다음의 $\alpha_1, \alpha_2, \cdots, \alpha_n$을 아래와 같이 계산한다.

$$\alpha_1 = \frac{1}{2}p_1$$

$$\alpha_2 = p_1 + \frac{1}{2}p_2$$

$$\alpha_3 = p_1 + p_2 + \frac{1}{2}p_3$$

$$\vdots$$

$$\alpha_i = \alpha_{i-1} + \frac{1}{2}(p_{i-1} + p_i)$$

(iv) α_i를 2진 소수로 전개하여 소수점 이하의 ℓ_i자리 수를 정보원 s_i에 대응하는 코드어로 정의하면 된다.

예제 6.16 예제 6.10에서 확률분포가 각각 $\frac{1}{2}$, $\frac{1}{4}$, $\frac{1}{8}$, $\frac{1}{16}$ 그리고 $\frac{1}{16}$인 정보원 알파벳에 대한 2진 길버트–무어 코드를 구성하여라.

풀이 각 확률분포에 따른 코드어의 길이를 구하면

$$\ell_i = [1 - \log p_i]$$

로부터 $\ell_1 = 2$, $\ell_2 = 3$, $\ell_3 = 4$, $\ell_4 = 5$ 그리고 $\ell_5 = 5$가 된다.

알고리즘의 두 번째 단계로

$\alpha_1 = \frac{1}{2}p_1 = 0.25$이므로 2진수로 쓰면 $\alpha_1 = 0.01\cdots$이 되고

$\alpha_2 = p_1 + \frac{1}{2}p_2 = 0.625$이므로 2진수로 쓰면 $\alpha_2 = 0.101\cdots$이 된다.

$\alpha_3 = p_1 + p_2 + \frac{1}{2}p_3 = 0.8125$이므로 2진수로 쓰면 $\alpha_3 = 0.1101\cdots$가 된다.

$\alpha_4 = \alpha_3 + \frac{1}{2}(p_3 + p_4) = 0.90625$이므로 2진수로 쓰면 $\alpha_4 = 0.11101\cdots$가 된다.

마지막으로 $\alpha_5 = \alpha_4 + \frac{1}{2}(p_4 + p_5) = 0.96875$이므로 2진수로 쓰면 $\alpha_5 = 0.11111\cdots$가 된다. 따라서 이에 대한 길버트-무어 코드를 구하면

$$a_1 \rightarrow 01,\ a_2 \rightarrow 101,\ a_3 \rightarrow 1101,\ a_4 \rightarrow 11101,\ a_5 \rightarrow 11111$$

로 구할 수 있다.

6.4 연습문제

1. 정보원 알파벳에 대한 확률분포가 $\frac{1}{3}, \frac{1}{3}, \frac{1}{9}, \frac{1}{27}, \frac{1}{27}, \frac{1}{27}$일 때 3진 코드를 사용하여 최적의 코드를 구하여라.(힌트, 정리 6.7 이용)

2. 정보원 알파벳 $\{a_1, a_2, a_3, a_4\}$의 확률분포가 0.25, 0.5, 0.125, 0.125일 때 물음에 답하여라.
   1) Shannon-Fano 코드를 구하여라.
   2) 길버트-무어 코드를 구하여라.

3. 정보원 알파벳 $\{a_1, a_2, a_3, a_4, a_5, a_6, a_7\}$의 확률분포가 각각 0.49, 0.26, 0.12, 0.04, 0.04, 0.03, 0.02일 때 물음에 답하여라.
   1) 2진 허프만 코드를 구하여라.
   2) 이 코드에 대한 평균코드어의 길이를 구하여라.
   3) 3진 허프만 코드를 구하여라.

4. 정보원 알파벳에 대한 확률분포가 0.27, 0.31, 0.14, 0.18, 0.10일 때 2진코드를 사용하여 코드를 구하고자 한다. 물음에 답하여라.
   1) Shannon-Fano 코드를 사용하여 피리픽스 코드를 구하여라.
   2) 허프만 코드를 트리그림을 통해 구하여라.
   3) 길버트 무어 코드를 이용하여 구하여라.

5. 정보원 알파벳에 대한 확률분포가 $\frac{1}{3}, \frac{1}{5}, \frac{1}{5}, \frac{2}{15}, \frac{2}{15}$일 때 2진 허프만 코드를 구하고, 이 코드가 정보원에 대한 확률분포가 $\frac{1}{5}, \frac{1}{5}, \frac{1}{5}, \frac{1}{5}, \frac{1}{5}$일 때의 최적의 코드가 됨을 논하여라.

6. 코드의 효율성(efficiency)은 $\eta = \frac{H_r(S)}{E(L)}$로 정의한다. 여기서 $H_r(S)$는 S에 대한 $r-$진 엔트로피이고, $E(L)$은 평균 코드어의 길이를 나타낸다.
   1) 정보원 알파벳의 분포가 $\frac{1}{3}, \frac{1}{3}, \frac{1}{9}, \frac{1}{27}, \frac{1}{27}, \frac{1}{27}$일 때 3진 코드의 효율성을 구하여라.
   2) 정보원 알파벳의 분포가 0.27, 0.31, 0.14, 0.18, 0.10일 때 2진 Shannon-Fano 코드와 허프만 코드의 효율성을 각각 구하여라.

6.5 코드와 잡음을 동반한 전송

이 절은 해석학적인 수학영역을 조금 깊게 포함하고 있어 처음 접하는 독자들에게는 선택적이며, 다음 장으로 바로 넘어 가도 된다. 그러나 통신이론의 가장 중요한 부분으로 이 분야를 연구하고자하는 학생은 반드시 이해해야 되는 부분이다.

이 분야에 대한 연구는 20세기 초반 Hartley가 정보량에 대한 측도에 로그의 아이디어를 접목하면서 시작되었지만 가장 중요한 진전은 1948년 벨 연구소의 Claude Shannon의 "A Mathematical Theory of Communication"연구결과 발표로부터 태동하게 되었다고 볼 수 있다. 이 절에서 다루는 대부분의 아이디어는 Shannon의 연구 결과에서 비롯되었지만 그의 원래 논문은 수학적인 배경을 많이 요구하기 때문에 학부과정에서 무리 없이 다룰 수 있게 2진대칭 통신로 상으로 한정하였고, 특히 David Applebaum의 저서 [4]를 참고하여 다루었다.

통신이론의 가장 중요한 질문과 해결방향은 '정보원에 대한 적절한 코드를 선택하고 정보의 전달과정에서 통신로의 용량에 임의로 가까운 비율로 전달할 수 있도록 잡음의 영향을 줄이고 오류의 발생 확률을 거의 0에 가깝게 줄일 수 있는가?'이고 잡음과 오류를 줄이고자하는데 요구되는 것들이 무엇인지 수학적으로 규명하는 것이다. 정보의 혁명시대를 거쳐 인공지능(AI) 기반의 4차 산업혁명 시대를 맞이하게 된 오늘날의 발전도 위 질문에 대한 답을 찾을 수 있었기 때문이라 할 수 있다. 1948년에 발표된 위 논문에서 놀랍게도 이에 대한 이론적 접근은 가능하고, 이를 보다 구체적으로 증명하고자 이론적 영역을 구축한 것이 Shannon의 정리이다. 그러나 실질적인 관점에서 이 정리가 의미는 것은 약간 분명치 않음을 알아두기 바란다. 사실 이 정리가 처음 나온 이후 약 70년 동안 요구되는 실질적인 최상의 코드는 아직 만들어지지 않았다. 즉 이론적으로는 가능한 코드가 존재하지만 구현에 제한되는 것이 현실이기 때문이다.

$C=\{x_1, x_2, \cdots, x_N\}$를 통신로를 통해 전달될 수 있는 가능한 모든 코드어의 집합이라 하고 y를 수신된 코드어라고 하자. 그러면 수신자는 어떤 x_j들이 실제로 송신되었는지 알 수 있는가? 체계적인 접근을 위해 임의로 수신된 코드어에 대해 유일하게 전송된 코드어를 함수적으로 할당하는 절차인 결정 규칙(decision rule)이 필요하다. 여기서 우리가 채택하고자하는 결정 규칙이 **최대 가능성 규칙(maximum likelihood rule)**이다. N개의 조건부 확률들 즉 y를 수신했을 때 사건에 대한 x_j가 송신되었을 사건에 대한 조건부 확률

$$P(x_j \text{ 송신} \mid y \text{ 수신}), \quad (1 \le j \le N).$$

을 생각해보자. 만약 모든 $i \neq k$에 대하여

$$P(x_k\text{송신} \mid y\text{ 수신}) > P(x_i\text{송신} \mid y\text{ 수신})$$

이면 x_k가 송신되었다는 것을 믿는 과정을 선택한다. 이 조건은 모든 $i \neq k$에 대하여 조건부 확률

$$P(y\text{ 수신} \mid x_k\text{ 송신}) > P(y\text{ 수신} \mid x_i\text{ 송신})$$

과 동치이다. 즉 x_k가 송신되었을 때가 그 어떤 다른 코드어 x_i가 송신되었을 때 보다 y로 수신될 확률이 크다는 것을 의미한다. 만약 두 개 또는 그 이상의 코드어가 최대 가능성을 가지고 있다면 우리는 무작위로 하나를 선택하면서 결정한다.

그러나 x_k가 송출되었다는 것을 결정하였기 때문에 실제로도 반드시 그렇게 되었단 것을 의미하는 것은 아니다. 이 상황은 통계학에서 가설을 승인한다는 것이 반드시 그 사실을 묘사하는 상황이 사실이라는 것을 말하지 않는다는 것과 유사하다. 아래에서 살펴보겠지만 최대 가능성의 절차는 코딩을 하는 데 사용될 수 있는 유일한 결정규칙은 아니다.

그러면 길이가 같은 코드어에 대해 동일성과 다름을 수학적으로 어떻게 표현할 수 있을까에 대해 생각해보자. 실수 공간에서의 거리와 같이 두 점 사이의 거리가 0이면 같은 점임을 알 수 있듯이 코드어에 대한 거리를 정의해보자. 같은 길이의 두 2진 코드어 a와 b를 생각해보자. 이 두 코드어 사이의 **해밍거리(Hamming distance)** $d(a,b)$는 단순히 b와 다른 a의 심볼의 수로 정의한다. 더구나 해밍거리 $d(\cdot,\cdot)$은 다음 세 조건을 만족한다. 동일한 거리의 세 코드어 a, b, c에 대해

1) $d(a,a)=0$이고 $d(a,b)=0$이면 $a=b$이다.
2) $d(a,b)=d(b,a)$
3) $d(a,c) \leq d(a,b)+d(b,c)$

를 만족한다. 그러나 해밍거리는 같은 길이의 코드어들에서 적용되고 있음을 알아두기 바란다. 특히 3)번에 대한 증명은 연습문제로 남겨 놓는다.

예제 6.17 2진코드에 대하여 만약 코드어가 $a=11101010$, $b=01100101$일 때 두 코드어의 해밍거리를 구하여라.

풀이 코드어 b에 대해 코드어와 다른 코드 심벌의 개수는 5이므로 $d(a,b)=5$이다.

2진 코드어의 전송에 사용되는 확실한 결정규칙은 최소 해밍거리, 즉, 전송된 코드어는 수신된 코드어와 최소 해밍거리를 가질 때를 선택하는 것이다. 두 코드어의 최소 해밍거리와 최대 가능성 규칙(maximum likelihood rule)과의 관계는 다음과 같이 동치이다.

보조정리 6.8 $0 \le \epsilon < \frac{1}{2}$인 2진 대칭통신로에 대하여 최소 해밍거리 결정 규칙은 최대 가능성 규칙과 같다.

풀이 길이 m인 어떤 코드어 y를 수신했다고 가정해 보자. 해밍거리 $d(x,y)=p<m$인 주어진 코드어 x가 송출되었을 확률은

$$P(y\ 수신 \mid x\ 송신) = \epsilon^p (1-\epsilon)^{m-p}$$

$$= (1-\epsilon)^m \left(\frac{\epsilon}{1-\epsilon}\right)^p.$$

이다. 그런데 $0 \le \epsilon < \frac{1}{2}$, $\frac{\epsilon}{1-\epsilon} < 1$이므로, p가 최소일 때 $P(x\ 송신 \mid y\ 수신)$이 최대가 된다.

다음으로 결정규칙이 어떤 심벌을 송출하였는지에 대한 부정확한 가설을 유도하는 오류를 유발할 수 있는데, 이런 오류가 일어날 사건에 대한 평균오류확률이란 새로운 개념을 소개한다. E를 오류가 발생할 사건이라 하자. 만약 x_j, $(1 \le j \le N)$가 송출되었을 때 오류가 발생할 조건부 확률을 $P(E \mid x_j\ 송신)$로 나타내자. 그러면 **평균오류확률(Average error probability)**는 다음과 같이 정의된다.

$$P(E) = \sum_{j=1}^{N} P(E \mid x_j\ 송신) P(x_j\ 송신). \tag{6.21}$$

간단하게 앞으로는 송출된 코드어들의 집합 C에서 항상 균등분포를 취하여

$$P(E) = \frac{1}{N} \sum_{j=1}^{N} P(E \mid x_j\ 송신) \tag{6.22}$$

를 만족하도록 한다. 자명하게 $P(E)$의 값은 채택된 특정한 결정규칙에 따라 오류가 발생되었을 때, 우리의 판단에 의존한다.

예제 6.18 두 코드어 $\{00, 11\}$가 2진대칭 통신로를 통하여 전송되었을 때, 최대 가능성 결정규칙을 사용하여 평균오류확률을 구하여라.

풀이 우선 00이 송출되고 01을 수신하였다고 가정하자. 수신된 코드어와의 해밍거리는 1이고, 더불어 01은 11로부터 송신될 수도 있다. 따라서 00과 11 중에서 송신될 확률은 $1/2$이다. 따라서 이에 대한 오류확률은 $P(01 \mid 00) = \frac{1}{2}\epsilon(1-\epsilon)$이다. 같은 방법으로 10이 수신될 오차 확률은 $P(10 \mid 00) = \frac{1}{2}\epsilon(1-\epsilon)$가 된다. 그리고 만약 11이 수신된다면 오류확률은 $P(11 \mid 00) = \epsilon^2$이 된다. 따라서 00을 송출했는데 오류가 발생할 확률 $P(E \mid 00)$은

$$P(E|00) = \frac{1}{2}\epsilon(1-\epsilon) + \frac{1}{2}\epsilon(1-\epsilon) + \epsilon^2$$
$$= \epsilon$$

이 된다. 같은 방법으로 11을 송출했는데 오류가 발생할 확률 $P(E|11)$을 구하면 역시 $P(E|11) = \epsilon$ 이 된다. 따라서 구하고자하는 평균오류확률 식 (6.22)에 의해 다음과 같다.

$$P(E) = \frac{1}{2}P(E|00) + \frac{1}{2}P(E|11) = \epsilon.$$

단순화하여 모델링하기 위해 정보원을 초당 1개의 비율로 심벌들을 통신로 상에서 송출한다고 가정하자. **전송률(transmission rate)** R은 초당 통신로를 통해 전송된 정보의 평균 비트 수로 정의한다. 이 정의를 좀 더 주의 깊은 분석해보면 전송률 R은 단지 정보원과 수신자 사이의 상호정보량에 지나지 않는다는 것을 알 수 있을 것이다. 분명히 전송률은 통신로의 용량을 초과하여 전송할 수 없기 때문에 통신로 용량 C에 대하여 $0 \le R \le C$임을 알 수 있다.

t초 동안 정보를 전송하여 평균 tR비트의 정보량을 송출한다고 가정하자. 만약 2진 코드를 사용한다면 t초 동안 송출된 심볼의 전체 평균 수는 $[2^{tR}]$이다. 여기서, [ ]는 가우스 함수로 임의의 x에 대하여 $[x]$는 x보다 적거나 같은 최대의 정수를 말한다.

예제 6.19 2진 대칭 통신로는 0.3의 오류확률을 갖는다. 만약 통신로가 용량에 맞게 작동한다고 할 때, 1분 동안 송출할 수 있는 2진 심볼의 최대 평균 개수는 얼마인가?

풀이 베르누이 확률분포에 대한 통신로 용량에 의해

$$C = 1 - H_b(0.3) = 0.1187$$

이다. 그러므로 심볼의 수는 $[2^{0.1187 \times 60}] = 139$이다.

지금까지 Shannon의 정리를 수학적으로 표현하고 증명하는데 필요로 하는 개념적 배경 지식을 알아보았다. 근본적으로 이 정리는 평균오류확률 $P(E)$를 원하는 만큼 작게 유지하는 동안 통신로 용량 C에 원하는 만큼 가까운 비율 R로 전송할 수 있다는 것을 말해준다. 이 정리를 증명하기 전에 또 다른 하나의 보조정리를 살펴보자.

보조정리 6.9 $0 \le \epsilon < \frac{1}{2}$와 $n \in \boldsymbol{N}$에 대하여 다음을 만족한다.

$$\sum_{k=0}^{[n\epsilon]} \binom{n}{k} \le 2^{nH_b(\epsilon)}. \tag{6.23}$$

증명 이항정리를 적용하여 계산하면

$$\begin{aligned}1 &= [\epsilon + (1-\epsilon)]^n \\ &= \sum_{k=0}^{n} \binom{n}{k} \epsilon^k (1-\epsilon)^{n-k} \\ &\geq \sum_{k=0}^{[n\epsilon]} \binom{n}{k} \epsilon^k (1-\epsilon)^{n-k} \\ &= (1-\epsilon)^n \sum_{k=0}^{[n\epsilon]} \binom{n}{k} (\frac{\epsilon}{1-\epsilon})^k.\end{aligned}$$

한편, $0 \leq \epsilon < \frac{1}{2}$, $(\frac{\epsilon}{1-\epsilon}) < 1$이므로 모든 $0 \leq k \leq [\epsilon n]$에 대하여

$$(\frac{\epsilon}{1-\epsilon})^k \geq (\frac{\epsilon}{1-\epsilon})^{\epsilon n}.$$

그래서 위 부등식은

$$1 \geq (1-\epsilon)^n (\frac{\epsilon}{1-\epsilon})^{\epsilon n} \sum_{k=0}^{[\epsilon n]} \binom{n}{k}.$$

그러므로

$$\begin{aligned}\sum_{k=0}^{[n\epsilon]} \binom{n}{k} &\leq [\epsilon^{-\epsilon}(1-\epsilon)^{-(1-\epsilon)}]^n \\ &= 2^{nH_b(\epsilon)}.\end{aligned}$$

오류확률이 ϵ인 2진 대칭 통신로가 있고 $0 \leq \epsilon < \frac{1}{2}$인 조건을 부여하자. 사실 베르누이 확률변수에 대한 엔트로피를 알고 있다면 이 정리에서 다루고자하는 것이 $H_b(\epsilon)$이고, 이는 또한 $H_b(1-\epsilon)$과 같다는 것을 포함하고 있다. 그래서 $\epsilon \geq \frac{1}{2}$인 경우 그것을 $1-\epsilon < \frac{1}{2}$로 대치할 수 있다. 따라서 우리의 정보원 S는 취하는 값들이 송출된 심벌인 확률변수로 서로 독립이며, 동일분포를 따르는 베르누이 정보원이라 가정하자.

d자리의 2진수으로 구성되어 총 2^d개의 선택 가능한 코드어들이 존재하는 가운데 한 코드어 x를 통신로를 통해 전송한다고 가정하자. 또한 우리가 사용 가능한 모든 코드에서 단지 M개만을 사용하고자 한다. Shannon은 모든 가능한 코드어의 집합에 균등분포를 부여하여 각

코드어가 선택될 확률이 2^{-d}되도록 하는 무작위 코딩(random coding)으로 이들을 선택하는 기발한 아이디어 발휘하였다. 그래서 주어진 M개의 코드어가 코드화가 되도록 선택하는 확률은 2^{-dM} 이다.

지금 어떤 코드어 y가 수신되었다고 가정하자. X_j를 코드어 y에서 j번째 심벌이 오류인 확률변수라 하자. 그래서 X_j는 모수 $\epsilon(1 \le j \le d)$인 베르누이 확률변수이다. 코드어 y에 있는 심벌들이 전체 오류를 값으로 취하는 확률변수는

$$S(d) = X_1 + X_2 + \cdots + X_d$$

이다. 이 확률변수는 모수가 d와 ϵ인 이항 확률변수이고 특히 기댓값은 다음과 같다.

$$E(S(d)) = \epsilon d.$$

지금부터 복호화에 대한 결정규칙을 채택할 필요가 있다. 아이디어는 코드어 x를 송출하고 $d-$차원 공간의 벡터로서 수신된 코드어 y와 중심이 y이고 반경이 ϵd인 구면체로 $\Sigma(\epsilon d)$ 공간을 고려하는 것이다.

임의의 작은 수 ν에 대해 아주 작은 양 νd만큼 구면을 팽창시켜서 반경이 $r = d(\epsilon + \nu)$인 구면 $\Sigma(r)$을 생각해 보자. 이에 대해 자세한 것은 〈그림 6.15〉에서 참고하여 보자.

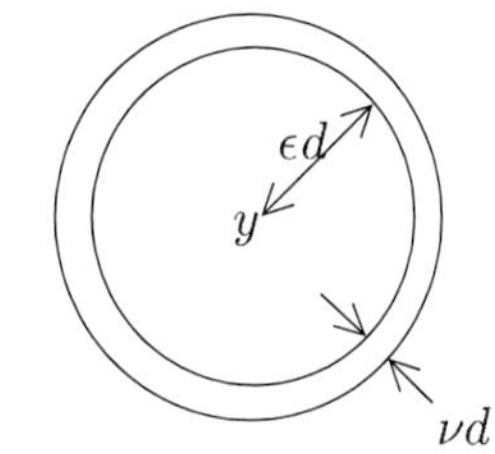

〈그림 6.15〉

다음으로 결정규칙을 적용한다. 만약 하나의 코드어 z만이 구면체 내부에 있다면, 우리는 y를 z로 복호하고 z가 송출되었다고 말한다. 만약 구면체의 내부에 코드어가 없거나, 두개 이상의 코드어가 있다면 오류가 발생했다고 말한다.

이 결정규칙의 저변에 깔린 아이디어는 다음과 같다. x와 y 사이의 평균 해밍거리는 ϵd라고 알게 되었다. 그러므로 평균적으로 x는 구면공간 $\Sigma(\epsilon d)$ 내부 어딘가에 존재한다. 평균의 개념에 의해 x가 구면체 외부에서 나올 가능성을 유연하게 받아들일 수 있도록 νd만큼 구면체를 팽창시켜 x를 찾을 수 있다.

A를 반경이 r인 구면체 내부에 코드어가 없을 사건이라 하고, B를 둘 또는 그 이상 존재할 사건이라 하자. 평균오류확률 $P(E)$에 대하여 다음 관계식을 얻을 수 있다.

$$\begin{aligned} P(E) &= P(A \cup B) \qquad (6.24) \\ &= P(A) + P(B) - P(A \cap B) \\ &\le P(A) + P(B). \end{aligned}$$

다음은 아래 정리 6.11을 증명하는데 필요한 이산형 확률변수에 대한 Chebyshev's 부등식에 대해 알아보자.

보조정리 6.10 이산형 확률변수 X의 평균 μ와 분산 σ^2일 때, 상수 $c>0$에 대하여

$$P(|X-\mu| \geq c) \leq \frac{\sigma^2}{c^2} \tag{6.25}$$

을 만족한다.

증명 집합 $A=\{x_i \in R ; |x_i-\mu| \geq c\}$라 하자. 그러면 X의 치역 $R=A \cup A^c$가 된다. 따라서 확률변수 X의 분산 σ^2은

$$\begin{aligned}
\sigma^2 &= \sum_{i=1}(x_i-\mu)^2 p(x_i) \\
&= \sum_{x_i \in A}(x_i-\mu)^2 p(x_i)+\sum_{x_i \in A^c}(x_i-\mu)^2 p(x_i) \\
&\geq \sum_{x_i \in A}(x_i-\mu)^2 p(x_i) \\
&\geq c^2 \sum_{x_i \in A} p(x_i) \\
&= c^2 P(|X-\mu| \geq c)
\end{aligned}$$

가 된다. 따라서 위의 식으로부터 $P(|X-\mu| \geq c) \leq \dfrac{\sigma^2}{c^2}$을 얻을 수 있다.

정리 6.11 $\delta_1>0$을 가능한 작고 고정된 수이고 A를 반경이 r인 구면체 내부에 코드어가 없을 사건이라고 하자. 그러면 만약 d가 충분히 큰 수이면, $P(A) \leq \delta_1$이다.

증명 사건 A는 정확히 말해 $(S(d)>r)$이다. 여기서 $S(d)$는 모수가 ϵ, d인 이항확률변수이고 $r=d(\epsilon+\nu)$이다. 그래서

$$\begin{aligned}
P(A)=P(S(d)>r)&=P(S(d)-\epsilon d>\nu d) \\
&\leq P(\mid S(d)-\epsilon d \mid \,>\nu d).
\end{aligned}$$

여기서 $X=S(d)$, $\mu=\epsilon d$, $\sigma^2=\epsilon(1-\epsilon)d$, 그리고, $c=\nu d$로 보조정리 6.10의 Chebyshev's 부등식을 적용하면

$$P(A) \leq \frac{\epsilon(1-\epsilon)}{\nu^2 d}$$

를 얻을 수 있다. 이는 d를 충분히 크게 하면 임의의 δ_1보다 적게 만들 수 있다.

이 정리 6.11의 증명이 의미하는 것은 $d-$차원 공간 어디엔가는 M개의 코드어들을 갖고 있다는 것이다. 만약 구면체 내부에 코드어가 없다면, 구를 팽창하도록 d를 증가시키고, d가

커짐에 따라 공간은 점점 더 구면체 내부를 꽉 채우게 되고 코드어는 점점 더 많이 채워 질 것이다. 따라서 6.2절에서 살펴본 것처럼 2진 대칭 통신로 용량 C는 $C=1-H_b(\epsilon)$으로 주어진다.

정리 6.12 A를 반경이 r인 구면체 내부에 코드어가 없을 사건이라 하고, B를 둘 또는 그 이상 존재할 사건이라 하자. ρ와 δ_2가 고정된 음이 아닌 수이고 $M=2^{d(C-\rho)}$라 가정하자. 그러면 충분히 큰 수 d에 대하여

$$P(B) \le \delta_2$$

를 만족한다.

증명 사건 B가 일어났다고 가정하고, $r=d(\epsilon+\nu)$에 대해 $\Sigma(r)$ 공간에 둘 또는 그 이상의 코드어가 있다고 하자. $x_i \in C,\ (1 \le i \le M)$는 y에서 최소의 해밍거리를 갖는 코드어라고 하자. 그러면 코드어를 무작위로 선택함에 따라 다음 결과를 얻을 수 있다.

$$\begin{aligned} P(B) &= P((x_i \in \Sigma(r)) \cap (\cup (x_j \in \Sigma(r)), j \ne i)) \\ &\le P(\cup (x_j \in \Sigma(r)), j \ne i) \\ &\le \sum_{j=1, j\ne i}^{M} P(x_j \in \Sigma(r)) \\ &= (M-1)P(x_j \in \Sigma(r)),\ \ (1 \le j \le M). \end{aligned}$$

만약 x_j가 $[r]$개에 이르기까지 오차를 갖는다면 $x_j \in \Sigma(r)$이고, 각 $1 \le k \le m$에 대하여 k개의 오류가 일어날 확률이 $\frac{1}{2^d}\binom{d}{k}$으로 우리는 다음을 구할 수 있다.

$$\begin{aligned} P(x_j \in \Sigma(r)) &= \frac{1}{2^d}\sum_{k=0}^{[r]}\binom{d}{k} \\ &\le \frac{1}{2^d}2^{dH_b(\epsilon+\nu)} \\ &= 2^{-d(1-H_b(\epsilon+\nu))}. \end{aligned}$$

그러면 위 두 식을 결합하면 다음과 같다.

$$\begin{aligned} P(B) &\le (M-1)2^{-d(1-H_b(\epsilon+\nu))} \\ &\le M2^{-d(1-H_b(\epsilon+\nu))}. \end{aligned}$$

여기서 $M = 2^{d(C-\rho)} = 2^{d(1-H_b(\epsilon)-\rho)}$이다. 그러므로

$$P(B) \le 2^{d(H_b(\epsilon+\nu)-H_b(\epsilon)-\rho)}.$$

H_b의 그래프를 고려해 보면 $\epsilon < \frac{1}{2}$인 경우에 이는 증가함수이다. 그러므로 ν를 충분히 적게 선택함으로써 $H_b(\epsilon+\nu) - H_b(\epsilon) < \rho$임을 고려하면 $b = \rho - (H_b(\epsilon+\nu) - H_b(\epsilon)) > 0$이 된다. 얼마나 작은 δ_2 값이든지 d를 충분히 크게하면 $2^{-db} < \delta_2$를 만들 수 있고, 결론적으로 정리에서 원하는

$$P(B) \le \delta_2$$

를 얻을 수 있다.

정리 6.13 (Shannon's fundamental Theorem) 주어진 $\delta,\ \rho > 0$에 대하여 2진 대칭 통신로 상의 전송률이 $R = C - \rho$이면, $P(E) \le \delta$인 코드를 찾을 수 있다.

증명 정리 6.11와 6.12의 가정 둘 다 만족하도록 d를 충분히 크게 선택하고 $\delta = \delta_1 + \delta_2$라고 놓자. 그러면 식 (6.24)에 의해 우리는 다음 결론을 얻을 수 있다.

$$P(E) \le \delta_1 + \delta_2 = \delta.$$

이것이 Shannon의 기본정리에 대한 증명이다.

위 정리에 대한 보다 자세한 증명으로 참고문헌 [3]의 제2장을 참고하기 바란다. 비록 이 절에서 Shannon의 기본 정리를 2원 대칭 통신로에 한정하여 기술하고 증명하였지만 이 정리는 임의의 통신로에 대해서도 사실이다. 증명과정은 보다 일반적인 수학적 사실을 많이 적용해야하기 때문에 다소 어렵지만 순서는 대략 위 증명과 동일하다. 더불어 이 정리에서 평균오류확률 대신에 $\max_{1 \le j \le M} P_{x_j}(E)$로 정의되는 확률값을 원하는 만큼 작게 하여 최대오차확률을 만들 수 있다는 것을 보임으로 인해 Shannon의 정리를 좀 더 향상시킬 수 있다. 또한 Shannon의 정리에 대한 역도 성립한다. 즉, 통신로 용량을 초과하는 비율로 전송한다면 오류확률을 임의로 적게 만들 수 없다.

이상에서 살펴본 바와 같이 기본적으로 Shannon의 정리는 수학에서 자주 언급되는 존재 정리에 대한 전형적인 형태이다. 이는 어디에선가 기적적인 성질들을 내포하는 아름다운 코드가 존재한다는 것을 설명해 준다. 그럼에도 불구하고 실제적으로 이런 아름다운 코드를 어떻게 찾는가에 대한 설명을 해 주지 못하고 있다.

6.5 연습문제

1. 코드는 4개의 코드어 $c_1 = 1000$, $c_2 = 0110$, $c_3 = 0001$, $c_4 = 1111$로 구성되어 있다고 한다. 만약 코딩 과정에서 코드어가 선택될 확률이 각각 $P(c_1) = P(c_2) = \frac{1}{3}$이고 $P(c_3) = P(c_4) = \frac{1}{6}$라고 하자. 2진 대칭통신로 상에서 오류확률 $\frac{1}{10}$으로 주어졌을 때, 만약 $y = 1001$을 수신했을 때,
   1) 최소오류규칙(minimum error rule)을 사용하였을 때, 어떻게 복호화 할 수 있는가?
   2) 최대 가능성 규칙(maximum likelihood rule)응 이용하면 어떻게 복호화 되는가?

2. 오류확률이 0.05인 2진 대칭통신로는 초당 800비트를 전송할 수 있다고 할 때 오류 없이 정확히 몇 비트를 전송할 수 있는가?

3. 오류확률이 $\epsilon > 0$인 2진 대칭통신로에서 두 개의 코드어 $c_1 = 000$과 $c_2 = 111$로 구성된 코드를 이용한다고 한다. 만약 최대 가능성 결정 규칙을 사용하여 평균오류확률을 구하여라.

4. 오류확률이 $\epsilon > 0$인 2진 대칭 통신로에 대한 코드는 $\{0,1\}$에서 정확히 2개의 1로 구성된 5개의 코드어로 구성되어 있다고 하자. 최소거리결정 규칙을 이용하여 코드어 11000이 10001로 복호화 될 확률을 구하여라.

5. 코드의 효율성은 연습문제 6.4의 6에서 $\eta = \frac{H_r(S)}{E(L)}$로 정의하였다. 이 때 코드의 중복도는 $\xi = 1 - \eta$로 정의 한다. 만약 정보원 알파벳에 대한 확률들이 각각 0.02, 0.09, 0.15, 0.21, 0.27일 때 최적의 허프만 코드에 대한 중복도를 구하여라.

6. 전송오류를 탐지하는 방법으로 패리티 체크(parity check)를 사용한다. 가장 간단한 예는 각 코드어의 끝에 한 자리를 추가하여 전체 1의 수가 짝수로 되게 하는 것이다. 예를 들면 000→0000, 001→0011, 그리고 111→1111로 만든다.
   1) 만약 패리티 체크 코드가 2진 대칭통신로를 통해 전송된다면 오류로 알려지니 않을

확률이 $6p^2(1-p)^2+p^4$임을 보여라. 단 p는 이 통신로의 오류확률이다.

2) 정보원 알파벳에 대한 확률들이 각각 0.02, 0.09, 0.15, 0.21, 0.27일 때 최적의 허프만 코드에 대한 오류 탐지 코드를 구하여라.

3) 2)에서 구한 오류탐지 코드에 대한 중복도 ξ를 구하여라.

CHAPTER 07

PROBABILISTIC APPROACH TO INFORMATION THEORY

연속형 확률변수와 미분 엔트로피

7.1 연속형 확률변수

제 6장까지 이산형 확률변수에 대한 엔트로피 및 마르코프 체인에 대한 엔트로피와 상호 정보량 등에 대해 알아봤다. 이를 확장하여 연속형 확률변수에 대한 미분 엔트로피(differential entropy)에 대해 알아본다. 이산형 확률변수의 개념은 셀 수 있는 연산에서 나타나는 문제를 포함하여 많은 부류의 확률모델에 대한 충분한 이론적 배경을 제공했다. 그러나 이산형 확률변수만으로 모든 상황을 일반화할 수 있는 충분한 모델을 구현하지 못하기 때문에 연속형 확률변수를 고려하게 되었다. 이 장에서는 확률변수의 개념을 실수 $\boldsymbol{R}$이나 실수의 부분구간에서 그 값을 취하는 '연속형'으로 확장하고자 한다.

지금부터 실수 구간 (a,b)를 고정하여 이 아이디어들을 공식화한다. 여기서 실수 구간 (a,b)에서 $a=-\infty$ 또는 $b=\infty$를 취할 수도 있다. 이 경우 구간 $(a,b)=\boldsymbol{R}$이 된다. 이산형과 마찬가지로 확률공간 $(\Omega, B(\Omega), P)$를 도입하고, 치역이 (a,b)인 확률변수 X는 Ω에서 (a,b)로 사상되는 함수로 정의한다. 어떤 영역에서 X가 취하는 값에 대한 확률들을 설명하기 위해 구간 (a,b) 내의 모든 조각적으로 끊긴 구간(broken line)을 포함하는 부울대수 $I(a,b)$를 도입한다. 각각의 $A\in I(a,b)$에 대하여 다음과 같이 정의한다.

$$p_X(A)=P(X\in A). \tag{7.1}$$

참고로 식 (7.1)에서 $P(X\in A)$의 의미는 $P(\{\omega\in\Omega:\ X(\omega)\in A\})$라는 것을 잘 알고 있을 것이다. 그런 확률의 존재에 대해서는 집합 $X^{-1}(A)\in B(\Omega)$임이 필수적이다. 여기서 $X^{-1}(A)=\{\omega\in\Omega:\ X(\omega)\in A\}$이다. 일반적으로 왜 이 조건이 만족되어야 하는지에 대한 이유는 측도론에서 좀 더 깊게 알아볼 수 있지만, 고급 확률론에서 확률변수는 이런 조건을 만족하는 함수로 정의한다. 보다 일반적인 고급 수학의 측도론에서 이런 함수들을 **측도가능 함수(measurable functions)**라고 한다. 한편, 치역이 (a,b)인 확률변수를 '연속형 확률변수'라고 한다. 이는 구간 (a,b)에서 값을 갖는 연속함수와는 다르다는 것을 알아야 한다.

정리 7.1 연속형 확률변수 X에 대하여 식 (7.1)에서 정의한 p_X는 $I(a,b)$에서 확률측도이다.

증명 확률측도의 정의 2.6에 의해 3가지 조건을 보이면 된다. 첫 번째 조건인 임의의 $A \in I(a,b)$에 대해 $P(A) \geq 0$은 생략하고, 두 번째 조건에 대해서 우선 먼저 증명한다. A_1과 A_2를 $I(a,b)$에 있는 서로 배반집합이라 하자. 그러면,

$$\begin{aligned} p_X(A_1 \bigcup A_2) &= P(X \in (A_1 \cup A_2)) \\ &= P((X \in A_1) \cup (X \in A_2)) \\ &= P(X \in A_1) + P(X \in A_2), \quad (\because\ P\text{가 측도이므로}) \\ &= p_X(A_1) + p_X(A_2). \end{aligned}$$

그러므로 p_X는 측도이다. 또한 p_X가 확률 측도라는 것을 보이기 위해서는

$$p_X((a,b)) = P(X \in (a,b)) = 1$$

임을 알면 쉽게 보일 수 있다.

여기서 우리는 p_X를 확률변수 X에 대한 확률분포라 한다. 이들 확률변수에 대한 **누적분포함수(cumulative distribution function)**는 다음과 같이 정의한다.

$$\begin{aligned} F(x) &= p_X((a,x)), \quad a \leq x \leq b \\ &= P(X \leq x). \end{aligned} \tag{7.2}$$

정리 7.2 연속형 확률변수 X에 대하여 $a \leq c < d \leq b$일 때, 누적분포함수는 다음 성질을 만족한다.

(i) F는 x에 대해 증가함수이다. 즉, $F(c) \leq F(d)$를 만족한다.

(ii) $F(a) = 0$, $F(b) = 1$.

(iii) $P(X \geq c) = 1 - F(c)$.

증명 (i)에 대한 증명으로, 두 실수 $a \leq c < d \leq b$에 대하여 $(X \leq c) \subseteq (X \leq d)$이므로 다음과 같다.

$$\begin{aligned} F(c) &= P(X \leq c) \\ &\leq P(X \leq d) = F(d). \end{aligned}$$

(ii)에 대한 증명으로는 연속형 확률변수의 정의와 확률측도의 정의로부터 쉽게 설명된다. 즉,

$$F(b) = P(X \leq b) = p_X((a,b)) = P(X \in (a,b)) = 1$$

이다.

(iii)의 증명으로 상수 $a < c < b$에 대해 서로 배반인 $(X < c)$와 $(X \geq c)$이
$(a \leq X \leq b) = (X < c) \cup (X \geq c)$이므로 누적분포함수의 정의에 의해

$$\begin{aligned} 1 &= P((X < c) \cup (X \geq c)) \\ &= P(X < c) + P(X \geq c), \quad (\because P\text{가 확률측도이므로}) \\ &= F(c) + P(X \geq c). \end{aligned}$$

따라서 $P(X \geq c) = 1 - F(c)$이다.

일반적으로 모든 $x \in (a,b)$에 대하여 $p_X(\{x\}) = 0$을 만족할 때 확률변수 X를 **연속형 분포(continuously distributed)**를 따른다고 한다. 이 장에서 다루고자하는 모든 확률변수는 모두 연속형 확률분포이다. 특히 연속형 확률변수의 누적분포함수는 다음 보조정리에서 보는 것처럼 확률론에서 매우 유용한 개념이다.

정리 7.3 X를 구간 (a,b)에서 연속형 확률변수라고 하면, 그 확률분포 p_X는 누적분포함수에 의해 완전히 결정된다.

증명 조각적으로 끊어진 구간 $J \in I(a,b)$라 하자. 그러면 어떤 $n \in \mathbb{N}$에 대해 $J = I_1 \cup I_2 \cup \cdots \cup I_n$이고, 여기서 모든 $1 \leq k \leq n$에 대하여 $I_k = (x_k, y_k)$이며, 양 끝점 x_k와 y_k 사이의 관계는 $a \leq x_1 < y_1 < x_2 < y_2 < \cdots < x_n < y_n \leq b$를 만족한다. 따라서 확률측도의 정의와 정리 7.1에 의해 다음과 같다.

$$p_X(J) = p_X(I_1) + p_X(I_2) + \cdots + p_X(I_n).$$

각 k에 대하여 $I_k = (a, y_k) - (a, x_k)$로 쓸 수 있기 때문에 F의 정의에 의해

$$p_X(J) = F(y_1) - F(x_1) + F(y_2) - F(x_2) + \cdots + F(y_n) - F(x_n)$$

이다.

따라서 이 정리 7.3에 의해 연속형 확률변수에 대한 분포를 p_X 대신 F로 나타내는 것을 종종 볼 수 있다. 실제로 증명 과정의 마지막 부분은 J가 개구간일 때 매우 유익하다. 왜냐하면, $p_X(x,y) = P(X \in (x,y)) = P(x < X < y)$이기 때문에

$$P(x < X < y) = F(y) - F(x) \tag{7.3}$$

이다.

한편 X의 치역이 구간 (a,b)이고 누적분포함수가 F인 연속형 확률변수라고 하자. 기초 확률론에서 다루는 확률변수에 대한 중요한 예제로서 다음과 같은 형태를 들 수 있다. 즉, 구간 (a,b)에서 정의되고, $a \leq x \leq b$인 모든 x에 대하여 $f(x) \geq 0$이며, 누적분포함수가

$$F(x) = \int_a^x f(y)dy \tag{7.4}$$

으로 정의될 때, 함수 f를 확률변수 X의 **확률밀도함수**(probability density function)라 부르고 간략하게 pdf라 한다.

확률측도의 정의에 의해 $P(X \in (a,b)) = p_X((a,b)) = 1$이고, 치역이 (a,b)인 확률변수 X의 확률밀도함수 f에 대하여

$$\int_a^b f(y)dy = 1$$

을 만족해야만 한다. 만약 X의 확률밀도함수가 f일 때, 미적분학의 기본정리를 식 (7.4)에 적용하면 누적분포함수 F는 미분가능하고 도함수는

$$F'(x) = f(x) \tag{7.5}$$

가 되고, F의 도함수는 유일하기 때문에 확률변수는 하나 이상의 확률밀도함수를 가질 수 없다. 정리 7.3에 의하면 만약 확률밀도함수가 주어졌다면 확률분포 p_X는 완전히 결정된다. 직관적으로, 아래 〈그림 7.1〉에서 보는 것처럼, 확률밀도함수는 '확률'과 곡선으로 둘러싸인 부분의 면적과의 관계를 설정해 준다.

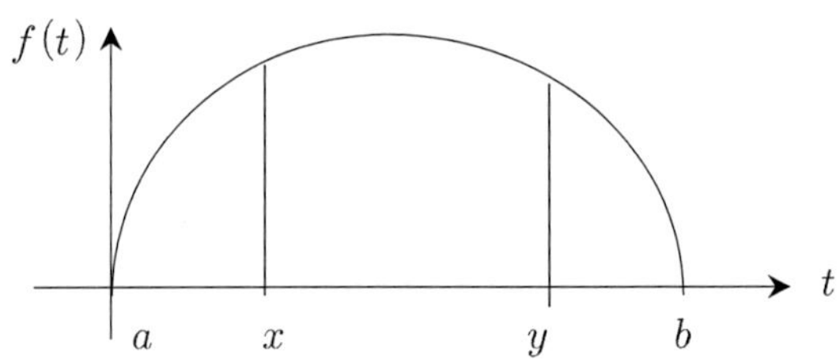

〈그림 7.1〉

연속형 확률변수에 대한 확률과 확률밀도함수에 대하여 만약 $a \le x < y \le b$ 일 때, 다음과 같이 확률을 정의한다.

$$P(x < X < y) = \int_x^y f(t)dt. \tag{7.6}$$

예제 7.1 연속형 확률변수 X의 확률밀도함수 $f(x)$가 다음과 같다.

$$f(x) = \begin{cases} c(1-x^2), & -1 < x < 1 \\ 0, & \text{기타} \end{cases}$$

1) 확률밀도함수를 만족하는 상수 c를 구하여라.

2) X의 누적분포함수를 구하여라.

풀이 연속형 확률변수에 대한 확률밀도함수의 정의에 의해 $\int_{-1}^{1} f(x)dx = 1$이므로

$$\int_{-1}^{1} c(1-x^2)dx = \left[c(x-\frac{1}{3}x^3)\right]_{-1}^{1}$$

$$= c \times \frac{4}{3}$$

따라서 상수 $c = \frac{3}{4}$가 된다.

두 번째 확률변수 X의 누적분포함수의 정의에 의해 $F(x) = P(X \le x)$으로

$$F(x) = \int_{-\infty}^{x} f(t)dt$$

$$= \int_{-1}^{x} \frac{3}{4}(1-t^2)dt$$

$$= -\frac{1}{4}x^3 + \frac{3}{4}x + \frac{1}{2}$$

가 된다.

예제 7.2 (균등분포) 이 예제는 이산형 균등분포와 유사한 것으로 연속형인 경우이다. 실수 $a, b \in \mathrm{R}$에 대하여 $a < b$일 때, 아래 그림에서 보는 것처럼, 다음 조건을 만족할 때 X를 (a,b)에서 **균등분포(uniform distribution)**를 취한다고 한다. 모든 $a \le x \le b$에 대하여, 확률밀도함수는 $f(x) = \frac{1}{b-a}$이다.

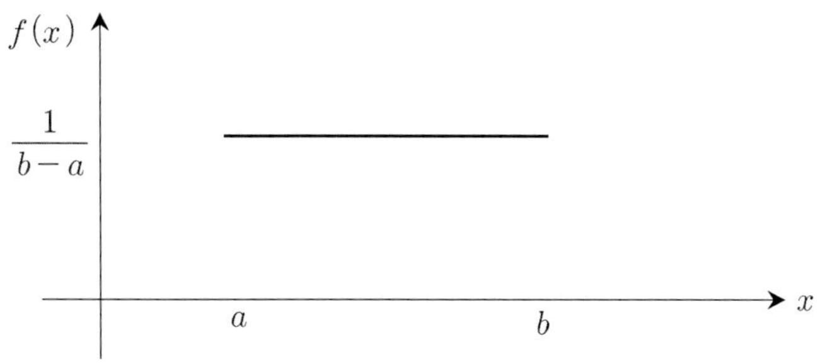

〈그림 7.2〉 균등분포

만약 X가 균등분포를 따르는 확률변수일 때, $X \sim U(a,b)$로 표시한다. 누적분포를 구하기 위해서 식 (7.4)를 이용하면 다음과 같다.

$$F(x) = \int_a^x \frac{1}{b-a} dt = \frac{x-a}{b-a}. \tag{7.7}$$

예제 7.3 균등분포를 따르는 확률변수가 구간 $(0,2)$에서 값을 갖는다고 하자. 이때 1보다 크고 1.6보다 작은 값을 취할 확률을 구하여라.

풀이 위 식 (7.7)에서 구한 것처럼 $F(x) = \frac{1}{2}x$이고 $X \sim U(0,2)$이다. 그러므로

$$\begin{aligned} P(1 \le X \le 1.6) &= F(1.6) - F(1) = \frac{1}{2}(1.6-1) \\ &= 0.3. \end{aligned}$$

이 된다.

위 예제의 균등분포를 따르는 확률변수는 가장 간단한 형태의 연속형 확률변수이다. 다음은 종종 응용되는 간단한 형태의 확률변수로 지수분포(Exponential distribution)에 대해 알아보자.

예제 7.4 (지수분포) 주어진 $\lambda > 0$에 대하여 만약 확률변수 X의 치역이 $[0, \infty)$이고, 확률밀도함수가 다음과 같을 때 모수 λ인 **지수분포(exponential distribution)**를 따른다고 한다.

$$f(x) = \lambda e^{-\lambda x}. \tag{7.8}$$

만약 X가 모수 λ인 지수분포일 때, $X \sim E(\lambda)$라고 표기한다. 확률밀도함수에 대한 그래프는 아래 〈그림 7.3〉에서 보여준다.

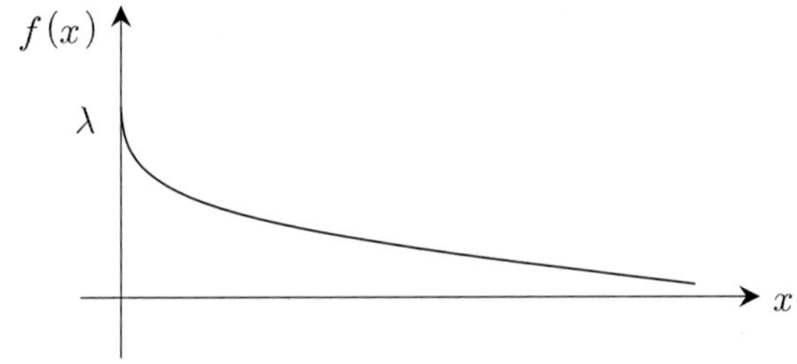

〈그림 7.3〉 지수분포에 대한 확률밀도함수

누적분포함수의 정의에 의해 다음과 같이 구할 수 있다.

$$F(x) = \int_0^x \lambda e^{-\lambda t} dt = 1 - e^{-\lambda x}.$$

지수분포는 종종 전기장치들이 오작동하는 시간을 설명할 때 자주 적용된다. 아래 예제 7.5에서 보는 것처럼 λ^{-1}는 평균 실패율로 해석될 수 있다.

예제 7.5 주어진 $\lambda = 1$일 때, 고정 장치가 두 시간 이상 지속될 확률을 구하여라.

풀이 $P(X > 2) = 1 - F(2) = e^{-2} = 0.135$이다.

만약 X와 Y가 실수값을 갖는 두 확률변수이고, α는 실수이며, $g(x)$는 실수값 함수일 때, 새로운 확률변수 $X+Y$, αX, XY 그리고 $g(X)$를 만들 수 있다.

만약 X가 확률밀도함수 f를 갖는다면 기댓값 $E(X)$는 다음과 같이 정의한다.

$$E(X) = \int_a^b x f(x) dx. \tag{7.9}$$

이산형 확률변수에서처럼 $\mu = E(X)$로 쓴다. 보다 일반적으로

$$E(g(X)) = \int_a^b g(x) f(x) dx. \tag{7.10}$$

으로 정의할 수 있다. 특히 X의 n번째 적률(moment)은

$$E(X^n) = \int_a^b x^n f(x) dx \tag{7.11}$$

이고, 분산 $Var(X)$는 아래와 같이 정의한다.

$$\begin{aligned} Var(X) &= E((X-\mu)^2) \\ &= \int_a^b (x-\mu)^2 f(x) dx. \end{aligned} \tag{7.12}$$

때때로 $\sigma^2 = Var(X)$로 쓰기도 하며, σ를 X의 표준편차라고 한다.

예제 7.6 $X \sim E(\lambda)$인 확률변수에 대한 기댓값을 구하여라.

풀이 기댓값의 정의로 식 (7.9)와 확률밀도함수를 이용하면

$$\begin{aligned} E(X) &= \int_0^\infty x \cdot \lambda e^{-\lambda x} dx \\ &= [-xe^{-\lambda x}]_0^\infty + \int_0^\infty e^{-\lambda x} dx, \quad (\text{부분적분을 이용}) \\ &= \frac{1}{\lambda}. \end{aligned}$$

지금까지 다룬 확률변수에 대한 모든 적분 값들이 유한한 경우만 생각하였으나 기댓값과 분산 등이 무한대인 경우도 존재한다. 이산형 확률변수와 연속형 확률변수에 대한 기댓값 및 분산 공식에서 차이점은 합이 적분으로 대치된 것뿐이라 할 수 있다.

다음은 둘 이상의 확률변수들 간의 분포에 대해 알아보자. 우선 먼저 서로 독립이고 동일분포를 따르는 확률변수들의 합과 확률의 상대적 빈도수에 대한 관계를 다루고자 한다.

정의 7.4 확률변수 X와 Y의 치역을 각각 (a,b)와 (c,d)라고 하자. 모든 $A \in I(a,b)$와 $B \in I(c,d)$에 대하여

$$P((X \in A) \cap (Y \in B)) = P(X \in A)P(Y \in B). \tag{7.13}$$

일 때, 두 확률변수 X와 Y는 **독립(independent)**이라한다. 한편 두 확률변수가 같은 치역 (a,b)을 가지고, 모든 $A \in I(a,b)$에 대하여

$$P(X \in A) = P(Y \in A) \tag{7.14}$$

일 때, X와 Y는 **동일분포(identically distributed)**를 갖는다고 말한다. 이는 이산형 확률변수에서처럼 연속형 확률변수에서도 동일하게 i.i.d 확률변수를 생각할 수 있다.

$X_1, X_2, \cdots$를 평균 μ, 분산 σ^2을 갖는 i.i.d 확률변수들이라 하자. 이 확률변수들의 부분합

$$S(n) = X_1 + X_2 + \cdots + X_n,$$

의 기댓값을 구하면 $E(S(n)) = n\mu$이고 분산 $Var(S(n)) = n\sigma^2$이 된다. 지금부터 n이 증가함에 따라 확률변수 $\overline{X(n)} = \dfrac{S(n)}{n}$의 점근적 형태를 조사해보자.

직관적으로 확률변수 $\overline{X(n)}$의 값은 크기 n인 표본에 기반을 둔 모든 가능한 평균이다. n이 증가함에 따라 표본에 대한 정보를 점점 더 많이 얻을 수 있다. 그러므로 n이 커짐에 따라 $\overline{X(n)}$의 값은 평균 μ에 점점 더 가깝게 수렴해 간다. 그래서 n이 커짐에 따라 $|\overline{X(n)} - \mu|$는 점점 작아진다. 다음 결과는 이 아이디어에 대한 정확한 답을 주고 있다. 아래 부등식은 이미 이산형 확률변수에 대해 알아봤다. 마찬가지로 연속형에서도 같은 방법으로 증명할 수 있다.

정리 7.5 (Chebyshev's 부등식) X는 치역이 실수 전체 집합인 확률변수이고 $c \ge 0$인 임의의 실수라 하자. 그러면 만약 $E(X) = \mu$이고 $Var(X) = \sigma^2$일 때, 다음 부등식을 만족한다.

$$P(|X - \mu| \ge c) \le \frac{\sigma^2}{c^2}. \tag{7.15}$$

증명 집합 $A = \{x \in \mathrm{R} : |x - \mu| \ge c\}$라 하자. 그러면 분산의 정의와 $\mathrm{R} = A \cup A^c$임을 이용하여

$$
\begin{aligned}
\sigma^2 &= \int_{-\infty}^{\infty} (x-\mu)^2 f(x)dx \\
&= \int_A (x-\mu)^2 f(x)dx + \int_{A^c} (x-\mu)^2 f(x)dx \\
&\geq \int_A (x-\mu)^2 f(x)dx \\
&\geq c^2 \int_A f(x)dx = c^2 P(|X-\mu| \geq c)
\end{aligned}
$$

를 구할 수 있다.

확률은 측도로서 식 (7.15)의 좌변은 쉽게

$$P(\{\omega \in \Omega : |X(\omega)-\mu| \geq c\})$$

임을 알 수 있다. 증명 과정에서 $A=(-\infty,\mu-c]\cup[\mu+c,\infty)$이고 A에서의 적분은 이 두 구간 $(-\infty,\mu-c]$와 $[\mu+c,\infty)$에서의 적분의 합과 같다. 그리고 이 부등식을 증명하는 과정에서 X의 확률밀도함수를 $f(x)$라 가정했다. 이산형 확률변수에 대한 이 부등식의 증명은 보다 쉽다는 것을 알 수 있다. 심지어 X가 연속형 분포가 아닐지라도 식 (7.15)는 $\{\omega \in \Omega : |X(\omega)-\mu| > c\} \subseteq \{\omega \in \Omega : |X(\omega)-\mu| \geq c\}$이므로

$$P(|X-\mu| > c) \leq \frac{\sigma^2}{c^2}$$

임을 알 수 있다.

정리 7.6 (the weak law of large number) $X_1, X_2, \cdots$를 평균 μ, 분산 σ^2을 갖는 i.i.d 확률변수라고 하자. 확률변수 $\overline{X(n)}=\dfrac{S(n)}{n}$는 모든 $\epsilon>0$에 대하여 다음 부등식을 만족한다.

$$P(|\overline{X(n)}-\mu| > \epsilon) \leq \frac{\sigma^2}{\epsilon^2 n}. \tag{7.16}$$

증명 확률변수 $\overline{X(n)}$에 Chebyshev's 부등식을 적용하고, 기댓값 $E(\overline{X(n)})=\mu$와 분산 $Var(\overline{X(n)})=\dfrac{\sigma^2}{n}$을 이용하여 계산하면 식 (7.16)를 얻을 수 있다.

식 (7.16)에 의해 우리는 다음 식을 유도할 수 있다.

$$\lim_{n\to\infty} P(\mid \overline{X(n)} - \mu \mid > \epsilon) = 0. \tag{7.17}$$

약한 큰 수 법칙이 의미하는 바는 표본의 크기 n이 증가함에 따라 $\overline{X(n)}$의 값은 모집단의 평균 μ에 근접해 간다는 것을 말해 준다.

지금부터 상대적 빈도수의 분석에 약한 큰 수 법칙을 적용하고자 한다. 결과가 '성공'과 '실패'로 나타나는 실험을 수 없이 반복하자. 확률변수 X_j를 다음과 같이 정의된 베르누이 확률변수라 하자.

$$\begin{aligned} X_j &= 1, \quad \text{만약 } j\text{번째 실험이 성공} \\ &= 0, \quad \text{실패인 경우} \end{aligned}$$

$P(X_j = 1) = p$라고 하자. 실제 상황에서 확률 p는 알 수 없기 때문에 수 없이 반복하여 실험하여 그 상대적 빈도수로부터 결과를 유추한다는 사실을 기억해 두기 바란다. 일반적으로 $\overline{X(n)} = \dfrac{S(n)}{n}$을 정의하고, $\overline{X(n)}$의 값은 n번 실험을 하여 나타난 결과들의 상대적 빈도수를 나타낸다. 예를 들어, 실험을 5번 반복하여 실시한 결과 3번 성공했다면 $\overline{X(5)} = \dfrac{3}{5}$이다.

앞에서 배운 베르누이 확률변수 X_j를 돌이켜 보면 $\mu = p$이고, 약한 큰 수 법칙을 적용하면 모든 $\epsilon > 0$에 대하여,

$$\lim_{n\to\infty} P(\mid \overline{X(n)} - p \mid > \epsilon) = 0 \tag{7.18}$$

을 얻을 수 있다.

정리 7.6보다 더 강력한 결과로 **강한 큰 수 법칙**(strong law of large numbers)이라는 정리가 있다. 그 증명 자체는 이 기초 확률론의 범위를 벗어나기 때문에 증명은 생략하고 그 결과만을 기술해 놓는다. 이 정리의 모든 가정은 정리 7.6의 조건과 동일하다. 강한 큰 수 법칙에 대한 식은 다음과 같이 주어진다.

$$P(\lim_{n\to\infty} \overline{X(n)} = \mu) = 1. \tag{7.19}$$

이 정리는 정리 7.6의 약한 큰 수 법칙에서 유추할 수 있는 결과보다 더욱 강하다

앞에서 몇 가지 연속형 확률변수에 대해 알아보았지만 지금부터 아마도 확률론에서 가장 중요한 종류의 확률변수에 대해 논의하고자 한다. 이 확률변수들을 정규(normal) 또는 가우스

(Gaussian) 확률변수라 하고 이는 위대한 수학자 칼 프리드 가우스(Carl Friedrich Gauss) 이후 명명되었다. 이는 두 모수 $\mu \in \mathrm{R}$과 $\sigma > 0$에 따라 서로 다른 확률변수들이 존재한다. 확률밀도함수는 다음 공식에 의해 주어진다.

$$f(x) = \frac{1}{\sigma\sqrt{2\pi}} exp\left\{-\frac{1}{2}(\frac{x-\mu}{\sigma})^2\right\}, \quad -\infty < x < \infty. \tag{7.20}$$

식 (7.20)에서 주어진 함수가 어떤 확률변수의 확률밀도함수(pdf)임을 증명하기 위해서는 이중적분에 대한 내용을 적용해야한다.

보조정리 7.7 이상적분 $\int_{-\infty}^{\infty} \exp(-\frac{1}{2}x^2)dx = \sqrt{2\pi}$ 이다.

증명 $I = \int_{-\infty}^{\infty} \exp(-\frac{1}{2}x^2)dx$라 하자. 그러면

$$I^2 = (\int_{-\infty}^{\infty} \exp(-\frac{1}{2}x^2)dx)(\int_{-\infty}^{\infty} \exp(-\frac{1}{2}y^2)dy)$$

$$= \int_{-\infty}^{\infty}\int_{-\infty}^{\infty} \exp(-\frac{1}{2}(x^2+y^2))dxdy.$$

극좌표계를 도입하여 $x = rcos(\theta)$, $y = r\sin(\theta)$로 치환하면 이 변환의 자코비안 행렬식은 r이다. 따라서,

$$I^2 = \int_0^{2\pi}\int_0^{\infty} e^{-\frac{r^2}{2}} rdrd\theta = 2\pi\int_0^{\infty} e^{-\frac{r^2}{2}} rdr.$$

여기서 다시 $u = \frac{r^2}{2}$로 치환하여 다시 정리하면

$$\int_0^{\infty} e^{-\frac{r^2}{2}} rdr = \int_0^{\infty} e^{-u}du = 1$$

를 얻게 되고 $I^2 = 2\pi$가 되어 $I = \sqrt{2\pi}$임을 증명할 수 있다.

따름정리 7.8 두 모수 $\mu \in \mathrm{R}$과 $\sigma > 0$에 대하여

$$f(x) = \frac{1}{\sigma\sqrt{2\pi}} exp\left\{-\frac{1}{2}(\frac{x-\mu}{\sigma})^2\right\}, \quad -\infty < x < \infty$$

로 정의하면 f는 확률밀도함수이다.

증명 분명히, 모든 $x \in \mathrm{R}$에 대하여 $f(x) \geq 0$이다. $\int_{-\infty}^{\infty} f(x)dx = 1$임을 보이기 위하여 $z = \dfrac{x-\mu}{\sigma}$로 치환한 후, 보조정리 7.7을 적용하면 바로 구할 수 있다.

이 확률밀도함수는 아래 〈그림 7.4〉에서 보는 것처럼 **잘 갖추어진 형태의 곡선**(well shaped curve)으로 널리 알려져 있다.

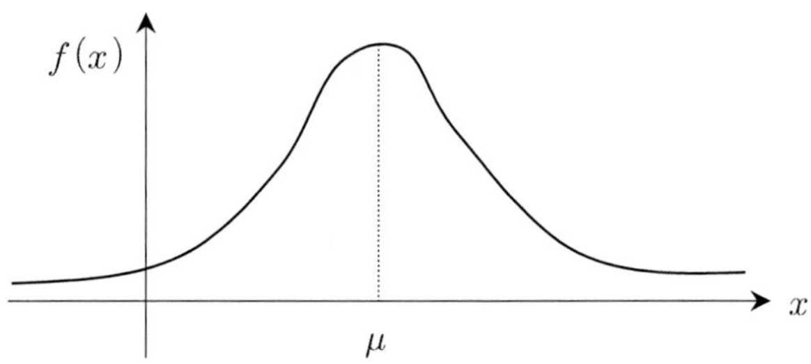

〈그림 7.4〉 정규분포의 확률밀도함수의 그래프

그래프에서 보는 바와 같이 이 곡선은 선분 $x=\mu$에 대하여 대칭임을 보여주고 있다. $x-$축을 따라 양방향에서 곡선의 점근적 형태를 잘 알아 두기 바란다.

일반적으로 확률변수 X가 식 (7.20)의 확률밀도함수를 가질 때, 모수 $\mu \in \mathrm{R}$과 σ^2인 **정규분포 확률변수**(normal distributed random variable with parameters μ and σ^2)라고 하며 다음과 같이 쓴다.

$$X \sim N(\mu, \sigma^2). \tag{7.21}$$

위에서 주어진 모수 μ와 σ^2은 둘 다 확률론적 의미와 기하학적 의미를 가지고 있다. 확률적으로 기댓값과 분산을 구해보면 다음과 같다.

$$E(X) = \mu \text{ 이고 } Var(X) = \sigma^2.$$

기하학적으로는 아래 〈그림 7.5〉와 〈그림 7.6〉에서 설명해 준다. 〈그림 7.5〉에서는 분산은 같으나 평균이 $\mu_1 < \mu_2$로 서로 다른 두 정규분포에 대한 확률밀도함수를 보여주고 있다. 반면 〈그림 7.6〉은 평균은 같으나 분산이 다른 형태 $\sigma_1^2 < \sigma_2^2$인 경우의 확률밀도함수의 그래프의 개형이다.

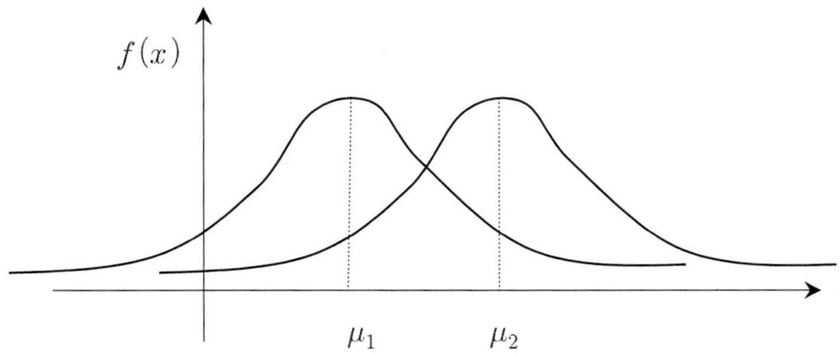

〈그림 7.5〉 확률밀도함수($\mu_1 < \mu_2$)

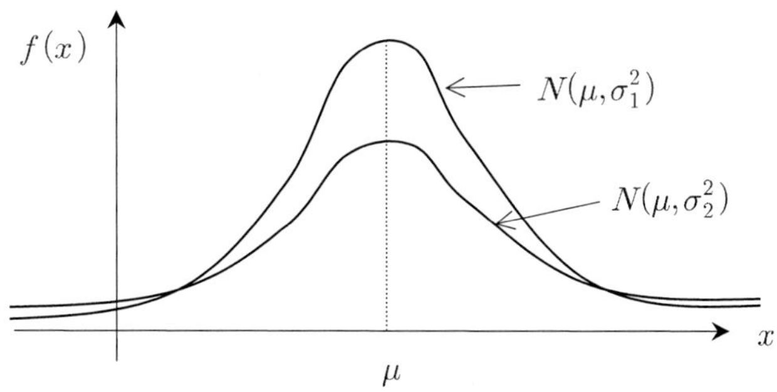

〈그림 7.6〉 확률밀도함수($\sigma_1^2 < \sigma_2^2$)

정규분포에 대한 확률값들을 계산하기 위해서는 식 (7.20)에서 주어진 확률밀도함수 $f(x)$에 대한 누적분포함수 $F(x)=\int_{-\infty}^{x} f(t)dt$를 이용하면 된다. 그러나 임의의 평균 μ와 분산 σ^2인 정규분포에 대한 확률밀도함수 $f(x)$에 대한 확률 계산은 불편하다. 그러나 아래와 같이 표준화한 확률변수에 대한 확률은 다행히도 이미 상당히 정확하게 계산되어 있고 통계적 도표에서 널리 출간되어 이용되고 있다. 평균 μ와 분산 σ^2인 정규분포를 따르는 확률변수에 대해 표준화 확률변수는 다음과 같이 새로운 확률변수 Z로 정의된다.

$$Z=\frac{X-\mu}{\sigma}. \tag{7.22}$$

식 (7.20)에서 주어진 확률밀도함수 $f(x)=\frac{1}{\sigma\sqrt{2\pi}}exp\left\{-\frac{1}{2}(\frac{x-\mu}{\sigma})^2\right\}$에서 $z=\frac{x-\mu}{\sigma}$로 치환하면 $dx=\sigma dz$가 된다. 따라서 Z에 대한 누적분포함수는

$$\Phi(z)=P(Z\le z)=\frac{1}{\sqrt{2\pi}}\int_{-\infty}^{z}\exp(-\frac{1}{2}t^2)dt$$

로 주어진다. 이는 식 (7.20)에서 평균 $\mu=0$, $\sigma^2=1$인 확률밀도함수에 해당한다.

확률변수 Z를 **표준정규분포(standard normal distribution)**를 따른다고 한다. 통계에서 주어진 모든 도표는 $z \geq 0$인 값에 대한 확률변수 Z와 연관된 확률값들이 주어진다. 그러나 이들 중 몇몇은 누적분포함수 $\Phi(z)=P(Z \leq z)$의 항목으로 주어진다. 표준정규분포의 확률밀도함수 $\phi(z)=\exp(-\frac{1}{2}z^2)$는 $z=0$에 대하여 대칭이므로 임의의 z에 대하여 $P(Z \leq z)=P(Z \geq -z)$이다. 따라서 일반적인 표준정규분포표는 $z \geq 0$인 경우의 확률값이 도표로 주어진다. 그리고 $P(Z \geq -z)=1-\Phi(-z)$이므로, 임의의 $-\infty < z < \infty$에 대하여

$$\Phi(z)+\Phi(-z)=1$$

이 성립한다.

예제 7.7 확률변수 Z가 표준정규분포를 따른다고 할 때, $P(Z>z)=0.025$를 만족하는 z의 값을 구하여라.

풀이 주어진 조건으로부터

$$P(Z>z)=1-P(Z \leq z)=1-\Phi(z)=0.025$$

이므로 $\Phi(z)=0.975$가 된다. 따라서 표준정규분포표로부터 이에 대응하는 $z=1.96$이다.

위의 예제 7.7에서처럼 확률변수 Z가 표준정규분포를 따를 때 $P(Z>z_\alpha)=\alpha$를 만족하는 z_α 값을 표준정규분포의 $100(1-\alpha)\%$ 백분위수(percentiles)라 한다.

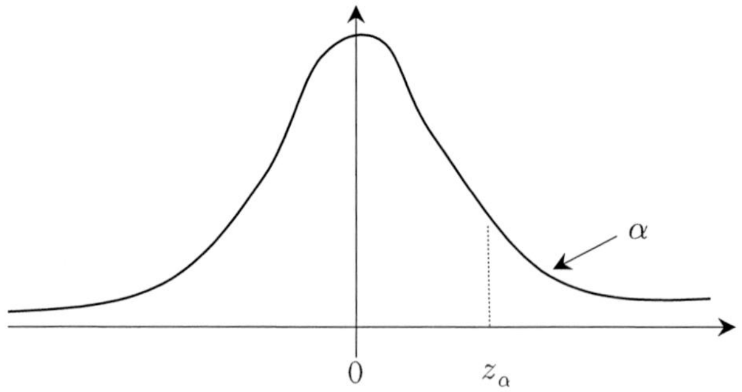

〈그림 7.7〉 표준정규분포의 백분위수

〈그림 7.7〉에서 보는 것처럼 표준정규분포에서 많이 인용되는 백분위수들은

$$z_{0.005}=2.58,\ z_{0.025}=1.96,\ z_{0.05}=1.645$$

등이 있다.

예제 7.8 확률변수 X는 평균 5이고 분산 4인 정규분포를 따른다고 할 때, 확률 $P(1 \le X \le 8)$을 구하여라.

풀이 평균 5와 표준편차 2를 이용하여 $Z = \frac{X-5}{2}$으로 표준화하면 $Z \sim N(0,1)$임을 알고 있다. 따라서

$$\begin{aligned} P(1 \le X \le 8) &= P\left(\frac{1-5}{2} \le \frac{X-5}{2} \le \frac{8-5}{2}\right) \\ &= P(-2 \le Z \le 1.5) \\ &= P(Z \le 1.5) - P(Z \le -2) \\ &= \Phi(1.5) - \Phi(-2) \\ &= \Phi(1.5) - \{1 - \Phi(2)\} \end{aligned}$$

가 된다. 여기서 표준정규분포표를 이용하여 $\Phi(1.5) = 0.9333$, 그리고 $\Phi(2) = 0.9773$을 구하고 위 식에 대입하여 계산하면

$$P(1 \le X \le 8) = 0.9105$$

가 된다.

정규분포 확률변수의 중요성은 수많은 확률변수들의 값들이 평균 주위에 운집해 있고, 평균에서 멀어지는 값들은 점점 더 우리가 원하지 않는 방향으로 흐를 수 있다는 사실을 유추할 수 있다. 이런 형태의 확률변수들은 다음과 같은 중요한 실질적인 상황에서 야기된다.

측도론(The theory of measurement). 주어진 양의 반복적인 실험의 측도는 정규곡선에 의해 묘사되는 '참값'에 운집하는 성질을 갖는다. 편차는 주의 깊게 실험을 하는 가운데 제거될 수 없는 잡음에 의해 야기된다. 정규분포의 명확성은 중심극한정리로 전개되었고 확률론의 한 축을 형성하게 되었다.

정규분포를 따르는 확률변수가 확률론에서 가장 중요한 것처럼 중심극한정리(central limit theorem)는 아마도 그 하나 자체로 가장 획기적인 결과로 볼 수 있다. 사실 이 정리는 정규분포의 역할을 명확히 해석해 주는 결과이고, 통계학에 대한 근간을 제공해 준다.

이 정리를 기술하고 증명하기 전에 먼저 적률생성함수에 대한 기본적인 사실들을 알아야 한다. 이산형 확률변수 X와 확률질량함수 $p(x)$이고, 연속형 확률변수 X의 치역은 (a,b), 확률밀도함수를 f라 하자. 물론 여기서 $a = -\infty, b = \infty$일 수도 있다.

정의 7.9 모든 $t \in \mathbb{R}$에 대하여 확률변수 X의 **적률생성함수(moment generating function)** M_X는 다음과 같이 정의된다.

$$M_X(t) = \begin{cases} \sum_x e^{tx} p(x), & X: \text{이산형} \\ \int_a^b e^{tx} f(x) dx, & X: \text{연속형} \end{cases} \tag{7.23}$$

분명히, M_X는 적분 값이 유한인 범위에서만 정의된다. 항상 적분이 존재하는 경우만 존재하지 않으므로 고등 확률론에서는 적률생성함수 M_X 대신에 **특성함수(characteristic function)** 라 부르는 함수를 사용한다. 수학적 배경이 풍부한 독자는 식 (7.23)이 함수 f에 대한 라플라스 변환이라는 것을 알고 있을 것이며, 이와 같은 맥락에서 특성함수는 푸리에 변환이라는 것을 알고 있을 것이다. M_X가 적률생성함수라고 불리게 되는 기본적인 이유는 다음과 같은 사실에서 유도되었다.

연속형 확률변수 X에 대하여 미적분학의 기본정리를 이용하여 적분과 미분의 순서를 바꾸어 계산하면 다음과 같은 식을 구할 수 있다.

$$\begin{aligned} \frac{dM_X(t)}{dt} &= M_X{}'(t) \\ &= \int_a^b x e^{tx} f(x) dx \\ &= E(Xe^{tX}). \end{aligned} \tag{7.24}$$

식 (7.24)에서 $t = 0$을 대입하여 계산하면 다음과 같다.

$$M_X{}'(0) = \int_a^b x f(x) dx = E(X) = \mu. \tag{7.25}$$

또한 $M_X(t)$의 2계 도함수는

$$M_X{}''(t) = \int_a^b x^2 e^{tx} f(x) dx$$

가 되어 $M_X{}''(0) = E(X^2)$이 된다. 따라서 분산 $Var(X)$는

$$\sigma^2 = E(X^2) - \mu^2 = M_X{}''(0) - [M_X{}'(0)]^2 \tag{7.26}$$

로 계산된다. 예를 들면, 만약 $M_X(t) = (1-t)^{-1}$, $t < 1$이면 위에서 설명한 것처럼

$$M_X{}'(t) = (1-t)^{-2} \text{ 이고 } M_X{}''(t) = 2(1-t)^{-3}$$

이 되어 $\mu = M_X{}'(0) = 1$, $\sigma^2 = M_X{}''(0) - \mu^2 = 2 - 1 = 1$을 구할 수 있다.

물론 확률밀도함수를 이용하여 평균 μ와 분산 σ^2을 구할 수도 있다. 일반적으로 만약 n이 양의 정수이면 $M_X(t)$의 n계 고계도함수 $M_X^{(n)}(t)$는 식 (7.23)을 t에 대해 n번 반복 미분하여 구한 도함수이다.

이 식을 구하기 위해 $\frac{d^n}{dt^n}(e^{tx}) = x^n e^{tx}$라는 사실을 이용하면

$$M_X^{(n)}(t) = E(X^n e^{tX}),\ \ n \geq 1$$

가 되어

$$E(X^n) = M_X^{(n)}(0) \tag{7.27}$$

를 구할 수 있다.

식 (7.27)을 계산하는 다른 방법으로는 식 (7.23)에서 지수함수의 무한급수를 전개하면,

$$e^{tx} = \sum_{n=0}^{\infty} \frac{t^n x^n}{n!}$$

이 되고, 이식을 (7.23)의 적분 식에 넣어 다시 계산하면

$$\begin{aligned} M_X(t) &= \int_a^b e^{tx} f(x)dx \\ &= \int_a^b \sum_{n=0}^{\infty} \frac{t^n x^n}{n!} f(x)dx \\ &= \sum_{n=0}^{\infty} \frac{t^n}{n!} \int_a^b x^n f(x)dx \\ &= \sum_{n=0}^{\infty} \frac{t^n}{n!} E(X^n) \end{aligned}$$

가 된다.

예제 7.9 확률변수 $X \sim P(\lambda)$인 푸아송분포를 따르는 확률변수라고 하면

$$\begin{aligned} M_X(t) &= E(e^{tX}) \\ &= \sum_{n=0}^{\infty} \frac{e^{tn} e^{-\lambda} \lambda^n}{n!} \end{aligned}$$

$$= e^{-\lambda} \sum_{n=1}^{\infty} \frac{(\lambda e^t)^n}{n!}$$

$$= e^{-\lambda} e^{\lambda e^t}$$

$$= \exp(\lambda(e^t - 1))$$

가 되고 적률생성함수를 미분하면

$$M_X'(t) = \lambda e^t \exp(\lambda(e^t - 1))$$

$$M_X''(t) = (\lambda e^t)^2 \exp(\lambda(e^t - 1)) + \lambda e^t \exp(\lambda(e^t - 1))$$

가 된다. 이 식으로부터

$$E(X) = M_X'(0) = \lambda$$

$$E(X^2) = M_X''(0) = \lambda^2 + \lambda$$

$$Var(X) = E(X^2) - (E(X))^2 = \lambda$$

을 구할 수 있다.

예제 7.10 확률변수 X는 모수가 λ인 지수분포를 따른다고 할 때 같은 방법으로

$$M_X(t) = E(e^{tX})$$

$$= \int_0^{\infty} e^{tx} \lambda e^{-\lambda x} dx$$

$$= \lambda \int_0^{\infty} e^{-(\lambda - t)x} dx$$

$$= \frac{\lambda}{\lambda - t}, \quad (t < \lambda)$$

임을 계산할 수 있고, 또한

$$M_X'(t) = \frac{\lambda}{(\lambda - t)^2}, \quad M_X''(t) = \frac{2\lambda}{(\lambda - t)^3}$$

가 된다. 이 식으로부터 기댓값과 분산을 구하면

$$E(X) = M_X'(0) = \frac{1}{\lambda}, \quad E(X^2) = M_X''(0) = \frac{2}{\lambda^2}$$

으로 분산은

$$Var(X) = E(X^2) - (E(X))^2 = \frac{1}{\lambda^2}$$

를 구할 수 있다.

이 절에서 다루고자하는 핵심 정리는 중심극한정리로 이는 정규분포를 따르는 확률변수에 대한 극한값으로 이에 대한 적률생성함수를 구해보자.

예제 7.11 확률변수 $X \sim N(\mu, \sigma^2)$에 대한 적률생성함수 $M_X(t)$를 구하고 평균 μ와 분산 σ^2임을 확인해 보아라.

풀이 적률생성함수의 정의에서 정규 확률변수의 확률밀도함수를 대치하여 정리하면

$$M_X(t) = \frac{1}{\sigma\sqrt{2\pi}} \int_{-\infty}^{\infty} e^{tx} \exp\left\{-\frac{1}{2}(\frac{x-\mu}{\sigma})^2\right\} dx.$$

여기서 $z = \frac{x-\mu}{\sigma}$로 대치하면

$$M_X(t) = \frac{1}{\sqrt{2\pi}} e^{\mu t} \int_{-\infty}^{\infty} e^{\sigma t z} \exp(-\frac{1}{2}z^2) dz$$

$$= \frac{1}{\sqrt{2\pi}} exp(\mu t + \frac{1}{2}\sigma^2 t^2) \int_{-\infty}^{\infty} \exp(-\frac{1}{2}(z-\sigma t)^2) dz$$

를 얻을 수 있다. 다시 $y = z - \sigma t$로 치환하여 보조정리 7.7을 이용하면

$$M_X(t) = \exp(\mu t + \frac{1}{2}\sigma^2 t^2) \tag{7.28}$$

을 계산할 수 있다. 특히, 만약 $Z \sim N(0,1)$이면 위 식 (7.28)은

$$M_Z(t) = \exp(\frac{1}{2}t^2)$$

이 된다. 식 (7.28)를 두 번 미분하고, 식 (7.25)를 이용하면 $E(X) = \mu$, 그리고 $E(X^2) = \sigma^2 + \mu^2$을 구할 수 있어, $Var(X) = \sigma^2$이 됨을 확인할 수 있다.

정리 7.10 적률생성함수의 기본 성질

(i) 만약 $Y = aX + b$이면 $M_Y(t) = e^{bt} M_X(at)$이다.

(ii) 만약 $X_1, \cdots, X_n$이 서로 독립인 확률변수이고, $1 \le i \le n$에 대해 적률생성함수가 $M_{X_i}(t)$이면 $Y = \sum_{i=1}^{n} X_i$의 적률생성함수는

$$M_Y(t) = M_{X_1}(t) \cdots M_{X_n}(t) \tag{7.29}$$

가 된다.

증명 (i)의 증명으로 $M_Y(t) = E(e^{tY}) = E(e^{t(aX+b)})$이므로 이를 계산하면 $E(e^{atX} e^{bt}) = e^{bt} E(e^{atX})$ $= e^{bt} M_X(at)$를 구할 수 있다.

(ii)의 증명으로 먼저 $e^{tY}=e^{t(X_1+\cdots+X_n)}=e^{tX_1}\cdots e^{tX_n}$을 적용하여

$$\begin{aligned} M_Y(t) &= E(e^{tY}) \\ &= E(e^{tX_1}\cdots e^{tX_n}) \\ &= E(e^{tX_1})\cdots E(e^{tX_n}) = M_{X_1}(t)\cdots M_{X_n}(t). \end{aligned}$$

임을 보일 수 있다.

이 성질들은 또한 $X_1,\cdots,X_n$이 서로 독립인 확률변수들로 같은 확률밀도함수 f를 가진다면 $Y=\sum_{i=1}^{n}X_i$의 적률생성함수 $M_Y(t)$는 다음과 같다.

$$M_Y(t)=[M(t)]^n. \tag{7.30}$$

한편 $X_1, X_2, \cdots$을 평균 μ, 분산 σ^2을 갖는 i.i.d 확률변수들이라 하자. 이들의 부분합

$$S(n)=X_1+X_2+\cdots+X_n,$$

의 기댓값을 구하면 $E(S(n))=n\mu$이고 분산 $Var(S(n))=n\sigma^2$이 된다. 여기서 $S(n)$을 표준화하여 새로운 확률변수

$$Y(n)=\frac{S(n)-\mu}{\sigma\sqrt{n}} \tag{7.31}$$

정의하면 $E(Y(n))=0$이고 분산 $Var(Y(n))=1$이 된다.

그럼 지금부터 중심극한정리를 기술하고 적률생성함수의 성질을 이용하여 증명하여 보자.

보조정리 7.11 확률변수 X는 평균 μ, 분산 σ^2인 분포를 따를 때, 적률생성함수 $M_X(t)$에 대해 $L(t)=\ln M_X(t)$라 정의하면, $L(0)=0$, $L'(0)=\mu$, 그리고 $L''(0)=\sigma^2$이 된다.

증명 확률변수 X의 적률생성함수는 $M_X(t)$라 하면 식 (7.25)과 식 (7.26)으로부터

$$M_X{}'(0)=\int_a^b xf(x)dx=E(X)=\mu$$

와

$$E(X^2)-\mu^2=M_X{}''(0)-[M_X{}'(0)]^2=\sigma^2$$

가 된다. 따라서 $L(t)=\ln M_X(t)$으로 정의하면, $M_X(0)=1$이므로 $L(0)=0$이 된다. 또한

$$L'(0)=\frac{M_X{}'(0)}{M_X(0)}=\mu,\ L''(0)=\frac{M_X(0)M_X{}''(0)-[M_X{}'(0)]^2}{[M_X(0)]^2}=\sigma^2$$

임을 확인할 수 있다.

보조정리 7.12 만약 모든 $t \in \mathrm{R}$에 대해 확률변수 $W_1, W_2, \cdots$들의 적률생성함수의 수열 $M_{W_n}(t)$의 극한 $\lim_{n \to \infty} M_{W_n}(t) = M_W(t)$이 존재하고, M_W가 확률변수 W의 적률생성함수이면, 모든 $-\infty \leq a < b \leq \infty$에 대하여

$$\lim_{n \to \infty} P(a \leq W_n \leq b) = P(a \leq W \leq b). \tag{7.32}$$

이 성립한다.

증명 이 보조정리는 수학적으로 여기서 증명이 제한되기 때문에 증명은 생략하고, 사실을 받아들여 적용하고자 한다.

보조정리 7.13 (중심극한정리) $X_1,\ X_2,\ \cdots$을 평균 μ, 분산 σ^2을 갖는 i.i.d 확률변수들이라 하자. 만약 $S(n) = X_1 + X_2 + \cdots + X_n$을 이 확률변수들의 부분합이라 할 때, 임의의 $-\infty \leq a < b \leq \infty$에 대해

$$\lim_{n \to \infty} P(a \leq \frac{S(n) - n\mu}{\sigma\sqrt{n}} \leq b) = \frac{1}{\sqrt{2\pi}} \int_a^b \exp(-\frac{1}{2}z^2)dz, \tag{7.33}$$

을 얻을 수 있다

증명 이 정리를 증명하기 위해 적률생성함수를 이용하고, 여기서 증명하기 어려운 위 보조정리 7.12을 이용하여 이 정리를 증명한다.

지금부터 다음과 같이 정의되는 i.i.d. 확률변수들을 생각해보자.

$$T_j = X_j - \mu, \qquad j = 1, 2, \cdots$$

그러면 $E(T_j) = 0$이고 $E(T_j^2) = Var(T_j) = \sigma^2$이며, $Y(n)$은 식 (7.31)에서 정의된 확률변수로 이 식을 다시 정리하면

$$Y(n) = \frac{1}{\sigma\sqrt{n}}(T_1 + T_2 + \cdots + T_n)$$

으로 $E(Y(n)) = 0$,이고 $Var(Y(n)) = 1$이 된다. $a = 1/\sigma\sqrt{n}$, $b = 0$을 대입한 적률생성함수의 기본성질인 정리 7.10의 (i)에 의해 아래 식의 확률변수들 T_j의 공통 적률생성함수 M과 모든 실수 $t \in \mathrm{R}$에 대하여

$$M_{Y(n)}(t) = (M(\frac{t}{\sigma\sqrt{n}}))^n$$

으로 주어진다. 우리가 증명하고자 하는 것이 $\lim_{n\to\infty}(M(\frac{t}{\sigma\sqrt{n}}))^n = e^{t^2/2}$이다. 이 사실을 보이는 것은 $\lim_{n\to\infty} nL(t/\sigma\sqrt{n}) = t^2/2$임을 보이는 것과 동치이다.

따라서 로피탈 정리와 보조정리 7.11의 $L''(0) = \sigma^2$임을 이용하여

$$\begin{aligned}\lim_{n\to\infty} nL(t/\sigma\sqrt{n}) &= \lim_{n\to\infty}\frac{L(t/\sigma\sqrt{n})}{n^{-1}}\\ &= \lim_{n\to\infty}\frac{-L'(t/\sigma\sqrt{n})\sigma^{-1}n^{-3/2}t}{-2n^{-2}}\\ &= \lim_{n\to\infty}\frac{L'(t/\sigma\sqrt{n})t/\sigma}{2n^{-1/2}}\\ &= \lim_{n\to\infty}\frac{-L''(t/\sigma\sqrt{n})t^2/\sigma^2 n^{-3/2}}{-2n^{-3/2}}\\ &= \lim_{n\to\infty} L''(t/\sigma\sqrt{n})t^2/2\sigma^2 = L''(0)\,t^2/2\sigma^2\\ &= \frac{t^2}{2}\end{aligned}$$

임을 알 수 있다.

그러므로 보조정리의 식 (7.32)로부터 다음과 같은 결론을 얻을 수 있다.

$$\lim_{n\to\infty} M_{Y(n)}(t) = \exp(\frac{1}{2}t^2) = M_Z(t).$$

중심극한정리의 특별한 경우로 DeMoivre-Laplace에 의해 증명된 이항분포의 정규분포근사도 확률론에서 중요한 결과라고 할 수 있다. 따라서 간단히 살펴보고 실제 응용에 적용해 볼 필요가 있다. 확률변수 X가 모수 n과 p인 이항분포를 따를 때, 이 확률변수는 서로 독립이고 각각이 모수 p인 베르누이분포를 따르는 n개의 확률변수 $X_1, X_2, \cdots, X_n$에 대하여

$$X = X_1 + X_2 + \cdots + X_n$$

으로 나타낼 수 있다. 이제 $X_1, X_2, \cdots, X_n$을 모수 p인 베르누이분포를 따르는 모집단으로부터 크기 n인 확률표본이라 하자. 이 때 베르누이분포의 평균이 p이고, 분산은 $p(1-p)$이므로, 중심극한정리에 의해 표본평균 $\overline{X} = \frac{S(n)}{n} = \frac{1}{n}\sum_{i=1}^{n} X_i$는 n이 클 때 근사적으로 평균 p와 분산 $\frac{p(1-p)}{n}$인 정규분포를 따른다. 이 사실을 다시 정리하면 다음과 같다.

정리 7.14 (DeMoivre-Laplace의 중심극한정리) $X_1, X_2, \cdots$을 모수 p인 베르누이분포를 따르는

확률변수들이라 하면

$$\lim_{n\to\infty} P(a \le \frac{S(n)-np}{\sqrt{np(1-p)}} \le b) = \frac{1}{\sqrt{2\pi}}\int_a^b \exp(-\frac{1}{2}z^2)dz, \qquad (7.34)$$

이다.

이 식 (7.34)는 DeMoivre가 확률의 근사값을 구하기 위해 $\exp(-\frac{1}{2}z^2)$의 적분을 이용한 후 명명되었고, Laplace가 이에 대한 정확한 식 (7.34)를 구하였다. 중심극한정리의 통계학적 응용은 표본의 크기가 n인 확률표본으로부터 표본평균 $\overline{X}(n) = \frac{S(n)}{n} = \frac{1}{n}\sum_{i=1}^{n} X_i$에 대해 그 의미를 해석하는데 있다. 중심극한 정리를 적용하면 주어진 영역에서 확률을 다음과 같이 근사시킬 수 있다.

$$\lim_{n\to\infty} P(a \le \frac{\overline{X(n)}-\mu}{\sigma/\sqrt{n}} \le b) = \frac{1}{\sqrt{2\pi}}\int_a^b \exp(-\frac{1}{2}z^2)dz.$$

실제 통계 계산에서 $n \ge 30$일 때, 표준정규분포로 $\frac{\overline{X(n)}-\mu}{\sigma/\sqrt{n}}$를 근사적으로 알맞게 적용할 수 있다. 이는 구간추정 및 가설검정에 많이 이용되는 기본적인 개념이다. 특히 표본비율의 통계적 검정에 대한 근간을 이룬다.

큰 수 법칙과 중심극한정리는 표본평균 $\overline{X(n)}$의 점근적인 성질에 대한 추이가 무엇을 말해주는지 비교하기 위해 설명하였다. 사실, 중심극한정리는 표본평균 $\overline{X(n)}$의 분포에 대한 더 많은 정보를 주지만, 이것은 약한(그리고 강한) 큰 수 법칙과 더 밀접하므로 n이 더 커짐에 따라 표준편차 $\sigma/\sqrt{n}$은 점점 더 작아져서 표본평균 $\overline{X(n)}$의 확률밀도함수는 보다 평균을 중심으로 점점 더 집중적으로 모이게 된다.

이 절을 마치기 전에 DeMoivre-Laplace 중심극한정리에 대한 응용 예제를 하나 제시한다.

예제 7.12 1000개의 심벌을 포함하는 파일이 인터넷 네트워크를 통해 한 PC와 다른 PC로 전송되었다. 전송되는 과정에서 통신케이블의 불량으로 오류가 상당히 발생될 것으로 예상되었다. 그러나 과거의 경험에 의해 오류는 확률적으로 독립적이며, 오류가 발생할 확률은 0.05라는 것을 알게 되었다. 이때 오류가 65이상 발생할 확률을 구하여라.

풀이 1부터 1000까지 수신되는 심벌들의 순서를 차례로 나열하고 베르누이 확률변수들을 다음과 같이 정의하자. 즉, 모든 $1 \le n \le 1000$에 대해

n번째 심벌이 오류인 경우, $X_n = 1$

n번째 심벌이 오류가 아닌 경우, $X_n = 0$,

그러면 주어진 조건에 의해 $P(X_n = 1) = 0.05$이다. 우리의 관심 대상은

$$S(1000) = X_1 + X_2 + \cdots + X_{1000}$$

의 분포이다. 이 변수의 분포는 모수 $n = 1000$, $p = 0.05$인 이항분포를 따른다. 따라서 평균 $\mu = np = 50$, 표준편차는 $\sigma = \sqrt{np(1-p)} = 6.892$이다. 그러면 요구되는 문제는 $P(S(1000) \geq 65)$을 구하는 것이다. 이것을 이항분포의 정의를 적용하여 구한다면 그야말로 길고 지겨운 것이 될 것이다. 그래서 DeMoivre-Laplace의 중심극한정리를 이용한다면 확률적으로

$$\begin{aligned} P(S(1000) \geq 65) &= P(Z \geq \frac{65-50}{6.892}) \\ &= P(Z \geq 2.176) \\ &= 1 - \Phi(2.176) \\ &\fallingdotseq 0.0123. \end{aligned}$$

와 같이 근사시킬 수 있다.

7.1 연습문제

1. 연속형 확률변수 X의 치역이 $(-\infty, \infty)$라고 할 때, 임의의 구간 (a,b)에 대하여 $p_X([a,b]) = p_X((a,b]) = p_X([a,b))$임을 보여라.

2. 확률변수 X에 대한 확률밀도함수가 아래와 같이 주어질 때 상수 c를 구하여라.

1) $f(x) = \begin{cases} ce^{-x/2}, & x > 0 \\ 0, & x \le 0 \end{cases}$

2) $f(x) = \begin{cases} \dfrac{c}{x^2}, & x > 10 \\ 0, & x \le 10 \end{cases}$

3. 확률변수 X의 누적분포함수가 다음과 같다고 가정하자.

$$F(x) = \begin{cases} 1 - e^{-x}, & x \ge 0 \\ 0, & x < 0 \end{cases}$$

1) $P(X \le 2)$
2) $P(X \ge 2)$
3) $P(2 < X \le 3)$
4) $P(X = 0)$
5) 확률밀도함수 $f(x)$를 구하여라.

4. 확률변수 X의 확률밀도함수가 구간 $(0,4)$에서 $f(x) = \frac{3}{88}x(x+1)$라 할 때 물음에 답하여라.

1) 주어진 $f(x)$가 확률변수 X의 확률밀도함수임을 보여라.
2) 주어진 구간에서 X의 누적분포함수를 구하여라.
3) 확률 $P(1 \le X \le 2)$를 구하여라.

5. 확률변수 $X \sim U(a,b)$이고 pdf는 $f(x)$, 확률변수 $Y \sim U(0,1)$이며 pdf는 $g(x)$를 갖는다고 할 때

$$f(x) = \frac{1}{b-a} g\left(\frac{x-a}{b-a}\right), \ a \le x \le b$$

임을 보여라.

6. 확률변수 X가 실수 $\boldsymbol{R}$에서 연속적으로 분포되어 있고 확률밀도함수가

$$f(x) = \frac{c}{1+x^2}$$

일 때 Cauchy 분포를 따른다고 한다.

1) 확률밀도함수가 되도록 상수 c를 구하여라.

2) $E(X)$는 존재하지 않음을 보여라.

7. 확률변수 X의 확률밀도함수 $f(x)$가 다음과 같이 주어질 때 기댓값 $E(X)$를 각각 구하여라.

1) $f(x) = \begin{cases} c(1-x^2), & -1 < x < 1 \\ 0, & \text{기타} \end{cases}$

2) $f(x) = \begin{cases} \frac{3}{5}(1+2x^2), & 0 < x < 1 \\ 0, & \text{기타} \end{cases}$

8. 확률변수 X의 모수가 $\alpha > 0, \beta > 0$이고, 치역 $[0, \infty)$, 확률밀도함수가

$$f(x) = \frac{x^{\alpha-1}\exp(-x/\beta)}{\Gamma(\alpha)\beta^{\alpha}}$$

일 때 감마분포를 따른다고 한다. 여기서 $\Gamma(\alpha) = \int_0^{\infty} e^{-x}x^{\alpha-1}dx$는 감마함수이다.

1) $f(x)$가 확률밀도함수임을 보여라.

2) 만약 $\alpha = 1$이면 X는 모수가 $\frac{1}{\beta}$인 지수분포임을 보여라.

3) $E(X^n) = \beta^n \frac{\Gamma(n+\alpha)}{\Gamma(\alpha)}$임을 보여라.

4) 기댓값 $E(X)$와 분산 $Var(X)$을 구하여라.

9. 확률변수 X와 확률밀도함수 $f(x)$에 대하여 다음을 증명하여라.

1) $\int_0^{\infty} P(X > y)dy = \int_0^{\infty} xf(x)dx$

2) $\int_0^{\infty} P(X < -y)dy = -\int_{-\infty}^{0} xf(x)dx$

3) $E(X) = \int_0^{\infty} P(X > y)dy - \int_0^{\infty} P(X < -y)dy$

4) 함수 $g(x)$에 대해 $E(g(x)) = \int_{-\infty}^{\infty} g(x)f(x)dx$

10. 확률변수 X는 $E(X)=2$이고 분산 $Var(X)=1.6$을 갖는다고 한다. 확률 $P(X>5)$의 최댓값을 구하여라.(힌트, Chevyshev의 부등식 이용)

11. 확률변수 X의 치역이 $[0,\infty)$일 때 Markov의 부등식을 증명하여라.

$$\lambda > 0 \text{ 에 대하여 } P(X>\lambda) \le \frac{E(X)}{\lambda}.$$

12. 표준정규분포를 따르는 확률변수 Z와 $z \ge 0$에 대하여 다음 확률 방정식들을 증명하여라.
   1) $P(Z>z)=P(Z<-z)$
   2) $P(|Z|>z)=2P(Z>z)$
   3) $P(|Z|<z)=2P(Z<z)-1$
   4) $P(Z>-z)=1-P(Z>z)$

13. 표준정규분포표를 이용하여 다음 확률들을 구하여라.
   1) $P(Z>1.34)$
   2) $P(Z<-1.34)$
   3) $P(0.68<Z<2.17)$
   4) $P(-1.76<Z<0.24)$

14. 2진 대칭통신로를 통해 연속적인 신호가 전송되고 있다. 초당 오류는 대략 평균 2, 분산 0.75인 정규분포를 따른다고 할 때 다음 확률을 구하여라.
   1) 1이하의 오류가 발생할 확률
   2) 1에서 3사이의 오류가 발생할 확률
   3) 초당 4이상 발생할 확률

15. 확률변수 $X \sim N(\mu_1,\sigma_1^2)$, $Y \sim N(\mu_2,\sigma_2^2)$을 따른다고 한다. 다음 정규분포의 기본성질들을 증명하여라.
   1) $W=aX+b \sim N(a\mu+b, a^2\sigma^2)$
   2) 만약 X와 Y가 서로 독립이면 $X+Y \sim N(\mu_1+\mu_2, \sigma_1^2+\sigma_2^2)$

16. 주어진 확률변수에 대한 적률생성함수를 각각 구하여라.
   1) $X \sim U(a,b)$
   2) $X \sim E(\lambda)$
   3) X는 모수가 $\alpha>0, \beta>0$인 감마분포를 따름

17. 확률변수 X를 성공률이 0.7인 베르누이시행을 20번 독립적으로 반복적으로 실험할 때 성공한 횟수라고 한다. 다음 물음에 답하여라.

1) 이항분포포를 이용하여 정확한 $P(11 \leq X \leq 17)$을 구하여라.
2) 이산형을 연속형으로 근사하기 위해 $P(10.5 \leq X \leq 17.5)$을 중심극한정리를 이용하여 구하여라.
3) 이항분포를 수정없이 중심극한정리를 이용하여 $P(11 \leq X \leq 17)$의 근삿값 을 구하여라.
4) 연속성의 수정과 수정없이 구한 확률 값으로부터 정확성을 판단하여라.

7.2 다변량 연속형확률분포

X와 Y가 각각 Ω_1과 Ω_2에서 실수 $\boldsymbol{R}$로 정의되는 확률변수라 가정하자. 이런 확률변수는 하나의 확률벡터 $W = X\,\boldsymbol{i} + Y\,\boldsymbol{j}$ 또는 $W = (X, Y)$로 간주할 수 있다. 물론 여기서 X와 Y는 각각 실수의 부분집합에서 값을 취하는 확률변수이다. 이 절에서는 $D \subseteq \boldsymbol{R}^2$에서 값을 취하는 확률벡터 W의 분포에 대해 알아보고자 한다. 확률벡터 W의 확률분포는 다음과 같이 정의되는 확률측도(probability measure) p_W이다. D의 부분집합으로 구성된 부울대수의 임의의 원소 A에 대하여,

$$p_W(A) = P(W \in A) \tag{7.35}$$

로 정의한다.

식 (7.35)에서 $A = B \times C$인 곱집합이라 할 때,

$$\begin{aligned} p_W(A) &= P(W \in A) \qquad (7.36) \\ &= P((X, Y) \in (B \times C)) \\ &= P((X \in B) \cap (Y \in C)) \end{aligned}$$

즉, 이 경우 $p_W(A)$는 X가 B에 속하는 경우와 Y가 C에 속하는 경우의 결합확률(joint probability)이다. 이것은 확률벡터 W의 성질들이 두 확률변수 X와 Y의 사이의 관계를 조사하는데 이용된다.

이제부터 기호를 좀 더 단순화하기 위해 다음과 같이 사용한다.

$$P(X \in B,\ Y \in C) = P((X \in B) \cap (Y \in C)).$$

이 절의 대부분의 예제들은 열린 직사각형 $(a,b) \times (c,d)$인 D에서 정의된다. 이 경우 부울대수 $I(D) = I((a,b)) \times I((c,d))$의 임의의 원소 A에 대하여 $W \in A$인 사건에 중점을 두며 확률벡터 $W = (X, Y)$는 $a \le p \le b,\ c \le q \le d$ 그리고 $B \in I(a,b),\ C \in I(c,d)$에 대하여

$$p_W(\{p\} \times C) = p_W(B \times \{q\}) = 0.$$

을 만족할 때, 연속형 분포(continuously distributed)를 가진다고 한다. 특히 이 정의로부터 임의의 한 점 $r = (p,q) \in D$에 대해 항상

$$p_W(\{r\}) = 0$$

를 만족한다.

이제까지 논의한 개념을 평면의 부울대수 $I(D) = I((a,b)) \times I((c,d))$의 한 원소 A에 대하여

$$P((X, Y) \in A) = \iint_A f_W(x,y)dxdy \tag{7.37}$$

를 만족하는 그 평면 위에서 정의된 음이 아닌 함수 f_W가 존재하면 두 확률변수 X와 Y는 **연속형 결합분포**(continuous joint distribution)를 가진다고 말하고, 그 함수 f_W를 X와 Y의 **결합확률밀도함수**(joint probability density function)라고 한다. 따라서 확률벡터 $W = (X, Y)$가 $xy-$평면의 어떤 영역에 속할 확률은 그 영역 위에서 결합확률밀도함수 $f_W(x,y)$를 적분함으로써 구해 질 수 있다.

모든 결합확률밀도함수는 다음의 두 가지 조건을 만족해야 한다.

(i) 주어진 모든 x,y에 대하여, $f_W(x,y) \geq 0$,

(ii) $\int_{-\infty}^{\infty}\int_{-\infty}^{\infty} f_W(x,y)dxdy = 1.$

확률벡터 W가 연속형 분포를 가질 때, 위에서 논의한 것을 다시 결합확률밀도함수와 결부하여 생각해 보면 $xy-$평면의 개개의 모든 점들은 확률 0을 가진다. 또한 $xy-$평면의 모든 직선도 확률 0을 가진다. 따라서 확률벡터 W가 어떤 직선 위에 놓일 확률은 0이다. 이것을 이용하여 열린 직사각형과 닫힌 직사각형에서 그 확률 값이 같다는 사실을 증명할 수 있다. 이를 증명해보면 임의의 $a \leq e \leq f \leq b,\ c \leq g \leq h \leq d$에 대하여,

$$p_W([e,f] \times [g,h]) = p_W((e,f) \times (g,h))$$

을 만족한다. 이는 다음과 같은 등식에서 그 이유를 찾을 수 있다.

$$\begin{aligned}[e,f] \times [g,h] = &((e,f) \times (g,h)) \cup (\{e\} \times [g,h]) \cup (\{f\} \times [g,h]) \\ &\cup ((e,f) \times \{g\}) \cup ((e,f) \times \{h\}).\end{aligned}$$

다음으로 $x \leq b$이고 $y \leq d$인 열린 직사각형 $(a,x) \times (c,y)$에 대하여 확률벡터 W의 누적분포함수(cumulative distribution) F_W는 다음과 같이 정의되는 이변수 함수이다.

$$\begin{aligned}F_W(x,y) &= p_W((a,x) \times (c,y)) \\ &= P(X \leq x,\ Y \leq y) \\ &= \int_{-\infty}^{x}\int_{-\infty}^{y} f_W(x,y)dxdy.\end{aligned} \tag{7.38}$$

1차원 공간에서처럼 확률은 확률밀도함수와 x축으로 둘러싸인 부분의 면적이다. 마찬가지로 2차원공간에서도 확률은 그림에서 보는 것처럼 결합확률밀도함수와 주어진 영역으로 둘러싸인 부분의 부피가 된다. 또한 1차원 공간에서처럼 확률밀도함수 f_W는 결합누적분포함수

F_W를 x와 y에 대해 각각 편미분해서 구할 수 있다.

$$f_W(x,y) = \frac{\partial^2 F_W(x,y)}{\partial_x \partial_y} \tag{7.39}$$

그러므로 f_W는 확률벡터 W와 결합된 유일한 결합확률밀도함수이다.

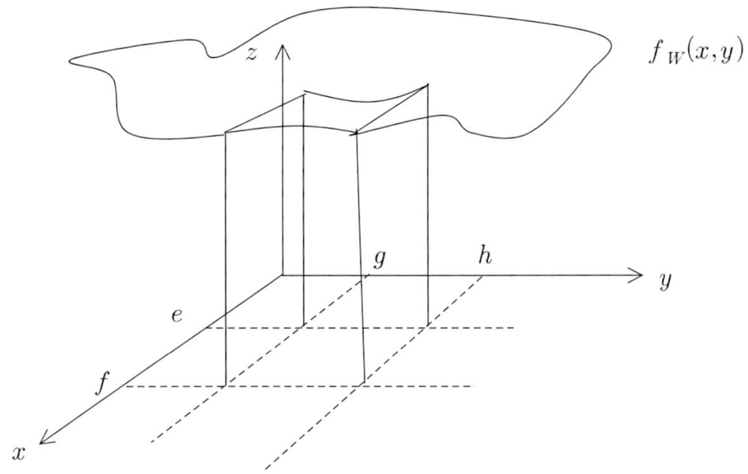

〈그림 7.8〉 결합확률밀도함수

예제 7.13 두 확률변수 X와 Y의 결합확률밀도함수가 다음과 같다고 하자.

$$f(x,y) = \begin{cases} cx^2y, & x^2 \le y \le 1 \\ 0, & \text{기타} \end{cases}$$

이 때, 상수 c와 확률 $P(X \ge Y)$를 구하여라.

풀이 $f(x,y) > 0$인 점 (x,y)의 집합 D에 대해 바깥쪽은 $f(x,y) = 0$이므로,

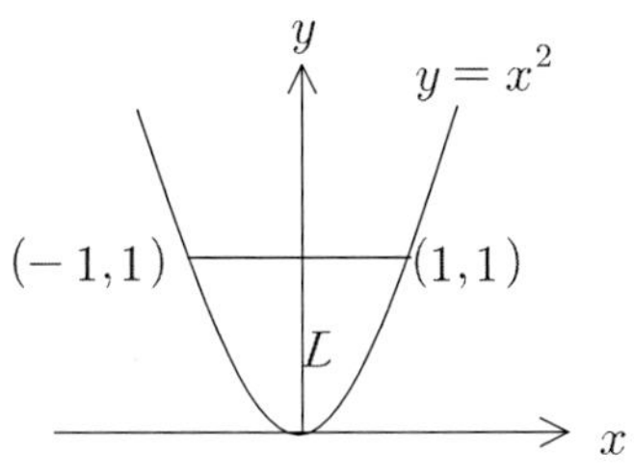

$$\begin{aligned} \int_{-\infty}^{\infty}\int_{-\infty}^{\infty} f(x,y)dxdy &= \iint_D f(x,y)dxd \\ &= \int_{-1}^{1}\int_{x^2}^{1} cx^2 ydydx \\ &= \frac{4}{21}c \end{aligned}$$

가 된다. 따라서 적분값이 1이므로, c의 값은 $\frac{21}{4}$이다. 한편,

$$P(X \ge Y) = \iint_{D_0} f(x,y)dxdy = \int_0^1 \int_{x^2}^{x} \frac{21}{4} x^2 ydydx = \frac{3}{20}.$$

으로 계산된다.

예제 7.14 확률벡터 $W=(X,Y)$의 치역이 $(0,1)\times(1,2)$이고, 결합확률밀도함수가 $f_W(x,y)=\frac{1}{3}(1+4x^2y)$일 때, W의 누적분포함수를 구하고, f_W가 결합확률밀도함수임을 증명하여라.

풀이 결합누적분포함수의 정의로 식(7.34)에 의해

$$F_W(x,y)=\int_0^x\int_1^y\frac{1}{3}(1+4u^2v)dudv$$

$$=\frac{1}{3}\int_0^x\left\{\int_1^y(1+4u^2v)dv\right\}du$$

$$=\frac{1}{3}x(y-1)+\frac{2}{9}x^3(y^2-1).$$

그리고 $F_W(1,2)=1$이므로 요구되는 누적분포함수이다.

예제 7.15 (균등확률벡터) D를 평면공간 $\boldsymbol{R}^2$의 한 영역이라 하자. 임의의 부분영역 $A\subseteq D$에 대하여 다음 식을 만족할 때 W는 영역 D에서 **균등분포(uniformly distributed)**를 따른다고 한다.

$$P_W(A)=\frac{A\text{의 면적}}{D\text{의 면적}}$$

만약 $D=(a,b)\times(c,d)$일 때, p_W는 다음과 같이 결합확률밀도함수를 갖는다.

$$f_W(x,y)=\frac{1}{(b-a)(d-c)} \tag{7.40}$$

예제 7.16 (이변량 정규분포) 아래 그림에서 보는 것처럼 모수 $\mu_1,\ \mu_2\in\boldsymbol{R},\ \sigma_1,\sigma_2>0$이고, $-1<\rho<1$을 만족하는 ρ에 대하여 $\boldsymbol{R}^2$에서 결합확률밀도함수 $f_W(x,y)$는 다음과 같다.

$$f_W(x,y)=\frac{1}{2\pi\sigma_1\sigma_2\sqrt{1-\rho^2}}exp\left\{-\frac{1}{2(1-\rho^2)}[(\frac{x-\mu_1}{\sigma_1})^2\right.$$
$$\left.-2\rho(\frac{x-\mu_1}{\sigma_1})(\frac{y-\mu_2}{\sigma_2})+(\frac{y-\mu_2}{\sigma_2})^2]\right\}. \tag{7.41}$$

여기서 μ_1과 μ_2는 평균, σ_1과 σ_2는 표준편차로 해석될 수 있다. 또한 여기서 ρ는 상관계수이다. 만약 식 (7.41)에 $\mu_1=\mu_2=0$과 $\sigma_1=\sigma_2=1$을 대입한다면 우리는 ρ에 대한 이변량 표

준정규분포를 구할 수 있다. 한편으로, $\rho=0$을 대입하면 $f_W(x,y)=f_X(x)f_Y(y)$로 f_X는 $X\sim N(\mu_1,\sigma_1^2)$인 확률밀도함수이고, f_Y는 $Y\sim N(\mu_2,\sigma_2^2)$인 Y의 확률밀도함수이다.

지금까지의 결과는 $\boldsymbol{R}^n$에서 값을 취하는 확률벡터까지 더 확장할 수 있다. 예를 들면, 만약 $W=(X_1,X_2,\cdots,X_n)$가 초월직육면체 $(a_1,b_1)\times(a_2,b_2)\times\cdots\times(a_n,b_n)$에서 값을 취하고, 만약, $1\le j\le n$에 대해 $x_j\le b_j$이면, 결합누적분포함수는

$$F(x_1,x_2,\cdots,x_n)=P(W\in(a_1,x_1)\times(a_2,x_2)\times\cdots\times(a_n,x_n))$$

으로 주어지고 만약 f_W가 음이 아니고, W의 치역에서 적분한 값이 1인 다변수 함수일 때

$$F(x_1,x_2,\cdots,x_n)=\int_{a_1}^{x_1}\int_{a_2}^{x_2}\cdots\int_{a_n}^{x_n}f_W(u_1,u_2,\cdots,u_n)du_1du_2\cdots du_n \tag{7.43}$$

이면 W는 결합확률밀도함수 f_W를 갖는다.

예제 7.17 (다항확률벡터) 확률값이 $p_1,p_2,\cdots,p_r$로 r개의 서로 다르게 나타나는 실험으로 $p_1+p_2+\cdots+p_r=1$이라 하자. 실험을 n번 독립적으로 반복 시행하고 다음과 같이 확률변수를 정의하자.

X_j는 j번째의 결과가 나타나는 수로

$$X_1+X_2+\cdots+X_r=n \tag{*}$$

이다. 그러면 다항계수의 정의를 이용하여

$$P(X_1=n_1,\cdots,X_r=n_r)=\binom{n}{n_1,n_2,\cdots,n_r}p_1^{n_1}p_2^{n_2}\cdots p_r^{n_r} \tag{7.44}$$

확률분포 (7.44)를 **다항 분포(multinomial distribution)**라 한다.

식 (*)에 의해 X_j의 $r-1$개의 값을 알게 되는 순간 r번째 값이 결정된다. 예를 들면,

$$P(X_1=n_1,\cdots,X_r=n_r)=P(X_1=n_1,\cdots,X_{r-1}=n_{r-1})$$

이 된다. 그러므로 이 경우 $W=(X_1,X_2,\cdots,X_{r-1})$를 $\boldsymbol{N}^{r-1}$에서 값을 취하는 확률벡터로 간주한다.

확률벡터 $W=(X,Y)$를 $(a,b)\times(c,d)$에서 값을 취하고, 확률분포가 p_W인 확률벡터라고 하자. 두 개의 확률측도, 즉, $I(a,b)$에서의 확률측도 p_X와 $I(c,d)$에서의 확률측도 p_Y를 다음과

같이 정의하자. 즉, 임의의 $A \in I(a,b)$, $B \in I(c,d)$에 대하여

$$p_X(A) = p_W(A \times (c,d)), \quad p_Y(B) = p_W((a,b) \times B). \tag{7.45}$$

p_X와 p_Y가 각각 측도라는 사실은 쉽게 증명할 수 있고 이것을 각각 확률변수 W의 **주변확률분포(marginal laws)**라 한다. 이들의 중요성을 이해하기 위해서, 이들을 아래 그림에서처럼 W의 성분에 대한 확률분포로 생각하고 W를 x축과 y축으로 각각 사영하여 다시 식으로 정리하면

$$p_X(A) = P(X \in A) \text{ 그리고 } p_Y(B) = P(Y \in B)$$

가 된다.

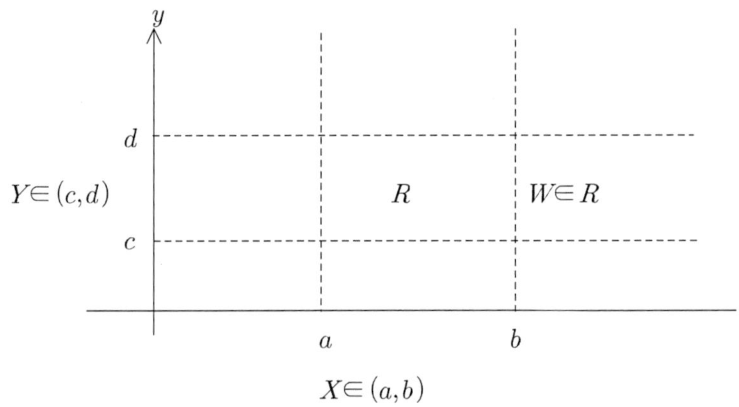

〈그림 7.9〉 확률벡터 W의 영역

다음으로 주변누적분포함수(marginal cumulative distribution) F_X와 F_Y를 각각 다음과 같이 정의한다. $x \le b$와 $y \le d$인 x,y에 대하여

$$F_X(x) = p_X((a,x)) \text{ 그리고 } F_Y(y) = p_Y((c,x)).$$

그러면 이를 다시 정리하면

$$F_X(x) = F_W(x,d) \text{ 그리고 } F_Y(y) = F_W(b,y) \tag{7.46}$$

가 된다. 다음 조건을 만족할 때, 확률벡터 W는 **주변확률밀도함수(marginal density function)** f_X와 f_Y를 각각 갖는다고 말한다.

$$F_X(x) = \int_a^x f_X(u)du \text{ 와 } F_Y(y) = \int_c^y f_Y(v)dv. \tag{7.47}$$

여기서 f_X와 f_Y는 각각 확률밀도함수에 대한 조건들 즉, 음이 아니고 주어진 전체 영역에서 적분하면 그 값은 1이 된다.

정리 7.15 만약 f_W가 확률벡터 W의 결합확률밀도함수일 때, W는 주변확률밀도함수를 가지게 되며 이들은 다음과 같이 주어진다.

$$f_X(x) = \int_c^d f_W(x,y)dy \text{ 그리고 } f_Y(y) = \int_a^b f_W(x,y)dx. \tag{7.48}$$

풀이 f_X에 대한 증명과 f_Y에 대한 증명이 비슷하기 때문에 하나만 증명한다. 주변누적분포함수는 정의에 의해 다음과 같다.

$$\begin{aligned} F_X(x) &= p_W((a,x)\times(c,d)) \\ &= \int_a^x [\int_c^d f_W(x,y)dy]dx. \end{aligned}$$

따라서 $f_X(x) = F_X'(x)$이므로 미적분학의 기본 정리에 의해 $f_X(x) = \int_c^d f_W(x,y)dy$가 된다.

주변분포에 대하여 직사각형 영역이 아닌 임의의 영역에서 주변확률밀도함수와 주변누적분포함수에 대한 예제와 이변량 정규분포에 대한 주변확률밀도함수에 대한 예제들을 다음과 같이 살펴보자.

예제 7.18 두 확률변수 X와 Y의 결합확률밀도함수가 다음과 같다고 하자.

$$f(x,y) = \begin{cases} \frac{21}{4}x^2y, & x^2 \le y \le 1 \\ 0, & \text{기타} \end{cases}$$

(i) 주변확률밀도함수 f_X와 f_Y를 구하여라.

(ii) 주변누적분포함수 F_X와 F_Y를 구하여라.

풀이 주어진 영역이 직사각형 영역이 아니기 때문에 정리 7.15를 적용하기 위해 먼저 각 주변확률밀도함수가 정의되는 영역을 구해야한다. 따라서 y의 범위는 $x^2 \le y \le 1$이고, x의 범위는 $-\sqrt{y} \le x \le \sqrt{y}$임을 알 수 있다. 그러면 각각의 범위에 대하여 정리 7.15를 적용하여 주변확률밀도함수를 구하면

$$f_X(x) = \int_{x^2}^1 \frac{21}{4}x^2ydy = \frac{21}{8}x^2(1-x^4), \quad -1 \le x \le 1$$

$$f_Y(y) = \int_{-\sqrt{y}}^{\sqrt{y}} \frac{21}{4}x^2ydx = \frac{7}{2}y^{\frac{5}{2}}, \ 0 \le y \le 1$$

이 된다. 주변누적분포함수를 구하면 다음과 같다.

$$F_X(x)=\int_{-1}^{x} f_X(t)dt$$

$$=\int_{-1}^{x}\frac{21}{8}x^2(1-x^4)dx$$

$$=\frac{1}{8}(7x^3-3x^7+4)$$

그리고

$$F_Y(y)=\int_0^y \frac{7}{2}t^{\frac{5}{2}}dt=y^{\frac{7}{2}}.$$

예제 7.19 이변량 표준정규분포에 대한 주변확률밀도함수 f_X와 f_Y를 각각 구하여라.

풀이 이변량 표준정규분포에 대한 결합확률밀도함수는 식 (7.41)에서 $\mu_1=\mu_2=0$과 $\sigma_1=\sigma_2=1$을 대입하여 구해진다. 여기서

$$x^2-2\rho xy+y^2=(x-\rho y)^2+(1-\rho^2)y^2$$

으로 정리하여 다시 쓰면,

$$f_Y(y)=\frac{1}{\sqrt{2\pi}}exp(-\frac{1}{2}y^2)$$

$$\times\frac{1}{\sqrt{2\pi(1-\rho^2)}}\int_{-\infty}^{\infty}\exp(-\frac{1}{2}\frac{(x-\rho y)^2}{1-\rho^2})dx$$

$$=\frac{1}{\sqrt{2\pi}}exp(-\frac{1}{2}y^2)\times P(-\infty\le T\le\infty)$$

$$=\frac{1}{\sqrt{2\pi}}exp(-\frac{1}{2}y^2)$$

여기서 $T\sim N(\rho y,(1-\rho^2))$이다. 한편 $P(-\infty\le T\le\infty)=1$이므로 f_Y는 표준정규분포에 대한 확률밀도함수이다. 같은 방법으로 f_X에 대해서도 구할 수 있다.

지금까지 다변량 확률변수에 대한 분포 및 주변분포에 대해 알아봤다. 그런데 확률변수들 간의 상호관계 중 독립성을 중심으로 생각해보자.

정의 7.16 확률변수 X의 치역이 (a,b)이고, Y의 치역을 (c,d)라고 하자. 이 때 모든 $A\in I(a,b)$와 $B\in I(c,d)$에 대하여

$$P(X\in A, Y\in B)=P(X\in A)P(Y\in B) \tag{7.49}$$

일 때, 두 확률변수 X와 Y는 서로 **독립(independent)**이라고 말한다.

다시 말해서, A를 그 발생여부가 단지 X값에 의존하는 어떤 사건, B를 그 발생여부가 단지 Y값에 의존하는 어떤 사건이라 할 때, 두 확률변수 X와 Y가 서로 독립이라는 것은 두 사건 A와 B가 서로 독립임을 뜻한다. 만일 X와 Y가 서로 독립이면, 그때 임의의 두 실수 x와 y에 대하여

$$P(X \le x,\ \ Y \le y) = P(X \le x)P(Y \le y) \tag{7.50}$$

이다. 더구나 식 (7.49)에서 정의된 X와 Y에 관한 확률은 식 (7.50)에 나타나는 형태의 확률로부터 유도될 수 있으므로, 모든 x와 y에 대하여 식 (7.50)이 만족되면 X와 Y는 서로 독립임에 틀림없다. 바꾸어 말하면 X와 Y가 서로 독립이기 위한 필요충분조건은 모든 x와 y에 대하여 식 (7.50)을 만족할 때이다. 따라서 어떤 결합분포를 가지는 두 확률변수 X와 Y가 서로 독립이기 위한 필요충분조건은 모든 실수 x와 y에 대하여 누적분포함수가

$$F(x,y) = F_X(x)F_Y(y). \tag{7.51}$$

또는, 확률변수 X의 밀도함수(pdf) f_X와 Y의 밀도함수(pdf) f_Y에 대하여

$$f(x,y) = f_X(x)f_Y(y). \tag{7.52}$$

이다. 윗 식 (7.52)를 간단히 풀어 설명하면, 만약 X와 Y가 서로 독립이면 모든 $A \times B \in I(a,b) \times I(c,d)$에 대하여 확률벡터 $W = (X, Y)$의 곱 확률측도

$$p_W(A \times B) = \iint_{A \times B} f_W(x,y)dxdy$$

임을 알고 있다. 그런데 이 확률측도 $p_W(A \times B)$는 독립이라는 조건으로부터

$$\begin{aligned} p_W(A \times B) &= P((X, Y) \in (A \times B)) \\ &= P((X \in A) \cap (Y \in B)) \\ &= P(X \in A)P(Y \in B) \\ &= (\int_A f_X(x)dx)(\int_B f_Y(y)dy) \\ &= \iint_{A \times B} f_X(x)f_Y(y)dxdy \end{aligned}$$

를 구할 수 있다. 따라서 두 식을 비교하면 식 (7.52)를 얻을 수 있다.

쉽게 말하여 X와 Y가 서로 독립이라는 것은 한 확률변수의 값을 안다는 것이 다른 분포에 영향을 주지 않아 분포가 바뀌지 않는다는 것이다. 한편 확률변수들이 서로 독립이 아닐 때, X와 Y는 서로 **종속(dependent)**이라고 말한다.

일반적으로 독립성에 관한 이러한 정의는 n개의 확률변수 $X_1, \cdots, X_n$에 대해서도 성립한다.

즉, $X_1,\cdots,X_n$이 서로 독립이기 위한 필요충분조건은 모든 실수 $x_1,x_2,\cdots,x_n$에 대하여

$$F(x_1,x_2,\cdots,x_n)=\prod_{i=1}^{n}F_{X_i}(x_i) \text{ 또는 } f(x_1,x_2,\cdots,x_n)=\prod_{i=1}^{n}f_{X_i}(x_i) \tag{7.53}$$

이다. 두 확률변수의 독립성에 대한 유용한 사실을 증명하기 전에 다음의 두 확률변수의 함수를 소개하고자 한다. 만약 $W=(X,Y)$이고, $g:\boldsymbol{R}^2\rightarrow\boldsymbol{R}$인 함수 일 때, 새로운 확률변수 $g(X,Y)$를 정의할 수 있다. 사실, X의 표본공간 Ω_1과 Y의 표본공간 Ω_2에 대해 $\omega_1\in\Omega_1$이고 $\omega_2\in\Omega_2$일 때,

$$g(X,Y)(\omega_1,\omega_2)=g(X(\omega_1),Y(\omega_2))$$

이다. 이 때 W의 치역 $R=(a,b)\times(c,d)$에 대하여

$$E(g(X,Y))=\iint_R g(x,y)f_W(x,y)dxdy. \tag{7.54}$$

가 된다. 특히, X와 Y의 공분산(covariance), $Cov(X,Y)$는 아래 식으로부터 얻을 수 있다.

$$g(X,Y)=(X-\mu_X)(Y-\mu_Y). \tag{7.55}$$

정리 7.17 만약 두 확률변수 X와 Y가 서로 독립이면 (a,b)에서 정의되는 임의의 함수 g와 (c,d)에서 정의되는 함수 h에 대하여 다음 식이 성립한다.

$$E(g(X)\,h(Y))=E(g(X))E(h(Y)) \tag{7.56}$$

증명 간단히 살펴보면 서로 독립이라는 사실 즉 $f_W(x,y)=f_X(x)f_Y(y)$로부터

$$\begin{aligned} E(g(X)\,h(Y)) &= \iint_R g(x)h(y)f_W(x,y)dxdy \\ &= \iint_R g(x)h(y)f_X(x)f_Y(y)dxdy \\ &= (\int_a^b g(x)f_X(x)dx)(\int_c^b h(y)f_Y(y)dy \\ &= E(g(X))E(h(Y)). \end{aligned}$$

이 정리에서 참고적으로 알아야 될 것은 함수 g과 h가 유한하고 기댓값이 존재할 때만 성립한다. 이 정리에 의해 만일 두 확률변수 X와 Y의 기댓값이 각각 존재하고, 서로 독립이면 그 때$E(XY)=E(X)E(Y)$임을 증명할 수 있다. 일반적으로 n개의 확률변수 $X_1,X_2,\cdots,X_n$이 서로 독립이고 기댓값이 존재하면

$$E(X_1X_2\cdots X_n) = E(X_1)E(X_2)\cdots E(X_n) \tag{7.57}$$

이다.

다음으로 두 확률변수 X와 Y가 서로 독립이고, $M_{X+Y}(t)$를 확률변수 $X+Y$의 적률생성함수라고하자. 윗 식 (7.56)으로부터

$$\begin{aligned} M_{X+Y}(t) &= E(e^{t(X+Y)}) \\ &= E(e^{tX}e^{tY}) \\ &= E(e^{tX})E(e^{tY}) \\ &= M_X(t)M_Y(t). \end{aligned}$$

임을 알 수 있다.

두 확률변수의 독립성을 보장받기 위해 반드시 결합확률밀도함수가 두 주변확률밀도함수의 곱으로 나타나지만 경우에 따라 주변확률밀도함수를 구체적으로 구할 수 없을 경우 다음 정리로부터 유익하게 독립성을 체크할 수 있다.

정리 7.18 만일 두 확률변수 X와 Y가 서로 독립일 필요충분조건은 두 확률변수의 결합확률밀도(질량)함수가

$$f_W(x,y) = g(x)h(y), \quad -\infty < x < \infty,\ -\infty < y < \infty \tag{7.58}$$

로 표현할 수 있다.

증명 두 확률변수의 독립성에 의해 결합확률밀도함수가 주변확률밀도함수의 곱으로 나타낼 수 있기 때문에 위 식 (7.58)은 당연히 성립한다.

한편 $f_W(x,y) = g(x)h(y),\ -\infty < x < \infty,\ -\infty < y < \infty$라 가정하자. 그러면

$$\begin{aligned} 1 &= \int_{-\infty}^{\infty}\int_{-\infty}^{\infty} f_W(x,y)dxdy \\ &= \int_{-\infty}^{\infty} g(x)dx \int_{-\infty}^{\infty} h(y)dy \\ &= C_1C_2 \end{aligned}$$

가 된다. 여기서 $C_1 = \int_{-\infty}^{\infty} g(x)dx$이고, $C_2 = \int_{-\infty}^{\infty} h(y)dy$이다. 한편 주변확률밀도함수는 각각

$$f_X(x) = \int_{-\infty}^{\infty} f_W(x,y)dy = \int_{-\infty}^{\infty} g(x)h(y)dy = C_2 g(x)$$

이고

$$f_Y(y) = \int_{-\infty}^{\infty} f_W(x,y)dx = \int_{-\infty}^{\infty} g(x)h(y)dx = C_1 h(y)$$

이다 따라서 위에서 구한 $C_1 C_2 = 1$이므로

$$f_W(x,y) = f_X(x) f_Y(y)$$

가 되어 두 확률변수 X와 Y는 서로독립이다.

7.2 연습문제

1. 두 확률변수 X와 Y의 결합누적분포함수 F에 대하여 다음을 증명하여라.
   1) $x_1 \le x_2$이면 $F(x_1, y) \le F(x_2, y)$
   2) $y_1 \le y_2$이면 $F(x, y_1) \le F(x, y_2)$
   3) 주변분포함수에 대해 $P(X > x, Y > y) = 1 - F_X(x) - F_Y(y) + F(x, y)$

2. 두 확률변수 X와 Y의 결합밀도함수가 다음과 같다고 가정하자.

$$f(x, y) = \begin{cases} c(x^2 + y), & 0 \le y \le 1 - x^2 \\ 0, & \text{기타} \end{cases}$$

   1) 상수 c를 구하여라.
   2) $P(0 \le X \le 1/2)$, $P(X \le Y + 1)$을 구하여라

3. 다음 주어진 함수가 두 확률변수의 결합확률밀도함수를 만족하도록 상수 값 c를 구하여라.
   1) $[0,1] \times [2,3]$에서 정의된 $f_W(x, y) = cxy^2$
   2) $0 \le x \le \infty,\ 0 \le y \le \infty$에서 정의된 $f_W(x, y) = ce^{-x-y}$
   3) $[1,2] \times [1,2]$에서 정의되는 $f_W(x, y) = \dfrac{3}{13}(x^2 + cxy + y^2)$
   4) $f_W(x, y) = \begin{cases} c, & x^2 + y^2 \le R^2 \\ 0, & x^2 + y^2 > R^2 \end{cases}$

4. 두 확률변수 X와 Y의 결합확률밀도함수가 $0 \le x \le \infty,\ 0 \le y \le \infty$에서

$$f_W(x, y) = e^{-x-y}$$

   일 때 물음에 답하여라.
   1) $P(X < Y)$와 $P(X < a)$를 구하여라.
   2) 결합누적분포함수 $F_W(x, y)$를 구하여라.
   3) X와 Y의 주변확률밀도함수 $f_X(x)$와 $f_Y(y)$를 구하여라.
   4) 두 확률변수는 서로 독립인지 판정하여라.

5. 두 확률변수 X와 Y의 결합확률밀도함수가 다음과 같이 주어질 때 물음에 답하여라.

$$f(x,y) = \frac{6}{7}\left(x^2 + \frac{xy}{2}\right),\ \ 0 \le x \le 1,\ 0 \le y \le 2$$

1) X의 주변확률밀도함수를 구하여라.

2) $P(X > Y)$를 구하여라.

6. 두 확률변수 X와 Y의 결합확률밀도함수가

$$f(x,y) = \begin{cases} \frac{1}{x}, & 0 < y < x < 1 \\ 0, & \text{기타} \end{cases}$$

로 주어질 때 다음을 구하여라.

1) 확률변수 X와 Y의 주변확률밀도함수

2) $E(X)$와 $E(Y)$

7. 두 확률변수 X와 Y의 결합확률밀도함수가

$$f(x,y) = 12xy(1-x),\ \ 0 < x < 1,\ 0 < y < 1$$

로 주어질 때 물음에 답하여라.

1) 두 확률변수 X와 Y는 서로 독립인가?

2) $E(X)$와 $E(Y)$

3) $Var(X)$와 $Var(Y)$

8. 두 확률변수 X와 Y의 결합확률밀도함수가 다음과 같다.

$$f(x,y) = \begin{cases} 2, & 0 < x < y < 1 \\ 0, & \text{기타} \end{cases}$$

물음에 답하여라.

1) 확률변수 X와 Y의주변확률밀도함수를 각각 구하여라.

2) 공분산 $Cov(X, Y)$를 구하여라.

3) 상관계수 $\rho_{X,Y}$를 구하여라.

7.3 조건부 확률밀도함수와 조건부 기댓값

두 확률변수 X와 Y에 대하여 확률벡터 $W=(X,Y)$의 치역이 $(a,b)\times(c,d)$이고, 결합확률밀도함수를 $f_W(x,y)$라 하며, 각 확률변수의 확률밀도함수를 f_X와 f_Y라고 하자. 7.2절에서 두 확률변수 X와 Y가 서로 독립일 필요충분조건이 $f_W(x,y)=f_X(x)f_Y(y)$라는 것을 알아봤다. 그러나 확률변수 X와 Y 사이에는 어떤 측면에서 관계가 있다고 할 때, 특히 X가 어떤 값 x를 취하면 Y에 어떤 영향을 미치는지 조건부확률과 연계하여 알아보자.

제 2장에서 살펴본 것처럼 조각적 구간 $B\in I(c,d)$에 대하여 조건부확률의 정의에 의하면, 만약 $P(X=x)\neq 0$인 사건의 확률에 대하여

$$P(Y\in B \mid X=x)=\frac{P((Y\in B)\cap(X=x))}{P(X=x)}$$

로 정의된다. 그러나 연속형 확률변수에서 $P(X=x)=0$이기 때문에 조건부확률은 존재하지 않는다. 그래서 연속형 확률변수에 대한 이 문제를 해결하기 위해 접근 방향을 다르게 해야 한다. 확률값이 0이 되는 $X=x$라는 사건 대신에 매우 작은 $h>0$에 대하여 $A_h=(x,x+h)$로 하고 $h\to 0$일 때, 어떤 현상이 일어나는지 조사할 것이다.

확률벡터 $W=(X,Y)$의 결합확률밀도함수 f_W와 X와 Y의 주변확률밀도함수 f_X와 f_Y가 될 기본 성질들을 잘 알고 있다. 특히 $f_X\geq 0$이나 모든 $x\in(a,b)$에 대하여 $f_X>0$이라 하자. 그러면

$$\begin{aligned}P(Y\in B \mid X\in A_h)&=\frac{P(X\in A_h,\, Y\in B)}{P(X\in A_h)}\\&=\frac{\displaystyle\int_x^{x+h}\int_B f_W(u,y)\,du\,dy}{\displaystyle\int_x^{x+h} f_X(u)\,du}.\end{aligned}$$

그러므로 미적분학의 기본정리에 의해 다음과 같은 극한값을 얻을 수 있다.

$$\begin{aligned}\lim_{h\to 0}P(Y\in B \mid X\in A_h)&=\frac{\displaystyle\int_B f_W(x,y)\,dy}{f_X(x)}\\&=\int_B\frac{f_W(x,y)}{f_X(x)}\,dy.\end{aligned}$$

이 사실로부터 두 확률변수 X와 Y에 대해 모든 $x \in (a,b)$, $f_X(x) > 0$인 $X = x$가 일어났을 사건에 대한 Y의 조건부 확률밀도함수를 공식적으로 정의할 수 있다.

정의 7.19 두 확률변수 X와 Y의 확률벡터 $W=(X, Y)$에 대하여 결합확률밀도함수를 $f_W(x,y)$라 하고, 각 확률변수의 확률밀도함수를 f_X와 f_Y라고 하자. 모든 $x \in (a,b)$, $f_X(x) > 0$인 $X = x$가 일어났을 사건에 대한 Y의 **조건부 확률밀도함수(Conditional Probability density function)** $f_{Y|X}(y|x)$를 (c,d)에서

$$f_{Y|X}(y|x) = \frac{f_W(x,y)}{f_X(x)} \tag{7.59}$$

로 정의한다.

우선적으로 살펴봐야 될 것이 $f_{Y|X}(y|x)$가 (c,d)에서 확률밀도함수인지 여부이다. 그런데 $f_X(x) \neq 0$에 대하여,

$$\int_c^d f_{Y|X}(y|x)dy = \frac{1}{f_X(x)} \int_c^d f_W(x,y)dy = \frac{1}{f_X(x)} \cdot f_X(x) = 1$$

로서 확률밀도함수이다.

조건부 확률밀도함수의 정의에 의해 확률변수 X의 값들이 주어졌을 때 Y와 연관된 사건에 대한 조건부 확률을

$$P(Y \in B \mid X = x) = \int_B f_{Y|X}(y|x)dy \tag{7.60}$$

와 같이 정의할 수 있다. 특히 $B = (-\infty, y)$라고 하면, **조건부 누적분포함수(conditional cumulative distribution)**를

$$F_{Y|X}(y|x) = P(Y \le y|X = x) = \int_{-\infty}^{y} f_{Y|X}(u|x)du \tag{7.61}$$

로 정의한다.

예제 7.20 두 확률변수 X와 Y의 결합확률밀도함수 $f_W(x,y)$가

$$f_W(x,y) = \begin{cases} \dfrac{e^{-y/x}e^{-x}}{x}, & 0 < x < \infty,\ 0 < y < \infty \\ 0, & \text{기타} \end{cases}$$

일 때, 조건부 확률밀도함수 $f_{Y|X}(y|x)$와 $P(Y>1|X=x)$를 구하여라.

풀이 우선 $X=x$에 대한 Y의 조건부 확률밀도함수는

$$f_{Y|X}(y|x) = \frac{f_W(x,y)}{f_X(x)}$$

$$= \frac{e^{-y/x}e^{-x}}{\int_0^{\infty} e^{-y/x}e^{-x}dy} = \frac{1}{x}e^{-y/x}$$

이다. 따라서 주어진 확률은

$$P(Y>1|X=x) = \int_1^{\infty} \frac{1}{x}e^{-y/x}dy$$

$$= \left[-e^{-y/x}\right]_1^{\infty}$$

$$= e^{-1/x}$$

이 된다.

연속형 확률변수 X와 Y에 대하여 일반적으로 $P(Y\in B \mid X=x)$를 정의할 수 없었지만 $X=x$에 대한 Y의 조건부 확률은 조건부 확률밀도함수 $f_{Y|X}(y|x)$가 정의되어 일반적으로 $B\in I(c,d)$에 대하여 식 (7.60)

$$P(Y\in B \mid X=x) = \int_B f_{Y|X}(y|x)dy$$

가 된다. 그러나 이 확률은 정의될 수 없는 $P(Y\in B \mid X=x)$와 서로 다르다는 것을 주지하기 바란다.

여기서 논의를 편리하게 하기 위해 확률밀도함수가 $f_{Y|X}(y|x)$인 조건부 확률변수를 Y_x라고 하면 아래 〈그림 7.10〉에서 보는 것처럼 확률변수 Y_x는 $x-y$평면 상에서 선분 $X=x$를 따라 그려지고 묘사되는 그 의미를 기하학적으로 해석할 수 있다.

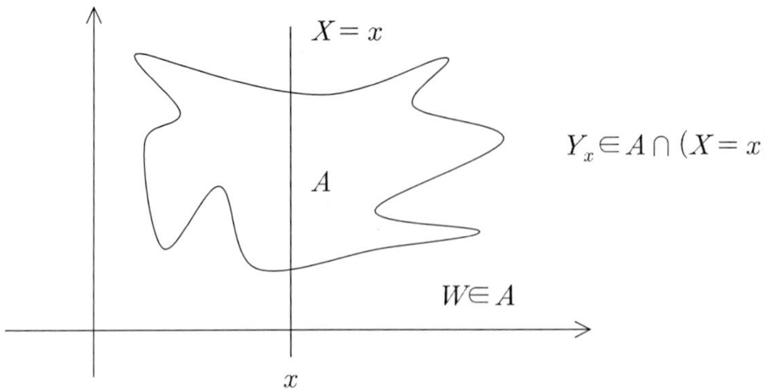

〈그림 7.10〉

비록 $X=x$의 형태에 대한 사건의 조건부확률을 구할 수는 없지만 연속형 확률변수에 대해서도 조건부확률변수를 생각할 수 있다. 그리고 일반적인 확률론에서 조건부 확률밀도함수에 대한 기호로 $f_{Y|X}(y|x)$로 나타낸다. 그러나 주어진 함수에 어떤 변수가 연산되는지 혼동되는 것을 피하고자 위와 같은 기호를 사용했다. 그러나 $f_{Y|X}(y|x)$에 대한 공식은 일반적으로 y뿐만 아니라 x도 포함한다. 그리고 y는 변수이고 x는 상수임을 이해하기 바란다.

특히, 만약 확률변수 X와 Y가 서로 독립이면 식 (7.52)에 의해 모든 $y \in (c,d)$에 대하여

$$f_{Y|X}(y|x)=\frac{f_W(x,y)}{f_X(x)}=\frac{f_X(x)f_Y(y)}{f_X(x)}=f_Y(y)$$

가 되어 조건부 확률밀도함수와 주변확률밀도함수가 같아 $Y_x=Y$가 된다. 이에 대한 역도 증명할 수 있는데 독자들에게 연습문제로 남겨둔다.

예제 7.21 이변량 정규분포에 대한 조건부 확률밀도함수 $f_{Y|X}(y|x)$를 구하여라.

풀이 예제 7.16에서 본 것처럼 정규분포 $N(\mu_1,\sigma_1^2)$를 따르는 확률변수 X의 f_X 확률밀도함수이다. 따라서 식 (7.59)에 의해

$$\begin{aligned} f_{Y|X}(y|x) &= \frac{f_W(x,y)}{f_X(x)} \\ &= \frac{1}{\sqrt{2\pi\sigma_2(1-\rho^2)}} exp\left(-\frac{\left[(y-\mu_2)-\frac{\sigma_2}{\sigma_1}\rho(x-\mu_1)\right]^2}{2\sigma_2^2(1-\rho^2)}\right). \end{aligned}$$

따라서 $Y_x \sim N(\nu,\omega^2)$인 확률변수로서, $v=\mu_2+\frac{\sigma_2}{\sigma_1}\rho(x-\mu_1)$, $\omega^2=\sigma_2^2(1-\rho^2)$이다.

지금까지 사건 $X=x$에 대한 조건부확률밀도함수로서 Y_x를 유도했던 것처럼 사건 $Y=y$에서 치역이 (a,b)인 확률변수 X_y를 유도할 수 있다. 만약 구간 (a,b)에서 $f_Y(y)>0$라고 하면 X_y의 확률밀도함수 $f_{X|Y}(x|y)$는 다음과 같이 주어진다.

$$f_{X|Y}(x|y)=\frac{f_W(x,y)}{f_Y(y)}. \tag{7.62}$$

같은 방법으로 이변량 정규분포에 대한 조건부 확률변수 X_y는 평균 $\mu_1+\frac{\sigma_1}{\sigma_2}\rho(y-\mu_2)$이고 분산이 $\sigma_1^2(1-\rho^2)$인 정규분포를 따르고 조건부 확률밀도함수는 다음과 같다.

$$f_{X_y}(x)=\frac{1}{\sqrt{2\pi\sigma_1(1-\rho^2)}}exp\left(\frac{[(x-\mu_1)-\frac{\sigma_1}{\sigma_2}\rho(y-\mu_2)]^2}{2\sigma_1^2(1-\rho^2)}\right).$$

식 (7.59)과 식 (7.62)을 비교하면 **베이즈의 조건부 확률밀도함수(Bayes' formula for conditional densities)**는 다음과 같은 유용한 식을 유도할 수 있다.

$$f_{X|Y}(x|y)=\frac{f_{Y|X}(y|x)f_X(x)}{f_Y(y)}. \tag{7.63}$$

같은 방법으로 사건 $X=x$에서 확률변수 X_x를 찾을 수 있다. 분명히 X_x는 확률분포가 이산형으로 $y\neq x$에 대하여

$$P(X_x=x)=1,\ \ P(X_x=y)=0$$

을 만족한다.

이미 이산형 확률변수들에 대한 조건부 기댓값은 정의했고, 그 성질들도 알아봤다. 따라서 연속적인 선상에서 연속형 확률변수들에 대한 조건부 기댓값에 대해 알아보자.

정의 7.20 두 확률변수 X와 Y에 대하여 사건 $X=x$에 대한 Y의 **조건부 기댓값(conditional expectation of Y given $X=x$)**는 모든 $f_X(x)>0$에 대해

$$E(Y|X=x)=\int_{-\infty}^{\infty}yf_{Y|X}(y|x)dy \tag{7.64}$$

으로 정의한다. 같은 방법으로 $f_Y(y)>0$에 대해 조건부 기댓값

$$E(X|Y=y)=\int_{-\infty}^{\infty}xf_{X|Y}(x|y)dx \tag{7.65}$$

이다.

예제 7.22 두 확률변수 X와 Y의 결합확률밀도함수 $f_W(x,y)$가 예제 7.20과 같을 때, $E(Y|X=x)$를 구하여라.

풀이 예제 7.20에서 조건부 확률밀도함수 $f_{Y|X}(y|x)=\frac{1}{x}e^{-y/x}$임을 알고 있다. 따라서 $X=x$에 대한 Y의 조건부 기댓값

$$E(Y|X=x)=\int_0^\infty \frac{y}{x}e^{-y/x}dy=x$$

가 된다. 자세히 살펴보면 이 기댓값은 평균이 x인 지수분포의 평균값이다.

정의 7.20에서 두 확률변수 X와 Y에 대해 $X=x$에 대한 Y의 조건부 기댓값 $E(Y|X=x)$를 가지는 확률변수 X의 함수를 $E(Y|X)$라고 하자. 그러면 $E(Y|X)$는 그 자체로 하나의 확률변수이고,

$$E(E(Y|X))=\int_{-\infty}^\infty E(Y|\ X=x)f_X(x)dx \tag{7.66}$$

가 된다. 마찬가지로

$$E(E(X|Y))=\int_{-\infty}^\infty E(X|\ Y=y)f_Y(y)dy \tag{7.67}$$

로 정의된다.

이미 이산형 확률변수 X와 Y들에 조건부 기댓값에 대해서 증명하였지만 중요한 성질은 $E(E(Y|X))=E(Y)$이고, 마찬가지로 $E(E(X|Y))=E(X)$이다. 이 분야의 응용으로 간단한 예제를 제시하며 연속형 다변량 확률변수에 대해 마무리하고자 한다. 물론 더 세부적인 내용에 대해서는 참고문헌을 참조하기 바란다.

예제 7.23 두 확률변수 X와 Y는 서로 독립이고, 각각 확률밀도함수 $f_X(x)$와 $f_Y(y)$를 가질 때, $P(X<Y)$와 $P(X+Y<a)$를 구하여라.

풀이 확률변수 Y의 값에 대한 조건부확률로

$$\begin{aligned} P(X<Y) &= \int_{-\infty}^\infty P(X<Y|Y=y)f_Y(y)dy \\ &= \int_{-\infty}^\infty P(X<y|Y=y)f_Y(y)dy \end{aligned}$$

$$= \int_{-\infty}^{\infty} P(X < y) f_Y(y) dy \qquad (\because \text{독립이므로})$$

$$= \int_{-\infty}^{\infty} F_X(y) f_Y(y) dy$$

이다. 여기서 $F_X(y) = \int_{-\infty}^{y} f_X(x) dx$ 이다. 같은 방법으로

$$P(X + Y < a) = \int_{-\infty}^{\infty} P(X + Y < a \mid Y = y) f_Y(y) dy$$

$$= \int_{-\infty}^{\infty} P(X + y < a \mid Y = y) f_Y(y) dy$$

$$= \int_{-\infty}^{\infty} P(X < a - y) f_Y(y) dy \qquad (\because \text{독립이므로})$$

$$= \int_{-\infty}^{\infty} F_X(a - y) f_Y(y) dy$$

로 계산된다.

7.3 연습문제

1. 두 확률변수 X와 Y의 결합확률밀도함수가

$$f(x,y)=\begin{cases}\frac{12}{5}x(2-x-y), & 0<x<1,\ 0<y<1\\ 0, & \text{기타}\end{cases}$$

와 같을 때, $0<y<1$에서 $E(X|Y=y)$를 구하여라.

2. 두 확률변수 X와 Y의 결합확률밀도함수가

$$f(x,y)=24xy,\ 0\le x\le 1,\ 0\le y\le 1,\ 0\le x+y\le 1$$

이고 기타영역에서는 0이라고 하자.

1) $f(x,y)$가 결합확률밀도함수임을 보여라.

2) $E(X)$와 $E(Y)$를 구하여라.

3. 두 확률변수 X와 Y의 결합확률밀도함수는 $f_W(x,y)$이고, 각각의 주변확률밀도함수는 $f_X(x)$와 $f_Y(y)$라고 하자. 다음을 증명하여라.

1) 만약 두 확률변수 X와 Y가 서로 독립일 때, $Z=X+Y$의 확률밀도함수는

$f_Z(z)=\int_{-\infty}^{\infty}f_X(x)f_Y(z-x)dx$ 임을 보여라.

2) 두 확률변수 X와 Y에 대해 $Z=X+Y$의 확률밀도함수는

$f_Z(z)=\int_{-\infty}^{\infty}f_W(x,z-x)dx$ 임을 보여라.

4. 1) 두 확률변수 X와 Y의 결합확률밀도함수가

$$f_W(x,y)=\begin{cases}\frac{e^{-x/y}e^{-y}}{y}, & 0<x<\infty, 0<y<\infty\\ 0, & \text{기타}\end{cases}$$

일 때, $E(X^2|Y=y)$를 구하여라.

2) 두 확률변수 X와 Y의 결합확률밀도함수가

$$f_W(x,y)=\begin{cases}\frac{e^{-y}}{y}, & 0<x<y,\ 0<y<\infty\\ 0, & \text{기타}\end{cases}$$

일 때 $E(X^3|Y=y)$를 구하여라.

7.4 미분 엔트로피, 조건부 엔트로피와 상호정보량

이 절에서는 보다 일반적인 미분 엔트로피에 대한 개념을 연구하고자 한다. 이미 5장에서 이산형 확률변수 X에 대한 엔트로피를 설명하였는데, 확률변수 X가 어떤 구간 $[a,b]$에서 값을 취하는 연속형으로 이산형 엔트로피와 여러 가지 유사한 개념을 내포하고 있지만 몇 가지 중요한 차이점이 있다. 이 개념에 대한 동기는 연속형 신호의 전달에 대한 적절한 모델링이 필요하기 때문이다.

정의 7.21 치역이 (a,b)인 확률변수 X에 대하여 확률밀도함수가 $f(x)$일 때 **미분 엔트로피** (Differential Entropy) $H(X)$는 다음과 같이 정의한다.

$$H(X) = -\int_a^b \log(f(x))f(x)dx \tag{7.68}$$

$$= E(\log(\frac{1}{f(X)})).$$

여기서 log의 밑(base)은 2이다.

예제 7.24 확률변수 $X \sim U(a,b)$에 대한 미분 엔트로피를 구하여라.

풀이 $X \sim U(a,b)$인 경우 확률밀도함수 $f(x) = \frac{1}{b-a}$이므로 정의에 의해

$$H(X) = -\int_a^b \log(f(x))f(x)dx$$

$$= -\int_a^b \log(\frac{1}{b-a})\frac{1}{b-a}dx = \log(b-a).$$

제 5장에서 이산형확률변수에 대한 엔트로피를 설명할 때, 불확실성의 측도가 되는 자연스러운 여러 가지 성질들을 찾을 수 있었다. 이 명제에 대한 분명한 증거는 이산형 형태로 적분을 구하는 과정에서 얻어진다. 구간 (a,b)의 분할 P를 $a = x_0 < x_1 < \cdots < x_{n-1} < x_n = b$와 같이 정의하자. 그리고 $1 \le j \le n$에 대하여 $\xi_j \in (x_{j-1}, x_j)$를 선택하자. 확률변수에 대한 이산화 $\hat{X}$는 다음과 같은 확률값을 갖는다.

$$P(\hat{X}=\xi_j)=p_j, \quad \text{여기서} \quad p_j=\int_{x_{j-1}}^{x_j} f(x)dx.$$

그러면 이산형 확률변수에 대한 엔트로피의 정의에 의해

$$H(\hat{X})=-\sum_{j=1}^{n} p_j \log(p_j),$$

이고, 이에 대한 극한을 구해서 어떻게 되는지 살펴보자. 그러면

$$H(\hat{X})=-\sum_{j=1}^{n} p_j \log(f(\xi_j))+\sum_{j=1}^{n} p_j \log(\frac{f(\xi_j)}{p_j})$$

이 된다. 이에 대한 극한을 취하면 정의 (7.68)에서처럼

$$\lim_{n\to\infty}\left(-\sum_{j=1}^{n} p_j \log(f(\xi_j))\right)=H(X)$$

를 구할 수 있다. 그러나 $H(\hat{X})$의 두 번째 항에 있는 부분은 극한을 취하면, $+\infty$로 수렴하게 된다. 그래서 이를 종합하면

$$\lim H(\hat{X})=H(X)+\infty=\infty$$

가 된다. 이 사실은 연속형에 대한 적절한 버전의 엔트로피가 없다는 것을 말해 준다. 무한의 극한에서 $H(X)$를 추론하는 과정에서 물리학자들은 어떤 면에서 재정규화(renormalisation)라 부르는 절차를 수행한다. 사실 연속형에서 엔트로피의 역할은 이산형에서처럼 큰 의미를 기대하지 않는다. 다행히도, 상호정보량의 개념은 이산화와 적분의 과정에서 매우 부드럽게 개념화된다. 통신로 용량을 계산하는데 엔트로피가 자주 이용되는 것을 보게 될 것이다. 다음 예제는 나중에 사용하게 될 결과이다.

예제 7.25 확률변수 $X \sim N(\mu,\sigma^2)$에 대한 엔트로피를 구하여라.

풀이

$$\begin{aligned} H(X) &=-\frac{1}{\sigma\sqrt{2\pi}}\int_{-\infty}^{\infty} \exp(-\frac{1}{2}[\frac{x-\mu}{\sigma}]^2) \\ &\quad \times\log\left\{\frac{1}{\sigma\sqrt{2\pi}}\exp(-\frac{1}{2}[\frac{x-\mu}{\sigma}]^2)\right\}dx \\ &=\log(\sigma\sqrt{2\pi})+\frac{\log(e)}{\sqrt{\pi}}\int_{-\infty}^{\infty} y^2 e^{-y^2}dy, \end{aligned}$$

이고, 여기서 $y=\frac{x-\mu}{\sqrt{2}\sigma}$로 치환하여 계산하였다.

이제 $Z \sim N(0,1)$이면 $Var(Z)=1$과 $\int_{-\infty}^{\infty} e^{-y^2} y^2 dy = \frac{1}{2}\sqrt{\pi}$ 을 이용하면 다음 결과를 얻을 수 있다.

$$H(X) = \log(\sigma\sqrt{2\pi}) + \frac{\log(e)}{\sqrt{\pi}}\frac{1}{2}\sqrt{\pi} \tag{7.69}$$
$$= \log(\sigma\sqrt{2\pi e}).$$

앞으로 식 (7.69)에서 주어진 양에 대해 $H_N(\sigma)$로 표기하도록 하겠다. 여기서 $H_N(\sigma)$은 μ에 대한 함수가 아니라 σ에 대한 함수임을 알 수 있고, 분산과 불확실성 간에는 상당히 밀접한 관계가 있음을 의미한다. 이 절의 마지막 정리에 앞서 연속형 형태의 깁스 부등식(Gibb's inequality)이 필요하다.

보조정리 7.22 (Gibb's inequality) 연속형 확률변수 X에 대한 확률밀도함수 $f(x)$와 임의의 확률밀도함수 $g(x)$에 대하여

$$-\int_a^b f(x)\log(f(x))dx \le -\int_a^b f(x)\log(g(x))dx \tag{7.70}$$

가 성립한다.

증명 X의 확률밀도함수 $f(x)$와 임의의 확률밀도함수 $g(x)$에 대하여

$$-\int_a^b f(x)\log(f(x))dx + \int_a^b f(x)\log(g(x))dx$$
$$= \int_a^b \log\left(\frac{g(x)}{f(x)}\right) f(x)dx$$
$$= \frac{1}{\ln 2}\int_a^b \ln\left(\frac{g(x)}{f(x)}\right) f(x)dx$$
$$\le \frac{1}{\ln 2}\int_a^b \left(\frac{g(x)}{f(x)} - 1\right) f(x)dx, \quad (\because \ln x \le x-1)$$
$$= \frac{1}{\ln 2}\int_a^b (g(x) - f(x))dx$$
$$= 0$$

으로 부등식이 증명된다.

S를 확률밀도함수가 실수 전체 구간에서 값을 취하고 평균 μ, 분산 σ^2인 확률변수들의 집합이라 하자.

정리 7.23 만약 $X \in S$이면, $H(X) \le H(N)$이며, 이 부등식이 같을 필요충분조건은 $X \sim N(\mu, \sigma^2)$ 이다.

증명 이 정리를 다시 기술하면 임의의 확률밀도함수 $g(x)$에 대하여 Gibb's 부등식에 대해

$$H(X) \le -\int_{-\infty}^{+\infty} \log(g(x)) f(x) dx$$

이며 등식이 성립할 필요충분조건은 $f = g$이다.

이제 확률밀도함수가 f인 $X \in S$를 선택하고, g를 정규분포의 확률밀도함수라 하자. 그러면

$$-\int_{-\infty}^{\infty} \log(g(x)) f(x) dx = \log(\sigma\sqrt{2\pi})_{+} \frac{\log(e)}{2\sigma^2}\int_{-\infty}^{\infty}(y-\mu)^2 f(y) dy$$

$$= \frac{1}{2} log(2\pi\sigma^2) + \frac{\log(e)}{2\sigma^2} Var(Y)$$

가 된다. 그러나 $Var(Y) = \sigma^2$이고 보조정리 7.22의 Gibb's 부등식을 이용하면 요구하는 부등식

$$H(X) \le \frac{1}{2} log(2\pi e \sigma^2) = H(N)$$

을 얻을 수 있다. 등식부분에 대한 증명은 자명하다.

지금부터 조건부 미분엔트로피로 확장하고, 이 엔트로피에 대한 공식을 일반화하여 조건부 엔트로피에 대한 연속형 형태에 대한 결과를 알아보고자 한다. 일반화하기 위하여 이산형의 접근 방법과 동일한 패턴을 밟아 간다. 그래서 주어진 확률벡터 $W = (X, Y)$와 결합확률밀도함수 f_W에 대하여 $X = x$에 대한 Y의 **조건부엔트로피(conditional entropy)** $H(Y|X = x)$를 아래와 같이 정의한다. 여기서 조건부 확률변수 Y_x는 조건부 확률밀도함수 $f_{Y|X}(y|x)$를 가지며

$$H(Y|X = x) = H(Y_x) \tag{7.71}$$

$$= -\int_c^d f_{Y|X}(y|x) \log(f_{Y|X}(y|x) dy.$$

여기서 $H(Y|X = x)$는 확률변수 X에 대한 함수로서 $H(Y|X = x)$의 치역은 $\{H(Y_x), x \in (a, b)\}$이고 확률밀도함수는 주변확률밀도함수 f_X로 주어진다. 이제 X에 대한 Y의 **조건부엔트로피(conditional entropy)** $H(Y|X)$를 다음과 같이 정의한다.

$$H(Y|X) = E(H(Y|X = x)). \tag{7.72}$$

이 식은 다시 기댓값의 정의에 의해

$$H(Y|X) = -\int_a^b f_X(x)(\int_c^d f_{Y|X}(y|x)\log(f_{Y|X}(y|x)dy)dx$$

$$= -\int_a^b \int_c^d f_W(x,y)\log(f_{Y|X}(y|x))dydx$$

가 된다. 같은 이유에서 $H(X|Y)$도 X와 Y의 역할을 바꾸어 정리하면 유사하게 정의된다.

예제 7.26 확률벡터 $W=(X,Y)$가 이변량 정규분포를 따를 때 $H(Y|X)$를 구하여라.

풀이 Y_x는 분산이 $\sigma_2^2(1-\rho^2)$인 정규분포를 따르므로 예제 7.10에서처럼

$$H(Y_x) = \log(\sigma_2(2\pi e(1-\rho^2))^{\frac{1}{2}})$$

가 된다. 이것은 상수함수임을 직시하기 바라며, 따라서

$$H(Y|X) = [E(H(Y_x))] = \log(\sigma_2(2\pi e(1-\rho^2))^{\frac{1}{2}})$$

이 된다.

X, Y와 Z를 치역이 R이고 다음조건을 만족하는 확률변수들이고, f_X, f_Y 그리고 f_Z를 각각 그들의 확률밀도함수라 하자.

(i) $Y = X + Z$

(ii) X와 Z는 서로 독립

다음 절에서 우리는 X는 입력, Z는 잡음, Y는 출력으로 대변되는 통신 채널의 모델을 고려하게 될 것이다.

이제 사건 $X=x$에 대한 조건부 확률변수로 우리는

$$Y_x = X_x + Z_x$$

가 될 것임을 알 수 있다. 그러나 X와 Z가 서로 독립이므로 $f_{Z_x} = f_Z$가 되어 $Z_x = Z$가 된다.

보조정리 7.24 모든 $y \in$ R에 대하여 $f_{Y|X}(y|x) = f_Z(y-x)$가 된다.

증명 X와 Z가 서로 독립이므로 X_x와 Z도 서로 독립이다. 그러므로 $A \in I$(R)에 대하여

$$P(Y_x \in A) = P(Z \in A - \{x\}, X_x = x)$$

$$= P(Z \in A - \{x\})P(X_x = x)$$

$$= \int_{A-\{x\}} f_Z(y)dy$$

$$= \int_A f_Z(y-x)dy.$$

그러나 $P(Y_x \in A) = \int_A f_{Y|X}(y|x)dy$이므로 위에서 증명된 식과 비교하면 $f_{Y|X}(y|x) = f_Z(y-x)$임을 알 수 있다. 증명과정에서 $P(X_x = x) = 1$임을 참고하기 바란다.

이제 위 보조정리 7.24에 의해 $H(Y|X) = H(Z)$임을 보일 수 있다.

$$H(Y|X) = -\int_{-\infty}^{\infty} f_Z(y-x)\log(f_Z(y-x))dy$$

$$= -\int_{-\infty}^{\infty} f_Z(y)\log(f_Z(y))dy = H(Z)$$

그러므로 $H(Y|X) = E(H(Y|X= \cdot\,)) = E(H(Z)) = H(Z)$가 된다.

$W = (X, Y)$를 치역이 $(a,b)\times(c,d)$이고 결합확률밀도함수가 f_W인 확률벡터라 하자. X와 Y 사이의 상호 정보량(mutual information) $I(X, Y)$를 정의하기 위해 5장에서 배운 정의를 구체적으로 일반화하여 다음과 같이 정의하자.

$$I(X, Y) = \int_a^b \int_c^d f_W(x,y)\log\left(\frac{f_W(x,y)}{f_X(x)f_Y(y)}\right)dydx. \tag{7.73}$$

대칭성에 의해 분명히 $I(X, Y) = I(Y, X)$이다.

식 (7.73)을 다시 쓰면 다음과 같다.

$$I(X, Y) = -\int_a^b \int_c^d f_W(x,y)\log(f_Y(y))dydx$$

$$+ \int_a^b \int_c^d f_W(x,y)\log\left(\frac{f_W(x,y)}{f_X(x)}\right)dydx$$

$$= -\int_c^d \left(\int_a^b f_W(x,y)dx\right)\log(f_Y(y))dy$$

$$+ \int_a^b \int_c^d f_W(x,y)\log(f_{Y|X}(y|x))dy\,dx.$$

이 사실을 종합하면

$$I(X, Y) = H(Y) - H(Y|X). \tag{7.74}$$

위에서 보여준 것처럼 동일한 방법으로 다음을 증명할 수 있다.

$$I(X, Y) = H(X) - H(X|Y). \tag{7.75}$$

상호정보량은 연속형인 확률변수에 대해 엔트로피의 개념보다 더 잘 정의되고 이론화 가능하다. 엔트로피와 달리 우리는 항상

$$I(X, Y) \geq 0$$

을 얻을 수 있고, 부등식이 같을 필요충분조건은 X와 Y가 서로 독립일 때이다.

예제 7.27 만약 W가 결합 정규분포이고 결합확률밀도함수가 식 (7.41)에 의해 주어졌을 때 상호정보량 $I(X, Y)$를 구하여라.

풀이 정의에 의해

$$\begin{aligned} I(X, Y) &= H(Y) - H(Y|X) \\ &= \frac{1}{2} log(2\pi e \sigma_2^2) - \frac{1}{2} log(2\pi e \sigma_2^2 (1-\rho^2)) \\ &= -\frac{1}{2} log(1-\rho^2). \end{aligned}$$

위 예제 7.27에서 상호 정보량을 해석해 보면 $I(X, Y)$는 단지 X와 Y의 상관계수 ρ에 관한 식으로 해석되며, 강한 상관관계를 가질수록 X와 Y 사이의 정보량은 더 크다.

6장에서 세웠던 것과 유사하게 신호가 정보원 X로부터 수신자 Y에게 잡음이 섞인 통신로상을 통해 전달된다고 하자. 여기서 다른 점은 파동과 같은 연속적인 신호가 통신로를 통해 송출되고 있으며, X와 Y는 연속형 확률변수이다. 6.2절의 아이디어를 그대로 모방하여 **채널 용량(channel capacity)** C를 다음과 같이 정의한다.

$$C = \max I(X, Y). \tag{7.76}$$

여기서 최댓값은 X의 모든 가능한 확률분포에서 취한다.

6.2절에서 엔트로피를 최대화할 때처럼 다른 조건을 제시하면 다른 결과를 얻게 된다. 우리는 다음과 같은 입력 X에 대해 다음과 같이 자연적인 가정을 한다.

(i) $E(X) = 0$, (ii) $Var(X) = \sigma_X^2$.

이론적 배경을 습득하기 위해 **부가적인 잡음(additive noise)**

$$Y = X + Z$$

의 단순한 모델을 가지고 설명하고자 한다. 여기서 X와 Z는 서로 독립이다. 또한 여기서 Z는 평균 0이고 분산이 σ_Z^2인 정규분포를 따른다고 하자. 정보론에 대한 많은 저서들은 분산 σ_X^2과 σ_Z^2을 각각 신호와 잡음의 강도(power)라 하고 있다. 왜냐하면 실제적인 상황에서 그들이 만들어 내는 볼트(voltage)로 측정되기 때문이다. 그리고 저항 R을 통과하며 평균이 0인 랜덤 볼트 V의 강도는

$$\frac{1}{R}E(V^2) \tag{7.78}$$

이다. 그러므로 분산 σ_X^2과 σ_Z^2 는 단위 저항에 대한 진정한 강도(power)의 측도(measure)이다.

정리 7.25 X가 정규분포인 확률변수일 때, 통신로 용량 C를 구할 수 있고, 그 값은 다음과 같다.

$$C = \frac{1}{2}log(1 + \frac{\sigma_X^2}{\sigma_Z^2}). \tag{7.79}$$

증명 보조정리 7.24와 식 (7.74)에 의해

$$\begin{aligned} I(X, Y) &= H(Y) - H(Y|X) \\ &= H(Y) - H(Z) \\ &= H(Y) - \frac{1}{2}log(2\pi e\sigma_Z^2). \end{aligned}$$

따라서 채널용량의 정의에 의해 다음을 구하기 원한다.

$$C = \max(I(X, Y)) = \max(H(Y) - \frac{1}{2}log(2\pi e\sigma_Z^2)).$$

$H(Y)$의 최댓값은 Y가 정규분포를 따를 때이다. 그러나 $Y = X + Z$이고 X가 정규분포를 따르면 Y도 정규분포를 따른다. 그러므로

$$Var(Y) = Var(X) + Var(Z) = \sigma_X^2 + \sigma_Z^2$$

이다. 따라서 $\max(H(Y)) = \frac{1}{2}log(2\pi e(\sigma_X^2 + \sigma_Z^2))$이고

$$\begin{aligned} C &= \frac{1}{2}log(2\pi e(\sigma_X^2 + \sigma_Z^2)) - \frac{1}{2}log(2\pi e(\sigma_Z^2)) \\ &= \frac{1}{2}log(1 + \frac{\sigma_X^2}{\sigma_Z^2}). \end{aligned}$$

를 구할 수 있다.

이 정리에 의하면 정보의 전달을 위한 통신로의 능력은 σ_X^2과 σ_Z^2 의 비율이 클수록 증가한다. 즉, 수신되는 신호의 강도가 방해하는 잡음보다 더 강하다는 것을 보여준다.

이산형의 경우처럼 하나의 확률변수에 대한 미분 엔트로피의 정의를 다변수 확률변수에 대해서도 확장할 수 있다.

정의 7.26 확률변수 $X_1, X_2, \cdots, X_n$과 결합확률밀도함수 $f(x_1, x_2, \cdots, x_n)$에 대해 **미분 엔트로피(differential entropy)**는

$$H(X_1, X_2, \cdots, X_n) = -\int f(x_1, x_2, \cdots, x_n)\log(f(x_1, x_2, \cdots, x_n))dx_1 \cdots dx_n \tag{7.80}$$

로 정의한다.

동일한 이유로 이산형에서 처럼 상대 엔트로피를 연속형으로 확장할 수 있고 다음과 같이 정의한다.

정의 7.27 두 확률밀도함수 f와 g에 대하여 상대 엔트로피(relative entropy)

$$d(f\|g) = \int f\log\frac{f}{g} \tag{7.81}$$

로 정의한다.

Gibb's 부등식에 의해 $d(f\|g) \geq 0$임을 알 수 있고, 만약 확률밀도함수 f가 영이 아닌 집합이 확률밀도함수 g가 영이 아닌 집합에 포함된다고 하면 $d(f\|g)$는 유한하다. 다만 $0\log\frac{0}{0} = 0$으로 정의한다.

정리 7.28 확률변수 $X_1, X_2, \cdots, X_n$에 대하여

1) $H(X_1, X_2, \cdots, X_n) = \sum_{i=1}^{n} H(X_i \mid X_1, X_2, \cdots, X_{i-1})$

2) $H(X_1, X_2, \cdots, X_n) \leq \sum_{i=1}^{n} H(X_i)$

증명은 이산형에서처럼 정의를 이용하면 증명되어 생략한다. 마지막으로 확률변수에 대한 엔트로피의 기본성질을 소개하면서 이 절을 마무리한다.

정리 7.29 확률변수 X와 확률밀도함수 f_X에 대하여 다음을 만족한다.

1) 상수 c에 대하여 $H(X+c) = H(X)$

2) 상수 a에 대하여 $H(aX)=H(X)+\log|a|$

증명 1)에 대한 증명으로 $Y=X+c$라고 하자. 따라서 Y의 확률밀도함수 f_Y는 $f_Y(y)=f_X(y-c)$가 된다. 그러므로 미분엔트로피의 정의에 의해

$$\begin{aligned} H(X+c) &= -\int f_Y(y)\log f_Y(y)dy \\ &= -\int f_X(y-c)\log f_X(y-c)dy \\ &= -\int f_X(x)\log f_X(x)dx = H(X) \end{aligned}$$

와 같이 증명된다.

2)에 대한 증명으로 $Y=aX$라 하자. 그러면 $X=Y/a$가 되고 Y의 확률밀도함수 f_Y는

$$f_Y(y)=\frac{1}{|a|}f_X\left(\frac{y}{a}\right)$$

가 된다. 따라서 다음과 같이 증명된다.

$$\begin{aligned} H(aX) &= -\int f_Y(y)\log f_Y(y)dy \\ &= -\int \frac{1}{|a|}f_X\left(\frac{y}{a}\right)\log\left(\frac{1}{|a|}f_X(y/a)\right)dy \quad (\because x=\frac{y}{a}\text{로 치환}) \\ &= -\int f_X(x)\log f_X(x)dx+\log|a| = H(X)+\log|a|. \end{aligned}$$

7.4 연습문제

1. 다음에 주어진 확률변수에 대한 미분 엔트로피를 구하여라.
   1) $X \sim E(\lambda)$로 모수가 λ인 기하분포이고 $f(x)=\lambda e^{-\lambda x},\ x>0$
   2) $X_1 \sim N(\mu_1, \sigma_1^2)$, $X_2 \sim N(\mu_2, \sigma_2^2)$이고 X_1과 X_2는 서로 독립일 때, X_1+X_2

2. 아래 확률변수에 대하여 주어진 범위에서 최대 미분엔트로피를 가짐을 보여라.
   1) 만약 X의 치역이 (a,b)이면, $X \sim U(a,b)$일 때 최대 엔트로피를 갖는다.
   2) 만약 X의 치역이 $[0,\infty)$이고 $E(X)=\frac{1}{\lambda}$, $\lambda>0$이면 $X \sim E(\lambda)$일 때 최대 미분 엔트로피를 갖는다. (힌트; 보조정리 7.22 Gibb's 정리 이용)

3. 확률벡터 (X, Y)가 선분 $x=0, y=0$과 $x+y=1$로 둘러싸인 삼각형에서 값을 취한다고 한다. 확률밀도함수 $f(x,y)=\frac{1}{2}$라고 할 때 물음에 답하여라.
   1) X와 Y의 주변확률밀도함수 $f_X(x)$와 $f_Y(y)$를 각각 구하여라.
   2) 두 조건부 확률밀도함수 $f_{Y|X}(y|x)$와 $f_{X|Y}(x|y)$를 각각 구하여라.
   3) $H(Y)$ 4) $H(Y|X)$ 5) $I(X, Y)$

4. 다음을 증명하여라.
   1) $I(X, Y)=H(X)+H(Y)-H(X, Y)$
   2) $I(X, Y)\geq 0$이고 등식이 성립할 필요충분조건은 X, Y가 서로 독립이다.

5. 정리 7.28을 증명하여라.

6. 입력이 X, 출력이 Y인 통신로에 잡음 Z가 입력에 곱하여 작용한다. 즉 X와 Z가 서로 독립이면 출력 $Y=XZ$가 된다.
   1) $f_{Y|X}(y|x)=xf_Z(yx)$임을 보여라.
   2) 이 때 $H(Y|X)=H(Z)-E(\log(X))$임을 유도하여라.

7. 통신 채널에 입력값은 v_1과 v_2볼트 사이에서 다양하게 입력되고 이에 출력은 w_1과 w_2 볼트 사이에서 값을 갖는다고 한다. 만약 이 채널의 결합확률밀도함수가 $f_W(x,y) = \frac{1}{(v_2 - v_1)(w_2 - w_1)}$일 때 다음을 구하여라.

1) $H(X)$와 $H(Y)$

2) $H(X, Y)$

3) $I(X, Y)$

CHAPTER 부록

PROBABILISTIC APPROACH TO INFORMATION THEORY

문제해답

2.3

2. 1) 1/2 2) 1/3

3. A:선형대수학을 선택할 사건 B : A학점을 받을 사건

$$P(A\cap B)=P(A)P(B|A)=\frac{1}{2}\cdot\frac{2}{3}=\frac{1}{3}$$

6. 1) $Q(0)=(1-p)(1-\epsilon),\ Q(1)=p(1-\epsilon),\ Q(e)=\epsilon$

   2) $Q(0|0)=1=Q(1|1)\quad Q(0|e)=1-p,\ Q(1|e)=p$

8. 1) $Q(0)=1-\epsilon-p+2\epsilon p+\rho p-\rho,\ Q(1)=\epsilon+p-2\epsilon p-\rho p,\ Q(e)=\rho$

   2) $Q(0|0)=\dfrac{(1-\epsilon-\rho)((1-p)}{Q(0)},\ Q(1|0)=\dfrac{\epsilon p}{Q(0)},\ Q(0|e)=1-p$

   $Q(1|e)=p,\ Q(1|1)=\dfrac{(1-\epsilon-\rho)p}{Q(1)},\ Q(0|1)=\dfrac{\epsilon(1-p)}{Q(1)}$

9. 1) $Q(0)=(1-\epsilon_1)(1-\epsilon_2)(1-p)+\epsilon_1\epsilon_2(1-p)+\epsilon_1(1-\epsilon_2)p+(1-\epsilon_1)\epsilon_2 p$

   $Q(1)=1-Q(0)$

   2) $0.458\,Q(0)=0.458,\ Q(1)=0.542$

2.4

2. 1) 거짓 2) 참 3) 참 4) 거짓

3. 1) 거짓 2) 거짓 3) 거짓 4) 참일 경우도 있음

5. 1) 0.3564 2) 0.00726 3) 0.4744

6. 1) $\sum_{k=1}^{n}\binom{n}{k}p^k(1-p)^{n-k}$ 2) $\binom{n}{k}p^k(1-p)^{n-k}$ 3) 0

3.1

4. $\dfrac{6}{\pi^2}$

5. 1) $c=e^{-\lambda}$ 2) $e^{-\lambda}$ 3) $1-e^{-\lambda}-\lambda e^{-\lambda}-\dfrac{\lambda^2}{2}e^{-\lambda}$

3.2

2. 1) $\frac{1}{40}$ 2) $\frac{1}{20}$ 3) $\frac{7}{40}$ 4) $\frac{7}{10}$

3. $f_1(x)=\begin{cases}\frac{1}{15}(2x+3), & x=0,1,2\\ 0, & \text{기타}\end{cases}$ $f_2(y)=\begin{cases}\frac{1}{10}(y+1), & y=0,1,2,3\\ 0, & \text{기타}\end{cases}$

3.3

1. 1) 0.1 2) 0.5
3. 1) 14 2) 45
6. $\frac{1-p}{p}$

3.4

1. 1) $p(1)=f_1(1)=\frac{1}{4}$, $p(2)=f_1(2)=\frac{3}{4.}$ $q(1)=f_2(1)=\frac{3}{8}$, $q(2)=\frac{5}{8}$

 2) 독립이 아님

3.5

1. $p(x|p)=p^{1-\frac{1-x}{2}}q^{\frac{1-x}{2}}$
2. 이항확률표 참조
5. 0.0342

3.6

1. 1) $\frac{13}{8}$ 2) $\frac{15}{64}$ 3) $\frac{29}{18}$ 4) $\frac{8}{9}$
4. 1) $\frac{1}{6}$ 2) 3.5 3) 3.5

4.1

1. $p_{00}=p_{MM}=1$

 $p_{i,i+1}=p$, $p_{i,i-1}=1-p$, $i=1,2,\cdots,M-1$

2. $p_{i,i+1}=\frac{M-i}{M}$, $0\le i\le M$

 $p_{i,i-1}=\frac{i}{M}$, $0\le i\le M$

 $p_{ij}=0$ if $j=i$ or $|j-i|>1$

3. 0.192

4. 1) 0.25 2) 0.15 3) 0.25

5. 1) $\pi^{(2)} = (0.36, 0.29, 0.35)$, $\pi^{(3)} = (0.426, 0.253, 0.321)$

6. $$\begin{aligned} P(S_{n+1} = x_{n+1} \mid S_1 = x_1, \cdots, S_n = x_n) &= P(X_{n+1} + S_n = x_{n+1} \mid S_1 = x_1, \cdots, X_n = x_n) \\ &= P(X_{n+1} = x_{n+1} - x_n) \\ &= P(S_{n+1} \mid S_n = x_n) \end{aligned}$$

7. 1) $(1-\epsilon)^2$ 2) $(1-\epsilon)^2 + \epsilon^2$

8. 1) 0.008 2) $\Pi^{(2)} = \begin{pmatrix} 0.54 & 0.23 & 0.23 \\ 0.41 & 0.27 & 0.32 \\ 0.44 & 0.26 & 0.30 \end{pmatrix}$, $\Pi^{(3)} = \begin{pmatrix} 0.461 & 0.254 & 0.285 \\ 0.504 & 0.241 & 0.255 \\ 0.494 & 0.244 & 0.262 \end{pmatrix}$

   3) 0.32 4) 0.254 5) $\pi^{(2)} = (0.435, 0.262, 0.303)$

9. 1) $\Pi = \begin{pmatrix} 0 & p & 0 & 0 & 0 & 1-p \\ 1-p & 0 & p & 0 & 0 & 0 \\ 0 & 1-p & 0 & p & 0 & 0 \\ 0 & 0 & 1-p & 0 & p & 0 \\ 0 & 0 & 0 & 1-p & 0 & p \\ p & 0 & 0 & 0 & 1-p & 0 \end{pmatrix}$ 2) 0.00171

4.2

1. 1) $(\frac{1}{54}, \frac{16}{54}, \frac{37}{54})$ 2) $(\frac{7}{13}, \frac{6}{13})$ 3) $(\frac{1}{3}, \frac{1}{3}, \frac{1}{3})$ 4) $(\frac{1}{25}, \frac{18}{25}, \frac{6}{25})$

2. 2) 0.497 3) $(\frac{1}{2}, \frac{1}{2})$

3. 1) $\pi^{(\infty)} = (\frac{7}{24}, \frac{1}{3}, \frac{1}{24}, \frac{1}{3})$ 2) $\pi^{(\infty)} = (0, \frac{3}{7}, \frac{4}{7})$

5.1

1. 1) 0.74 bits , 1.74 bits, 3.32 bits 2) 1.2955 bits

2. 1) 0.4253 bits 2) 0.258 bits 3) 1.722bits

5.2

1. 1) 0.88 bits 2) 0.86 bits 3) 1.78 bits

   4) 0.90 bits 5) 0.02 bits

5.3

8. 1) 0.9197 2) 1.489 3) 1.1037

9. 1) 1/3 ,1/3, 1/3 2) yes

5.4

1. $2 \leq j \leq N,\ p_j = \frac{1}{N-1}(1-p_1)$

3. $p_1 = 0.154,\ p_2 = 0.292,\ p_3 = 0.554$

6.1

1. 1) $I(0;0) = -\log(1-p)$, $I(1;1) = -\log(p)$ $I(0;1) = I(1;0) = 0$
   2) $I(S;R) = (1-\epsilon)H(S)$
2. 1) $H(R) = -(\epsilon + p - 2\epsilon p - p\rho)\log(\epsilon + p - 2\epsilon p - p\rho) - (1-\epsilon + p - 2\epsilon p - p\rho - \rho)$
   $\times \log(1-\epsilon + p - 2\epsilon p - p\rho - \rho) - \rho\log(\rho)$
   2) $H(R|S) = -(1-\epsilon-\rho)\log(1-\epsilon-p) - \rho\log(\rho) - \epsilon\log(\epsilon)$
   3) $I(S;R) = H(R) - H(R;S)$
3. 1) $I(0;0) = -\log(1-\epsilon)$, $I(0;1) = -\log((1-p)\epsilon + p) + \log(\epsilon)$
   $I(1;1) = -\log((1-p)\epsilon + p)$
   2) $I(S;R) = H(R) - H(R;S)$
4. $I(A;B) = 0.401 bits$, $I(A;C) = 0.125 bits$

6.2

1. $p = (\frac{1}{2}, \frac{1}{2})$, $1bit$
2. 2) $C = 1-\rho-(1-\rho)\log(1-\rho)$
   $+(1-\rho-\epsilon)\log(1-\rho-\epsilon) + \epsilon\log(\epsilon)$
3. 1) $\log(3) - H(\frac{1}{3}, \frac{1}{3}, \frac{1}{3})$ 2) $\log(3) - H(\frac{1}{2}, \frac{1}{2}, 0)$

6.3

3. $2^7 = 128$

6. $3^{-1} + 3^{-2} \times 2 + 3^{-3} \times 5 + 3^{-4} \times 2 + 3^{-5} = \frac{214}{243} < 1$ Kraft-McMillan 부등식에 의해 존재

6.4

1. 코드의 길이는 1, 1, 2, 2, 3, 3, 3이고 0, 1, 20, 21, 220, 221, 222
2. 1) 코드의 길이 2, 1, 3, 3이고 10, 0, 110, 111
   2) 코드의 길이 2, 1, 3, 3이고 00, 1, 110, 111
4. 1) 코드어의 길이 2, 2, 3, 3, 4 코드: 00, 01, 110, 111, 1010
   2) 허프만 코드 : 00, 01, 101, 11, 100

6 1) $\eta=1$ 2) $\eta=0.876$ 3) $\eta=0.958$

6.5

1. 1) c_1 2) c_1 또는 c_3
2. 570 비트
3. $3\epsilon^2-2\epsilon^3$
4. $(35\epsilon-54\epsilon^2+13\epsilon^3+6\epsilon^4)/60$
5. 허프만 코드 0000, 0001, 001, 01, 10, 11 또는 0000, 0001, 001, 10, 11, 01
   으로 $\xi=0.019$
6. 2) 00000, 00011, 0011, 011, 101, 110 3) $\xi=0.310$

7.1

2. 1) $3.5e^{-5/2}$ 2) 10
3. 1) 0 2) e^{-2} 3) $e^{-2}-e^{-3}$ 4) 0 5) $f(x)=e^{-x},\ x\ge 0$
4. 2) $F(x)=\dfrac{1}{176}x^2(2x+3)$ 3) $\dfrac{107}{176}$
6. 1) $\dfrac{1}{\pi}$
7. 1) 0 2) $\dfrac{3}{5}$
8. 1) $y=x/\beta$로 치환하고 $\Gamma(\alpha)$의 정의를 이용하여 증명
   2) $E(X)=\alpha\beta$, $Var(X)=\alpha\beta^2$
12. 1) 0.09 2) 0.09 3) 0.23 4) 0.56
13. 1) 0.125 2) 0.75 3) 0.104
15. 1) $M_X(t)=\dfrac{e^{tb}-e^{ta}}{t(b-a)}$ 2) $M_X=\begin{cases}\dfrac{\lambda}{\lambda-t}, & -\infty<t<\lambda\\ 0, & t\ge\lambda\end{cases}$
    3) $M_X(t)=(1-\beta t)^{-\alpha}$
16. 1) 0.9170 2) 0.8558 3) 0.9128 4) 연속성 수정이 더 정확함

7.2

2. 1) $\dfrac{5}{4}$ 2) $\dfrac{79}{256}$, $\dfrac{13}{16}$
3. 1) $\dfrac{6}{19}$ 2) 1 3) 0 4) $\dfrac{1}{\pi R^2}$
4. 1) $\dfrac{1}{2}$, $1-e^{-a}$ 2) $F_W(x,y)=1-e^{-x}-e^{-y}+e^{-(x+y)}$

3) $f_X(x) = e^{-x}$, $f_Y(y) = e^{-y}$ 4) 서로 독립

5. 1) $\frac{6}{7}(2x^2 + x)$ 2) $\frac{15}{56}$

6. 1) $f_Y(y) = -\ln(y)$, $0 < y < 1$, $f_X(x) = 1$, $0 < x < 1$

2) $E(X) = \frac{1}{2}$, $E(Y) = \frac{1}{4}$

7. 1) 서로 독립, 2) $\frac{1}{2}$, $\frac{2}{3}$ 3) $\frac{1}{20}$, $\frac{1}{18}$

8. 1) $f_X(x) = 2(1-x)$, $0 < x < 1$, $f_Y(y) = 2y$, $0 < y < 1$

2) $Cov(X, Y) = \frac{1}{36}$ 3) $\rho_{X,Y} = \frac{1}{2}$

7.3

1. $f_{X|Y}(x|y) = \frac{6x(2-x-y)}{4-3y}$

2. 2) 2/5, 2/5

4. 1) $2y^2$ 2) $y^3/4$

7.4

1. 1) $H(X) = \log(\frac{e}{\lambda})$ 2) $H(X_1 + X_2) = \log(\sigma_1\sigma_2 2\pi e)$

3. 1) $f_X(x) = 2(1-x)$, $0 \le x \le 1$, $f_Y(y) = 2(1-y)$, $0 \le y \le 1$

2) $f_{Y|X}(y|x) = \frac{1}{1-x}$, $f_{X|Y}(x|y) = \frac{1}{1-y}$

3) -0.28 bits 4) -0.72 bits 5) 0.44 bits

7. 1) $H(X) = \log(v_2 - v_1)$, $H(Y) = \log(w_2 - w_1)$

2) $H(X, Y) = \log((v_2 - v_1)(w_2 - w_1))$

3) $I(X, Y) = 0$

CHAPTER

PROBABILISTIC APPROACH TO INFORMATION THEORY

부록 참고문헌

(1) Abramson, N., : "Information theory and coding" McGraw-Hill, 1963

(2) 김신환외 1명 : "정보이론", 청문각, 1996

(3) Dominic Welsh : " Codes and Cryptography" Oxford University Press, 1989.

(4) David Applebaum : "Probability and Information(An Integrated Approach)" Cambridge University Press, 2008

(5) Raymond W. Yeung : "A first course in Information theory", Kluwer Academic/Plenum Publishers, 2002

(6) Rene L. Schilling : "Measures, Integrals and Martingales", Cambridge University Press, 2005

(7) Robert B. Ash : "Basic Probability Theory" Dover 2008

(8) 서덕영외 2명 : "정보통신 엔지니어를 위한 코딩과 정보이론", 교보문고, 1998

(9) Sheldon Ross : " A first Course in Probability " 9th edition Pearson 2014

(10) Thomas M. Cover & Joy A. Thomas : "Elements of Information Theory" Wiley -Interscience, 2006

(11) 김제영외 2명 : "확률 및 통계" 청문각, 1995

CHAPTER

PROBABILISTIC APPROACH TO INFORMATION THEORY

부록 찾아보기

ㅊ.

ㅋ.

ㅌ.

ㅍ.

ㅎ.

A.

C.

D.

G.

K.

L.

N.

P.

S.

T.

X.

강정흥

- ▷ 육군사관학교 수학과(이학사)
- ▷ 미국 일리노이대 수학과(이학 석 · 박사)
- ▷ 현재. 육군사관학교 수학과 교수

확률정보론

초판 발행 2020년 8월 10일
초판 1쇄 발행 2023년 7월 10일

지은이 강정흥
펴낸이 오판근
펴낸곳 (주) 교우
주 소 서울시 동대문구 약령시로 8 교우빌딩 2층 (주)교우
전 화 02-925-2861 / **팩 스** 02-925-2860. **편집부** 02-925-2825
홈페이지&북스토어 www.kyowoo.co.kr / **이메일** kyowoo@kyowoo.co.kr

등 록 1994년 3월 24일 제1994-000013호
ISBN 979-11-251-0317-2 (93410)

Published by Kyowoo Co., Ltd. Printed in Korea

값 21,000원

교우미디어는 (주) 교우의 Imprint 사입니다.
수학정원·과학정원은 (주) 교우의 새로운 브랜드명입니다.

잘못된 책은 구입하신 서점에서 교환해 드립니다.